PLC、变频器与人机界面实战手册

（三菱篇）

蔡杏山　编著

机械工业出版社

本书介绍了三菱 PLC、变频器和人机界面技术，主要内容有 PLC 基础与三菱 PLC 入门实战，三菱 FX3U 系列 PLC 介绍，三菱 PLC 编程与仿真软件的使用，基本指令的使用与实例，步进指令的使用与实例，应用指令的使用与实例，PLC 的扩展与模拟量模块的使用，三菱变频器的使用，变频器应用电路，变频器的选用、安装与维护，PLC 与变频器综合应用，三菱人机界面介绍，三菱 GT Works3 组态软件快速入门，GT Works3 软件常用对象的使用，三菱人机界面操控 PLC 开发实战。

本书具有起点低、由浅入深、语言通俗易懂，以及内容结构安排符合学习认知规律等特点。另外，本书配置了二维码教学视频，读者可用手机扫码观看视频学习。本书适合作 PLC、变频器和人机界面技术的自学图书，也适合作职业院校电类专业的 PLC、变频器和人机界面技术的教材。

图书在版编目（CIP）数据

PLC、变频器与人机界面实战手册. 三菱篇/蔡杏山编著. —北京：机械工业出版社，2021.4
ISBN 978-7-111-67601-0

Ⅰ. ①P…　Ⅱ. ①蔡…　Ⅲ. ①PLC 技术 – 技术手册②变频器 – 技术手册③人机界面 – 技术手册　Ⅳ. ①TM571.6-62②TN773-62③TP11-62

中国版本图书馆 CIP 数据核字（2021）第 034868 号

机械工业出版社（北京市百万庄大街 22 号　邮政编码 100037）
策划编辑：任　鑫　责任编辑：任　鑫
责任校对：陈　越　封面设计：马精明
责任印制：李　昂
北京中兴印刷有限公司印刷
2021 年 7 月第 1 版第 1 次印刷
184mm×260mm · 19.75 印张 · 541 千字
标准书号：ISBN 978-7-111-67601-0
定价：99.00 元

电话服务　　　　　　　　网络服务
客服电话：010-88361066　　机 工 官 网：www.cmpbook.com
　　　　　010-88379833　　机 工 官 博：weibo.com/cmp1952
　　　　　010-68326294　　金 书 网：www.golden-book.com
封底无防伪标均为盗版　　机工教育服务网：www.cmpedu.com

PLC、变频器和人机界面是现代工业自动化控制的重要设备，这些设备的应用使得工厂的生产和制造过程更加自动化、效率化、精确化，并具有可控性和可视性，大大推动了我国的制造业自动化进程，为我国现代化的建设做出了巨大的贡献。

PLC又称可编程序控制器，其外形像一只有很多接线端子和接口的箱子，接线端子分为输入端子、输出端子和电源端子，接口分为通信接口和扩展接口。通信接口用于连接计算机、变频器或人机界面等设备；扩展接口用于连接一些特殊功能模块，增强PLC的控制功能。当用户从输入端子给PLC发送命令（如按下输入端子外接的开关）时，PLC运行内部程序，再从输出端子输出控制信号，去驱动外围的执行部件（如接触器线圈），从而完成控制要求。PLC输出怎样的控制信号由内部的程序决定，该程序一般是在计算机中用专门的编程软件编写，再下载至PLC。

变频器是一种电动机驱动设备，在工作时，先将工频（50Hz或60Hz）交流电源转换成频率可变的交流电源再提供给电动机，只要改变输出交流电源的频率，就能改变电动机的转速。由于变频器输出电源的频率可连续变化，故电动机的转速也可连续变化，从而实现电动机无级变速调节。

人机界面是一种带触摸显示功能的数字输入输出设备，又称触摸屏。当人机界面与PLC连接起来后，在人机界面上不仅可以对PLC进行操作，还可在人机界面上实时监视PLC内部一些软元件的工作状态。要使用人机界面操作和监视PLC，需在计算机中用专门的组态软件为人机界面制作（又称组态）相应的操作和监视画面项目，再把画面项目下载到人机界面。

本书主要有以下特点：

◆ 基础起点低。读者只需具有初中文化程度即可阅读。

◆ 语言通俗易懂。书中少用专业化的术语，遇到较难理解的内容用形象比喻说明，尽量避免了复杂的理论分析和烦琐的公式推导，使图书阅读起来感觉十分顺畅。

◆ 内容解说详细。考虑到自学时一般无人指导，因此在编写过程中对书中的知识技能进行详细解说，让读者能够轻松理解所学内容。同时，在书中还给出了相关重点内容的视频二维码，通过扫描观看，可使读者进一步加深理解。

◆ 采用图文并茂的表现方式。书中大量采用读者喜欢的直观形象的图表方式表现内容，使阅读变得非常轻松，不易产生阅读疲劳。

◆ 内容安排符合认知规律。本书按照循序渐进、由浅入深的原则来确定各章节内容的先后顺序，读者只需从前往后阅读图书，便会水到渠成。

◆ 突出显示知识要点。为了帮助读者掌握书中的知识要点，书中用阴影和文字加粗的方法突出显示知识要点，指示学习重点。

◆ 网络免费辅导。读者在阅读过程中遇到难理解的问题时，可添加易天电学网微信公众号

etv100，索要有关的学习资料或向老师提问。

　　本书在编写过程中得到了许多教师的支持，在此一并表示感谢。由于水平有限，书中的错误和疏漏在所难免，望广大读者和同仁予以批评指正。

编　者

目　录

第 1 章

PLC 基础与三菱 PLC 入门实战

1.1 PLC 与 PLC 控制

1.1.1 什么是 PLC

PLC 是英文 Programmable Logic Controller 的缩写，意为可编程序逻辑控制器，是一种专为工业应用而设计的控制器。世界上第一台 PLC 于 1969 年由美国数字设备公司（DEC）研制成功，随着技术的发展，PLC 的功能越来越强大，不再限于逻辑控制，因此美国电气制造协会（NEMA）于 1980 年对它进行重命名，称为可编程控制器（Programmable Controller），简称 PC，但由于 PC 容易和个人计算机（Personal Computer，PC）混淆，故人们仍习惯将 PLC 作为可编程序控制器的缩写。图 1-1 是几种常见的PLC，从左往右依次为三菱 PLC、欧姆龙 PLC 和西门子 PLC。

扫一扫看视频

图 1-1　几种常见的 PLC

由于 PLC 一直在发展中，至今尚未对其下最后的定义。国际电工委员会（IEC）对 PLC 最新定义要点如下：

1）是一种专为工业环境下应用而设计的数字电子设备。

2）内部采用了可编程序的存储器，可进行逻辑运算、顺序控制、定时、计数和算术运算等操作。

3）通过数字量或模拟量输入端接收外部信号或操作指令，内部程序运行后从数字量或模拟量输出端输出需要的信号。

4）可以通过扩展接口连接扩展单元，以增强和扩展功能；还可以通过通信接口与其他设备进行通信。

1.1.2 PLC 控制与继电器控制比较

PLC 控制是在继电器控制基础上发展起来的，为了更好地了解 PLC 控制方式，下面以电动机正转控制为例对两种控制系统进行比较。

1. 继电器正转控制

图 1-2 是一种常见的继电器正转控制电路，可以对电动机进行正转和停转控制。

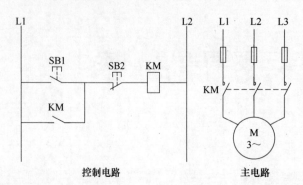

按下起动按钮 SB1，接触器 KM 线圈得电，主电路中的 KM 主触点闭合，电动机得电运转。与此同时，控制电路中的 KM 常开自锁触点也闭合，锁定 KM 线圈得电（即 SB1 断开后，KM 线圈仍可通过自锁触点得电）。

按下停止按钮 SB2，接触器 KM 线圈失电，KM 主触点断开，电动机失电停转，同时 KM 常开自锁触点也断开，解除自锁（即 SB2 闭合后，KM 线圈无法得电）。

控制电路　　　　主电路

图 1-2　继电器正转控制电路

扫一扫看视频

2. PLC 正转控制

图 1-3 是 PLC 正转控制电路，可以实现图 1-2 所示的继电器正转控制电路相同的功能。PLC 正转控制电路也可分做主电路和控制电路两部分，PLC 与外接的输入、输出设备构成控制电路，主电路与继电器正转控制主电路相同。

在组建 PLC 控制系统时，除了要硬件接线外，还要为 PLC 编写控制程序，并将程序从计算机通过专用电缆传送给 PLC。PLC 正转控制电路的硬件接线如图 1-3 所示。PLC 输入端子连接 SB1（起动）、SB2（停止）和电源，输出端子连接接触器线圈 KM 和电源，PLC 本身也通过 L、N 端子获得供电。

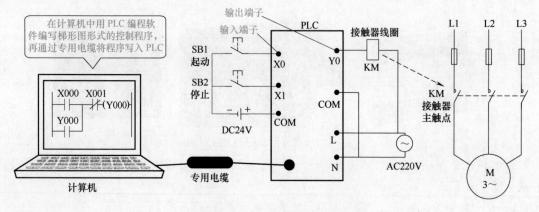

图 1-3　PLC 正转控制电路

1.2　PLC 种类与特点

1.2.1　PLC 的种类

1. 按结构形式分类

按硬件的结构形式不同，PLC 可分为整体式和模块式，如图 1-4 所示。

整体式 PLC 又称箱式 PLC，其外形像一个方形的箱体，这种 PLC 的 CPU、存储器、I/O 接口电路等都安装在一个箱体内。

整体式 PLC 的结构简单、体积小、价格低。小型 PLC 一般采用整体式结构。

a) 整体式PLC

模块式PLC又称组合式PLC，它有一个总线基板，基板上有很多总线插槽，其中由CPU、存储器和电源构成的一个模块通常固定安装在某个插槽中，其他功能模块可随意安装在其他不同的插槽内。

模块式PLC配置灵活，可通过增减模块来组成不同规模的系统，安装维修方便，但价格较高。大、中型PLC一般采用模块式结构。

b) 模块式PLC

图 1-4　两种类型的 PLC

2. 按控制规模分类

I/O 点数（输入/输出端子的个数）是衡量 PLC 控制规模的重要参数，根据 I/O 点数多少，可将 PLC 分为小型、中型和大型三类。

1）小型 PLC。其 I/O 点数小于 256 点，采用 8 位或 16 位单 CPU，用户存储器容量为 4KB 以下。

2）中型 PLC。其 I/O 点数在 256～2048 点之间，采用双 CPU，用户存储器容量为 2～8KB。

3）大型 PLC。其 I/O 点数大于 2048 点，采用 16 位、32 位多 CPU，用户存储器容量为 8～16KB。

3. 按功能分类

根据 PLC 具有的功能不同，可将 PLC 分为低档、中档、高档三类。

1）低档 PLC。它具有逻辑运算、定时、计数、移位以及自诊断、监控等基本功能，有些还有少量模拟量输入/输出、算术运算、数据传送和比较、通信等功能。低档 PLC 主要用于逻辑控制、顺序控制或少量模拟量控制的单机控制系统。

2）中档 PLC。它除了具有低档 PLC 的功能外，还具有较强的模拟量输入/输出、算术运算、数据传送和比较、数制转换、远程 I/O、子程序、通信联网等功能，有些还增设有中断控制、PID 控制等功能。中档 PLC 适用于比较复杂的控制系统。

3）高档 PLC。它除了具有中档 PLC 的功能外，还增加了带符号算术运算、矩阵运算、位逻辑运算、平方根运算及其他特殊功能函数的运算、制表及表格传送功能等。高档 PLC 具有很强的通信联网功能，一般用于大规模过程控制或构成分布式网络控制系统，实现工厂控制自动化。

1.2.2　PLC 的特点

PLC 是一种专为工业应用而设计的控制器，它主要有以下特点：

1）可靠性高，抗干扰能力强。为了适应工业应用要求，PLC 从硬件和软件方面采用了大量的技术措施，以便能在恶劣环境下长时间可靠运行。现在大多数 PLC 的平均无故障运行时间已达到几十万小时，如三菱公司的一些 PLC 平均无故障运行时间可达 30 万 h。

2）通用性强，控制程序可变，使用方便。PLC 可利用齐全的各种硬件装置来组成各种控制系统，用户不必自己再设计和制作硬件装置。用户在硬件确定以后，在生产工艺流程改变或生产设备更新的情况下，无须大量改变 PLC 的硬件设备，只需更改程序就可以满足要求。

3）功能强，适应范围广。现代的 PLC 不仅有逻辑运算、计时、计数、顺序控制等功能，还具有数字量和模拟量的输入输出、功率驱动、通信、人机对话、自检、记录显示等功能，既可控制一台生产机械、一条生产线，还可控制一个生产过程。

4）编程简单，易用易学。目前大多数 PLC 采用梯形图编程方式，梯形图语言的编程元件符号和表达方式与继电器控制电路原理图相当接近，这样使大多数工厂、企业电气技术人员非常容易接受和掌握。

5）系统设计、调试和维修方便。PLC 用软件来取代继电器控制系统中大量的中间继电器、时间继电器、计数器等器件，使控制柜的设计安装接线工作量大为减少。另外，PLC 程序可以在计算机上仿真调试，减少了现场的调试工作量。此外，由于 PLC 结构模块化及很强的自我诊断能力，维修也极为方便。

1.3　PLC 的组成与工作原理

1.3.1　PLC 的组成框图

PLC 种类很多，但结构大同小异，典型的 PLC 控制系统组成框图如图 1-5 所示。在组建 PLC 控制系统时，需要给 PLC 的输入端子连接有关的输入设备（如按钮、触点和行程开关等），给输出端子连接有关的输出设备（如指示灯、电磁线圈和电磁阀等），如果需要 PLC 与其他设备通信，还可在 PLC 的通信接口连接其他设备，如果希望增强 PLC 的功能，可给 PLC 的扩展接口连接扩展单元。

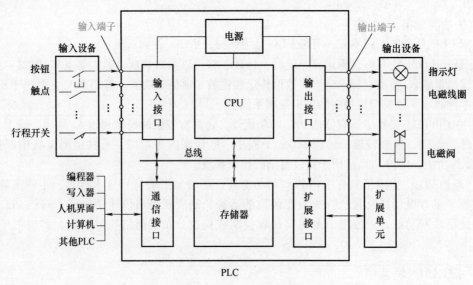

图 1-5　典型的 PLC 控制系统组成框图

1.3.2 CPU 与存储器

PLC 内部主要由 CPU、存储器、输入接口电路、输出接口电路、通信接口和扩展接口与电源等组成。

1. CPU

CPU 又称中央处理器，是 PLC 的控制中心，它通过总线（包括数据总线、地址总线和控制总线）与存储器和各种接口连接，以控制其他器件有条不紊地工作。CPU 的性能对 PLC 工作速度和效率有较大的影响，故大型 PLC 通常采用高性能的 CPU。

CPU 的主要功能如下：

1）接收通信接口送来的程序和信息，并将它们存入存储器。

2）采用循环检测（即扫描检测）方式不断检测输入接口电路送来的状态信息，以判断输入设备的状态。

3）逐条运行存储器中的程序，并进行各种运算，再将运算结果存储下来，然后通过输出接口电路对输出设备进行相关的控制。

4）监测和诊断内部各电路的工作状态。

2. 存储器

存储器的功能是存储程序和数据。PLC 通常配有 ROM（只读存储器）和 RAM（随机存储器）两种存储器，ROM 用来存储系统程序，RAM 用来存储用户程序和程序运行时产生的数据。

系统程序由厂商编写并固化在 ROM 存储器中，用户无法访问和修改系统程序。系统程序主要包括系统管理程序和指令解释程序。系统管理程序的功能是管理整个 PLC，让内部各个电路能有条不紊地工作。指令解释程序的功能是将用户编写的程序翻译成 CPU 可以识别和执行的代码。

用户程序是用户通过编程器输入存储器的程序，为了方便调试和修改，用户程序通常存放在 RAM 中，由于断电后 RAM 中的程序会丢失，所以 RAM 专门配有备用电池供电。有些 PLC 采用 EEPROM（带电可擦可编程只读存储器）来存储用户程序，由于 EEPROM 中的内容可用电信号擦写，并且掉电后内容不会丢失，因此采用这种存储器可不要备用电池供电。

1.3.3 输入接口电路

输入接口电路是输入设备与 PLC 内部电路之间的连接电路，用于将输入设备的状态或产生的信号传送给 PLC 内部电路。

PLC 的输入接口电路分为开关量（又称数字量）输入接口电路和模拟量输入接口电路，开关量输入接口电路用于接收开关通断信号，模拟量输入接口电路用于接收模拟量信号。模拟量输入接口电路采用 A/D 转换电路，将模拟量信号转换成数字信号。开关量输入接口电路采用的电路形式较多，根据使用电源不同，可分为内部直流输入接口电路、外部交流输入接口电路和外部交/直流输入接口电路。三种类型的开关量输入接口电路如图 1-6 所示。

1.3.4 输出接口电路

输出接口电路是 PLC 内部电路与输出设备之间的连接电路，用于将 PLC 内部电路产生的信号传送给输出设备。

PLC 的输出接口电路也分为开关量输出接口电路和模拟量输出接口电路。模拟量输出接口电路采用 D/A 转换电路，将数字量信号转换成模拟量信号。开关量输出接口电路主要有三种类型：继电器输出接口电路、晶体管输出接口电路和双向晶闸管（也称双向可控硅）输出接口电路。三种类型开关量输出接口电路如图 1-7 所示。

扫一扫看视频

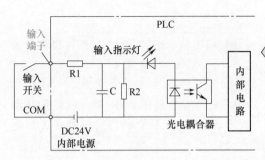

该类型的输入接口电路的电源由PLC内部直流电源提供。当输入开关闭合时，有电流流过光电耦合器和输入指示灯(电流途径是：DC24V右正→光电耦合器的发光管→输入指示灯→R1→输入端子→输入开关→COM端子→DC 24V左负)，光电耦合器的光敏晶体管受光导通，将输入开关状态传送给内部电路，由于光电耦合器内部是通过光线传递信号，故可以将外部电路与内部电路有效隔离，输入指示灯点亮用于指示输入端子有输入。输入端子有电流流过时称作输入为ON(或称输入为1)。

R2、C组成滤波电路，用于滤除输入端子窜入的干扰信号，R1为限流电阻。

a) 内部直流输入接口电路

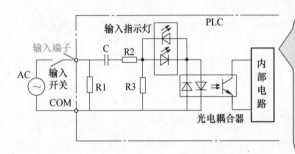

该类型的输入接口电路的电源由外部的交流电源提供。为了适应交流电源的正负变化，接口电路采用了双向发光管型光电耦合器和双向发光二极管指示灯。

当输入开关闭合时，若交流电源极性为上正下负，有电流流过光电耦合器和指示灯(电流途径是：AC电源上正→输入开关→输入端子→C、R2元件→左正右负发光二极管指示灯→光电耦合器的上正下负发光管→COM端子→AC电源的下负)，当交流电源AC极性变为上负下正时，也有电流流过光电耦合器和指示灯(电流途径是：AC电源下正→COM端子→光电耦合器的下正上负发光管→右正左负发光二极管指示灯→R2、C元件→端子→输入开关→AC电源的上负)，光电耦合器导通，将输入开关状态传送给内部电路。

b) 外部交流输入接口电路

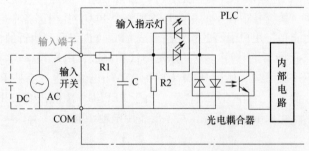

该类型的输入接口电路的电源由外部的直流或交流电源提供。输入开关闭合后，不管外部是直流电源还是交流电源，均有电流流过光电耦合器。

c) 外部交/直流输入接口电路

图 1- 6 三种类型的开关量输入接口电路

1.3.5 通信接口、扩展接口与电源

1. 通信接口

PLC 配有通信接口，通过通信接口，PLC 可与监视器、打印机、其他 PLC 和计算机等设备进行通信。PLC 与编程器或写入器连接，可以接收编程器或写入器输入的程序；PLC 与打印机连接，可将过程信息、系统参数等打印出来；PLC 与人机界面（如触摸屏）连接，可以在人机界面直接操作 PLC 或监视 PLC 工作状态；PLC 与其他 PLC 连接，可组成多机系统或连成网络，实现更大规模控制；与计算机连接，可组成多级分布式控制系统，实现控制与管理相结合。

2. 扩展接口

为了提升 PLC 的性能，增强 PLC 控制功能，可以通过扩展接口给 PLC 加接一些专用功能模块，如高速计数模块、闭环控制模块、运动控制模块、中断控制模块等。

3. 电源

PLC 一般采用开关电源供电，与普通电源相比，PLC 电源的稳定性好、抗干扰能力强。PLC

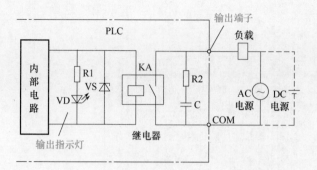

当PLC内部电路输出为ON（也称输出为1）时，内部电路会输出电流流过继电器KA线圈，继电器KA常开触点闭合，负载有电流流过(电流途径：电源一端→负载→输出端子→内部闭合的KA触点→COM端子→电源另一端)。

由于继电器触点无极性之分，故继电器输出接口电路可驱动交流或直流负载(即负载电路可采用直流电源或交流电源供电)，但触点开闭速度慢，响应时间长，动作频率低。

a) 继电器输出接口电路

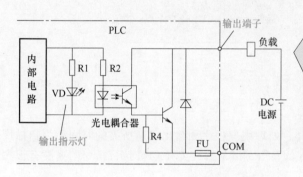

采用光电耦合器与晶体管配合使用。当PLC内部电路输出为ON时，内部电路会输出电流流过光电耦合器的发光管，光敏晶体管受光导通，为晶体管基极提供电流，晶体管也导通，负载有电流流过(电流途径：DC电源上正→负载→输出端子→导通的晶体管→COM端子→电源下负)。

由于晶体管有极性之分，故晶体管输出接口电路只可驱动直流负载(即负载电路只能使用直流电源供电)。晶体管输出接口电路是依靠晶体管导通截止实现开闭的，开闭速度快，动作频率高，适合输出脉冲信号。

b) 晶体管输出接口电路

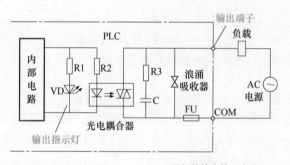

采用双向晶闸管型光电耦合器，在受到光照射时，光电耦合器内部的双向晶闸管可以双向导通。

晶闸管输出接口电路的响应速度快，动作频率高，用于驱动交流负载。

c) 晶闸管输出接口电路

图 1-7　三种类型开关量输出接口电路

的电源对电网提供的电源稳定度要求不高，一般允许电源电压在其额定值 ±15% 的范围内波动。有些 PLC 还可以通过端子往外提供 24V 直流电源。

1.3.6　PLC 的工作方式

PLC 是一种由程序控制运行的设备，其工作方式与微型计算机不同，微型计算机运行到结束指令 END 时，程序运行结束。PLC 运行程序时，会按顺序依次逐条执行存储器中的程序指令，当执行完最后的指令后，并不会马上停止，而是又重新开始再次执行存储器中的程序，如此周而复始，PLC 的这种工作方式称为循环扫描方式。PLC 的工作过程如图 1-8 所示。

PLC 有两个工作模式：RUN（运行）模式和 STOP（停止）模式。当 PLC 处于 RUN 模式时，系统会执行用户程序；当 PLC 处于 STOP 模式时，系统不执行用户程序。PLC 正常工作时应处于 RUN 模式，而在下载和修改程序时，应让 PLC 处于 STOP 模式。PLC 两种工作模式可通过面板上的开关进行切换。

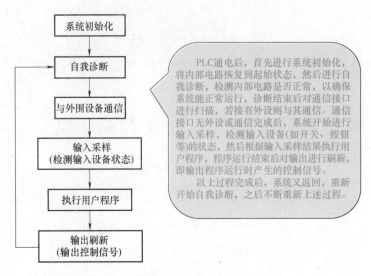

图 1-8　PLC 的工作过程

PLC 工作在 RUN 模式时，执行输入采样、处理用户程序和输出刷新所需的时间称为扫描周期，一般为 1～100ms。扫描周期与用户程序的长短、指令的种类和 CPU 执行指令的速度有很大的关系。

1.3.7　用实例讲解 PLC 控制电路的软、硬件工作过程

PLC 的用户程序执行过程很复杂，下面以 PLC 正转控制电路为例进行说明。图 1-9 是 PLC 正转控制电路与内部用户程序，为了便于说明，图中画出了 PLC 内部等效图。

图 1-9 PLC 内部等效图中的 X0（也可用 X000 表示）、X1、X2 称为输入继电器，它由线圈和触点两部分组成，由于线圈与触点都是等效而来，故又称为软件线圈和软件触点，Y0（也可用 Y000 表示）称为输出继电器，它也包括线圈和触点。PLC 内部中间部分为用户程序（梯形图程序），程序形式与继电器控制电路相似，两端相当于电源线，中间为触点和线圈。

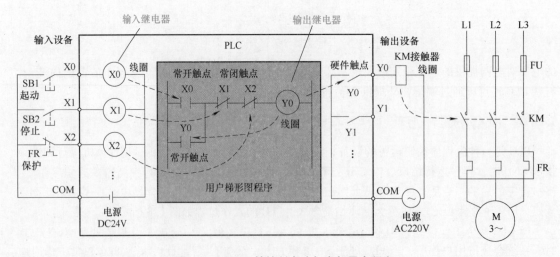

图 1-9　PLC 正转控制电路与内部用户程序

PLC 正转控制电路与内部用户程序工作过程如下：

当按下起动按钮 SB1 时，输入继电器 X0 线圈得电（电流途径：DC24V 正端→X0 线圈→X0 端子→SB1→COM 端子→24V 负端），X0 线圈得电会使用户程序中的 X0 常开触点（软件触点）闭合，输出继电器 Y0 线圈得电（电流途径：左等效电源线→已闭合的 X0 常开触点→X1 常闭触点→Y0 线圈→右等效电源线），Y0 线圈得电一方面使用户程序中的 Y0 常开自锁触点闭合，对 Y0 线圈供电进行锁定，另一方面使输出端的 Y0 硬件常开触点闭合（Y0 硬件触点又称物理触点，实际是继电器的触点或晶体管），接触器 KM 线圈得电（电流途径：AC220V 一端→KM 线圈→Y0 端子→内部 Y0 硬件触点→COM 端子→AC220V 另一端），主电路中的接触器 KM 主触点闭合，电动机得电运转。

当按下停止按钮 SB2 时，输入继电器 X1 线圈得电，它使用户程序中的 X1 常闭触点断开，输出继电器 Y0 线圈失电，一方面使用户程序中的 Y0 常开自锁触点断开，解除自锁，另一方面使输出端的 Y0 硬件常开触点断开，接触器 KM 线圈失电，KM 主触点断开，电动机失电停转。

若电动机在运行过程中长时间电流过大，则热继电器 FR 动作，使 PLC 的 X2 端子外接的 FR 触点闭合，输入继电器 X2 线圈得电，使用户程序中的 X2 常闭触点断开，输出继电器 Y0 线圈马上失电，输出端的 Y0 硬件常开触点断开，接触器 KM 线圈失电，KM 主触点闭合，电动机失电停转，从而避免电动机长时间过电流运行。

1.4　三菱 PLC 入门实战

1.4.1　三菱 FX3U 系列 PLC 硬件介绍

三菱 FX3U 系列 PLC 属于 FX 三代高端机型，图 1-10 是一种常用的 FX3U-32M 型 PLC，在没有拆下保护盖时，只能看到 RUN/STOP 模式切换开关、RS-422 端口（编程端口）、输入输出指示灯和工作状态指示灯；拆下面板上的各种保护盖后，可以看到输入输出端子和各种连接器。如果要拆下输入和输出端子台保护盖，应先拆下黑色的顶盖和右扩展设备连接器保护盖。

扫一扫看视频

1.4.2　PLC 控制双灯先后点亮的硬件电路及说明

三菱 FX3U-MT/ES 型 PLC 控制双灯先后点亮的硬件电路如图 1-11 所示。

1. 电源、输入和输出接线

（1）电源接线

220V 交流电源的 L、N、PE 线分作两路：一路分别接到 24V 电源适配器的 L、N、接地端，电源适配器将 220V 交流电压转换成 24V 直流电压输出；另一路分别接到 PLC 的 L、N、接地端，220V 电源经 PLC 内部 AC/DC 电源电路转换成 24V 直流电压和 5V 直流电压，24V 电压从 PLC 的 24V、0V 端子往外输出，5V 电压则供给 PLC 内部其他电路使用。

（2）输入端接线

PLC 输入端连接开灯、关灯两个按钮，这两个按钮一端连接在一起并接到 PLC 的 24V 端子，开灯按钮的另一端接到 X0 端子，关灯按钮另一端接到 X1 端子。另外，需要将 PLC 的 S/S 端子（输入公共端）与 0V 端子用导线直接连接在一起。

（3）输出端接线

PLC 输出端连接 A 灯、B 灯，这两个灯的工作电压为 24V，由于 PLC 为晶体管输出类型，故输出端电源必须为直流电源。在接线时，A 灯和 B 灯一端连接在一起并接到电源适配器输出的

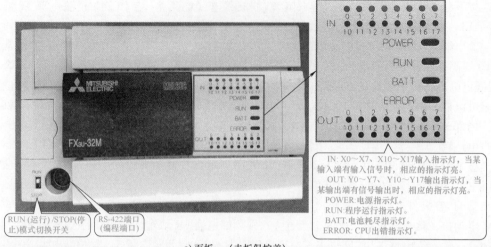

IN：X0~X7、X10~X17输入指示灯，当某输入端有输入信号时，相应的指示灯亮。
OUT：Y0~Y7、Y10~Y17输出指示灯，当某输出端有信号输出时，相应的指示灯亮。
POWER：电源指示灯。
RUN：程序运行指示灯。
BATT：电池耗尽指示灯。
ERROR：CPU出错指示灯。

RUN（运行）/STOP（停止）模式切换开关

RS-422端口（编程端口）

a）面板一（未拆保护盖）

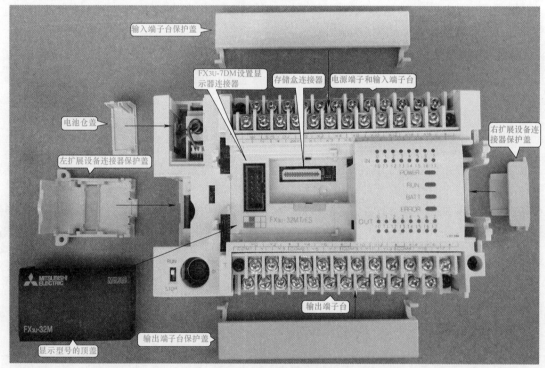

输入端子台保护盖

FX3U-7DM设置显示器连接器

存储盒连接器

电源端子和输入端子台

电池仓盖

左扩展设备连接器保护盖

右扩展设备连接器保护盖

输出端子台

输出端子台保护盖

显示型号的顶盖

b）面板二（拆下各种保护盖）

图1-10　三菱FX3U-32M型PLC面板组成部件及名称

24V电压正端，A灯另一端接到Y0端子，B灯另一端接到Y1端子，电源适配器输出的24V电压负端接到PLC的COM1端子（Y0~Y3的公共端）。

2. PLC控制双灯先后点亮系统的硬、软件工作过程

PLC控制双灯先后点亮系统实现的功能是：当按下开灯按钮时，A灯点亮，5s后B灯再点亮，按下关灯按钮时，A、B灯同时熄灭。

PLC控制双灯先后点亮系统的硬、软件工作过程如下：

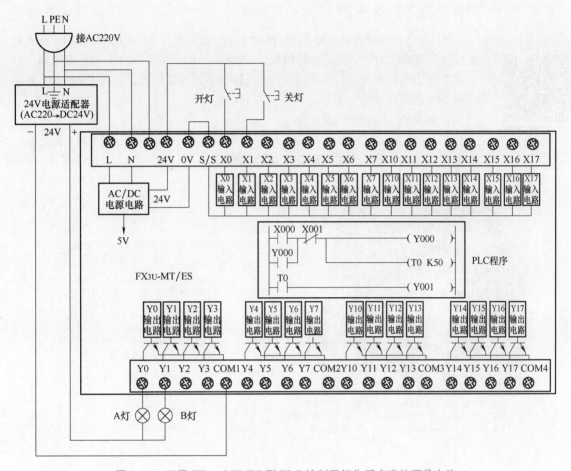

图 1-11　三菱 FX₃U-MT/ES 型 PLC 控制双灯先后点亮的硬件电路

当按下开灯按钮时，有电流流过内部的 X0 输入电路（电流途径：24V 端子→开灯按钮→X0 端子→X0 输入电路→S/S 端子→0V 端子），有电流流过 X0 输入电路，使内部 PLC 程序中的 X000 常开触点闭合，Y000 线圈和 T0 定时器同时得电。Y000 线圈得电一方面使 Y000 常开自锁触点闭合，锁定 Y000 线圈得电，另一方面让 Y0 输出电路输出控制信号，控制晶体管导通，有电流流过 Y0 端子外接的 A 灯（电流途径：24V 电源适配器的 24V 正端→A 灯→Y0 端→内部导通的晶体管→COM1 端→24V 电源适配器的 24V 负端），A 灯点亮。在程序中的 Y000 线圈得电时，T0 定时器同时也得电，T0 进行 5s 计时，5s 后 T0 定时器动作，T0 常开触点闭合，Y001 线圈得电，让 Y1 输出电路输出控制信号，控制晶体管导通，有电流流过 Y1 端子外接的 B 灯（电流途径：24V 电源适配器的 24V 正端→B 灯→Y0 端→内部导通的晶体管→COM1 端→24V 电源适配器的 24V 负端），B 灯点亮。

当按下关灯按钮时，有电流流过内部的 X1 输入电路 [电流途径：24V 端子→关灯按钮→X1 端子→X1 输入电路→S/S 端子→0V 端子），有电流流过 X1 输入电路，使内部 PLC 程序中的 X001 常闭触点断开，Y000 线圈和 T0 定时器同时失电。Y000 线圈失电，一方面让 Y000 常开自锁触点断开，另一方面让 Y0 输出电路停止输出控制信号，晶体管截止（不导通）]，无电流流过 Y0 端子外接的 A 灯，A 灯熄灭。T0 定时器失电会使 T0 常开触点断开，Y001 线圈失电，Y001 端子内部的晶体管截止，B 灯熄灭。

1.4.3 DC24V 电源适配器与 PLC 的电源接线

扫一扫看视频

PLC 供电电源有两种类型：DC24V（24V 直流电源）和 AC220V（220V 交流电源）。对于采用 220V 交流供电的 PLC，一般内置 AC220V 转 DC24V 的电源电路，对于采用 DC24V 供电的 PLC，可以在外部连接 24V 电源适配器，由其将 AC220V 转换成 DC24V 后再提供给 PLC。

1. DC24V 电源适配器介绍

DC24V 电源适配器的功能是将 220V（或 110V）交流电压转换成 24V 的直流电压输出。图 1-12 是一种常用 DC24V 电源适配器。

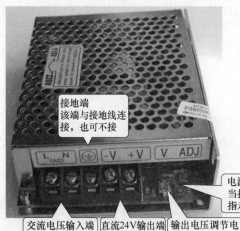

接地端
该端与接地线连接，也可不接

交流电压输入端
L端:接相(火)线
N端:接零线

直流24V输出端
-V:电源负端
+V:电源正端

输出电压调节电位器,可以调节输出电压大小

电源指示灯
当接通输入电压时,指示灯亮

电源适配器的L、N端为交流电压输入端，L端接相线(俗称火线)，N端接零线，接地端与接地线（与大地连接的导线）连接，若电源适配器出现漏电使外壳带电，外壳的漏电可以通过接地端和接地线流入大地，这样接触外壳时不会发生触电，当然接地端不接地线，电源适配器仍会正常工作。-V、+V端为直流24V电压输出端，-V端为电源负端，+V端为电源正端。
电源适配器上有一个输出电压调节电位器，可以调节输出电压，让输出电压在24V左右变化，在使用时应将输出电压调到24V。电源指示灯用于指示电源适配器是否已接通电源。

a) 接线端、调压电位器和电源指示灯

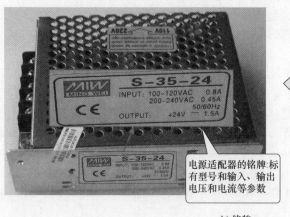

电源适配器的铭牌:标有型号和输入、输出电压和电流等参数

在电源适配器上一般会有一个铭牌(标签)，在铭牌上会标注型号、额定输入和输出电压电流参数，从铭牌可以看出，该电源适配器输入端可接100～120V的交流电压，也可以接200～240V的交流电压，输出电压为24V，输出电流最大为1.5A。

b) 铭牌

图 1-12　一种常用的 DC24V 电源适配器

2. 三线电源线及插头、插座说明

图 1-13 是常见的三线电源线、插头和插座，其导线的颜色、插头和插座的极性都有规定标准。

3. PLC 的电源接线

在 PLC 下载程序和工作时都需要连接电源，三菱 FX3U-MT/ES 型 PLC 没有采用 DC24V 供电，而是采用 220V 交流电源直接供电，其供电接线如图 1-14 所示。

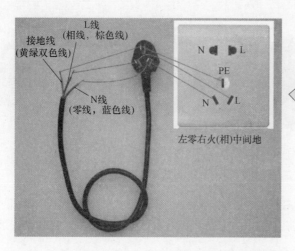

图 1-13　常见的三线电源线的颜色及插头、插座极性标准

L线（即相线，俗称火线）可以使用红、黄、绿或棕色导线，N线（即零线）使用蓝色线，PE线（即接地线）使用黄绿双色线，插头的插片和插座的插孔极性规定具体如图所示，接线时要按标准进行。

扫一扫看视频

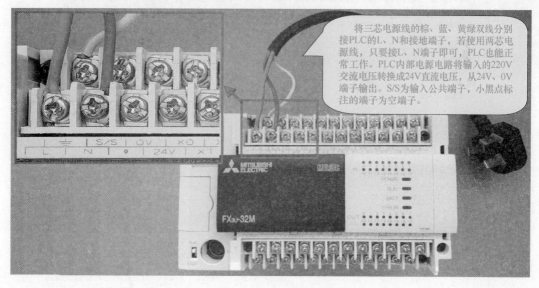

将三芯电源线的棕、蓝、黄绿双线分别接PLC的L、N和接地端子，若使用两芯电源线，只要接L、N端子即可，PLC也能正常工作。PLC内部电源电路将输入的220V交流电压转换成24V直流电压，从24V、0V端子输出。S/S为输入公共端子，小黑点标注的端子为空端子。

图 1-14　PLC 的电源接线

1.4.4　编程电缆及驱动程序的安装

扫一扫看视频

1. 编程电缆

在计算机中用 PLC 编程软件编写好程序后，如果要将其传送到 PLC，需用编程电缆（又称下载线）将计算机与 PLC 连接起来。三菱 FX 系列 PLC 常用的编程电缆有 FX-232 型和 FX-USB 型，其外形如图 1-15 所示。一些旧计算机有 COM 端口（又称串口，RS-232 端口），可使用 FX-232 型编程电缆，无 COM 端口的计算机可使用 FX-USB 型编程电缆。

2. 驱动程序的安装

用 FX-USB 型编程电缆将计算机和 PLC 连接起来后，计算机还不能识别该电缆，需要在计算机中安装此编程电缆的驱动程序。

FX-USB 型编程电缆驱动程序的安装过程如图 1-16 所示。打开编程电缆配套驱动程序的文件夹，如图 1-16a 所示，文件夹中有一个"HL-340. EXE"可执行文件，双击该文件，弹出

a) FX-232型编程电缆 b) FX-USB型编程电缆

图 1-15　三菱 FX 系列 PLC 常用的编程电缆

图 1-16b所示的对话框，单击"INSTALL（安装）"按钮，即开始安装驱动程序，单击"UNIN-STALL（卸载）"按钮，可以卸载先前已安装的驱动程序，驱动安装成功后，会弹出安装成功对话框，如图 1-16c 所示。

a) 打开驱动程序文件夹，执行"HL-340.EXE"文件

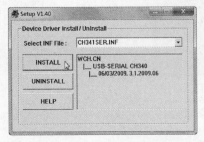

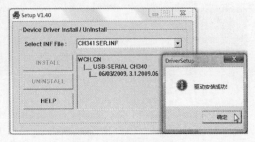

b) 单击"INSTALL"开始安装驱动程序　　　c) 驱动安装成功

图 1-16　FX-USB 型编程电缆驱动程序的安装

3. 查看计算机连接编程电缆的端口号

编程电缆的驱动程序成功安装后，在计算机的"设备管理器"中可查看到计算机与编程电缆连接的端口号，如图 1-17 所示。

1.4.5　编写程序并下载到 PLC

1. 用编程软件编写程序

三菱 FX1、FX2、FX3 系列 PLC 可使用三菱 GX Developer 软件编写程序。用 GX Developer 软件编写的控制双灯先后点亮的 PLC 程序如图 1-18 所示。

2. 用编程电缆连接 PLC 与计算机

在将计算机中编写好的 PLC 程序写入到 PLC 前，需要用编程电缆将计算机与 PLC 连接起来。

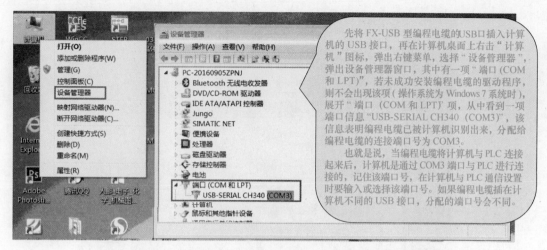

先将 FX-USB 型编程电缆的USB口插入计算机的 USB 接口，再在计算机桌面上右击"计算机"图标，弹出右键菜单，选择"设备管理器"，弹出设备管理器窗口，其中有一项"端口（COM 和 LPT）"，若未成功安装编程电缆的驱动程序，则不会出现该项（操作系统为 Windows 7 系统时），展开"端口（COM 和 LPT）"项，从中看到一项端口信息"USB-SERIAL CH340（COM3）"，该信息表明编程电缆已被计算机识别出来，分配给编程电缆的连接端口号为 COM3。

也就是说，当编程电缆将计算机与 PLC 连接起来后，计算机是通过 COM3 端口与 PLC 进行连接的，记住该端口号，在计算机与 PLC 通信设置时要输入或选择该端口号。如果编程电缆插在计算机不同的 USB 接口，分配的端口号会不同。

图 1-17 在"设备管理器"中查看计算机分配给编程电缆的端口号

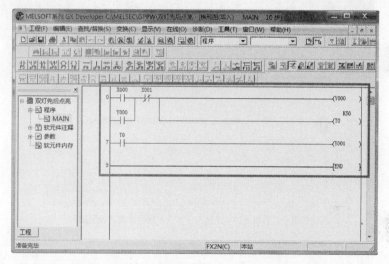

图 1-18 用 GX Developer 软件编写的控制双灯先后点亮的 PLC 程序

在连接时，将 FX-USB 接型编程电缆一端的 USB 接口插入计算机的 USB 接口，另一端的 9 针圆口插入 PLC 的 RS-422 接口，再给 PLC 接通电源，PLC 面板上的 POWER（电源）指示灯亮。

3. 通信设置

用编程电缆将计算机与 PLC 连接起来后，除了要在计算机中安装编程电缆的驱动程序外，还需要在 GX Developer 软件中进行通信设置，这样两者才能建立通信连接。

在 GX Developer 软件中进行通信设置如图 1-19 所示。在 GX Developer 软件中执行菜单命令"在线"→"传输设置"，弹出"传输设置"对话框，在该对话框内双击左上角的"串行 USB"项，弹出"PC I/F 串口详细设置"对话框，在此对话框中选中"RS-232"项，COM 端口选择 COM3（须与在设备管理器中查看到的端口号一致，否则无法建立通信连接），传输速度设为"19.2Kbps"，然后单击"确认"按钮关闭当前的对话框，回到上一个对话框（"传输设置"对话框），再单击对话框"确认"按钮即完成通信设置。

4. 将程序下载到 PLC

在 GX Developer 软件中将程序下载到 PLC 的操作过程如图 1-20 所示。在 GX Developer 软件中执行菜单命令"在线"→"PLC 写入"，若弹出图 1-20a 所示的对话框，表明计算机与 PLC 之间

扫一扫看视频

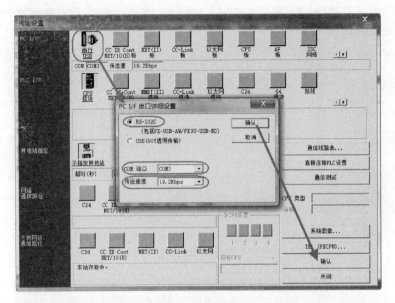

图 1-19 在 GX Developer 软件中进行通信设置

扫一扫看视频

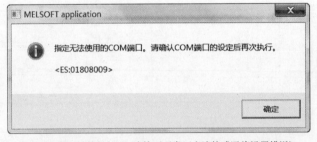

a) 对话框提示计算机与PLC连接不正常（未连接或通信设置错误）

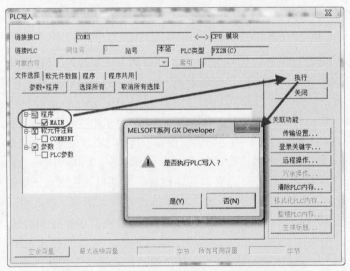

b) 选择要写入PLC的内容并单击"执行"按钮后弹出询问对话框

图 1-20 在 GX Developer 软件下载程序到 PLC 的操作过程

未用编程电缆连接或者通信设置错误。如果计算机与 PLC 连接正常，会弹出"PLC 写入"对话框，如图 1-20b 所示，在该对话框中展开"程序"项，选中"MAIN（主程序）"，然后单击"执行"按钮，弹出询问是否执行写入对话框，单击"是"按钮，又弹出一个对话框询问是否远程让 PLC 进入 STOP 模式（PLC 在 STOP 模式时才能被写入程序，若 PLC 的 RUN/STOP 开关已处于 STOP 位置，则不会出现该对话框），单击"是"按钮，GX Developer 软件开始通过编程电缆往 PLC 写入程序。程序写入完成后，会弹出一个对话框询问是否远程让 PLC 进入 RUN 模式，单击"是"按钮，将弹出程序写入完成对话框，单击"确定"，完成 PLC 程序的写入。

1.4.6　实物接线

图 1-21 为 PLC 控制双灯先后点亮系统的实物接线全图。

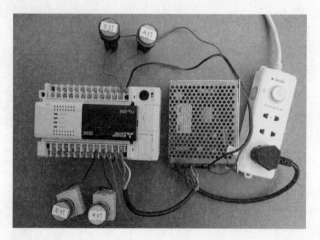

扫一扫看视频

扫一扫看视频

图 1-21　PLC 控制双灯先后点亮系统的实物接线（全图）

1.4.7　通电测试

PLC 控制双灯先后点亮系统的硬件接线完成，程序也已经下载到 PLC 后，下面就可以给系统通电，观察系统能否正常运行，并进行各种操作测试，观察能否达到控制要求。如果不正常，应检查硬件接线和编写的程序是否正确，若程序不正确，用编程软件改正后重新写入到 PLC，再进行测试。PLC 控制双灯先后点亮系统的通电测试过程见表 1-1。

表 1-1　PLC 控制双灯先后点亮系统的通电测试过程

序号	操 作 说 明	操 作 图
1	按下电源插座上的开关，220V 交流电压送到 24V 电源适配器和 PLC，电源适配器工作，输出 24V 直流电压（输出指示灯点亮），PLC 获得供电后，面板上的"POWER（电源）"指示灯点亮，由于 RUN/STOP 模式切换开关处于 RUN 位置，故"RUN"指示灯也点亮	

（续）

序号	操 作 说 明	操 作 图
2	按下开灯按钮，PLC 面板上的 X0 端指示灯点亮，表示 X0 端有输入，内部程序运行，面板上的 Y0 端指示灯点亮，表示 Y0 端有输出，Y0 端外接的 A 灯点亮	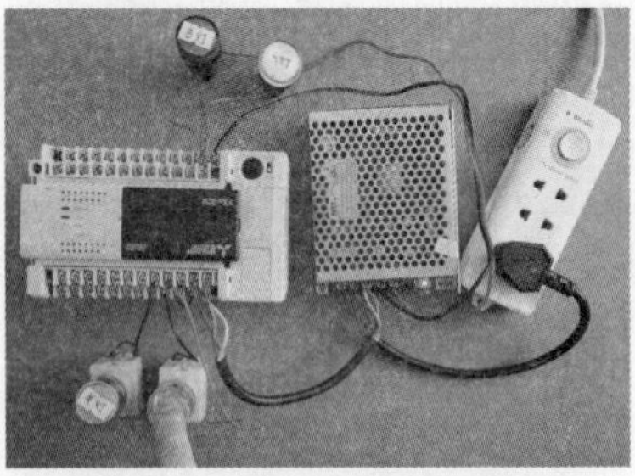
3	5s 后，PLC 面板上的 Y1 端指示灯点亮，表示 Y1 端有输出，Y1 端外接的 B 灯也点亮	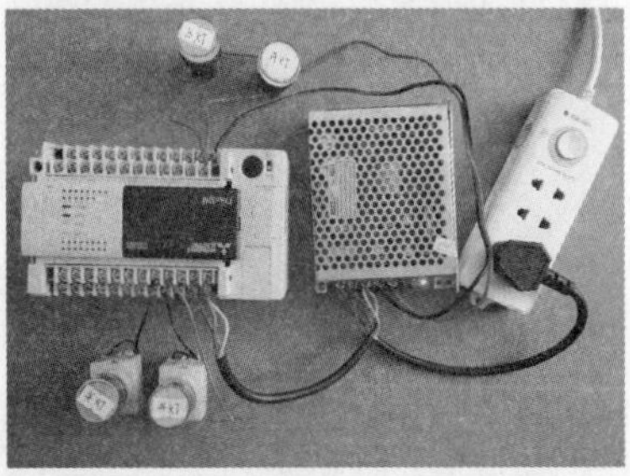
4	按下关灯按钮，PLC 面板上的 X1 端指示灯点亮，表示 X1 端有输入，内部程序运行，面板上的 Y0、Y1 端指示灯均熄灭，表示 Y0、Y1 端无输出，Y0、Y1 端外接的 A 灯和 B 灯均熄灭	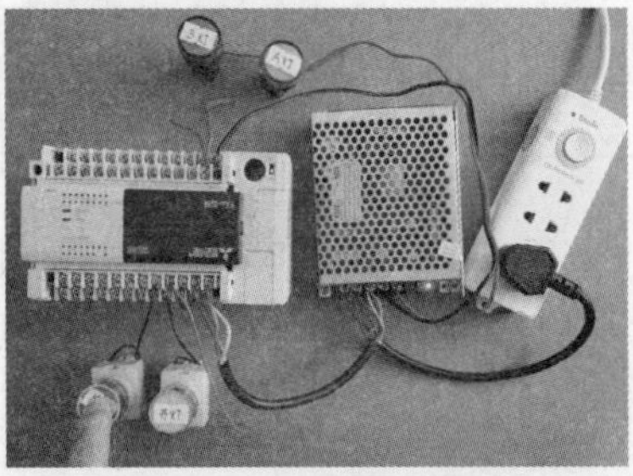
5	将 RUN/STOP 开关拨至 STOP 位置，再按下开灯按钮，虽然面板上的 X0 端指示灯点亮，但由于 PLC 内部程序已停止运行，故 Y0、Y1 端均无输出，A、B 灯都不会点亮	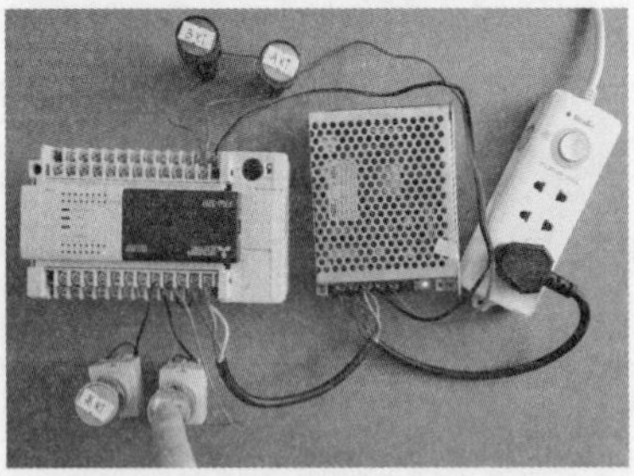

扫一扫看视频

第2章

三菱 FX3U 系列 PLC 介绍

2.1 三菱 FX3U、FX3UC 系列 PLC 介绍

三菱 FX3U、FX3UC 是 FX3 三代机中的高端机型，FX3U 是二代机 FX2N 的升级机型，FX3UC 是 FX3U 小型化的异形机型，只能使用 DC24V 供电。

三菱 FX3U、FX3UC 共有的特性如下：

1）支持的指令数：基本指令 29 条，步进指令 2 条，应用指令 218 条。

2）程序容量 64000 步，可使用带程序传送功能的闪存存储器盒。

3）支持软元件数量：辅助继电器 7680 点，定时器（计时器）512 点，计数器 235 点，数据寄存器 8000 点，扩展寄存器 32768 点，扩展文件寄存器 32768 点（只有安装存储器盒时可以使用）。

2.1.1 三菱 FX3U 系列 PLC 说明

三菱 FX3U 系列 PLC 的控制规模为：16～256（基本单元：16 点、32 点、48 点、64 点、80 点、128 点，连接扩展 IO 时最多可使用 256 点）；使用 CC-Link 远程 I/O 时为 384 点。

1. 面板及组成部件

三菱 FX3U 基本单元面板外形如图 2-1a 所示，面板组成部件如图 2-1b 所示。

2. 规格概要（见表 2-1）

表 2-1　三菱 FX3U 基本单元规格概要

项　目		规　格　概　要
电源、输入输出	电源规格	AC 电源型：AC100～240V 50/60Hz　DC 电源型：DC24V
	消耗电量	AC 电源型：30W（16M），35W（32M），40W（48M），45W（64M），50W（80M），65W（128M） DC 电源型：25W（16M），30W（32M），35W（48M），40W（64M），45W（80M）
	冲击电流	AC 电源型：最大 30A 5ms 以下/AC100V，最大 45A 5ms 以下/AC200V
	24V 供给电源	AC 电源 DC 输入型：400mA 以下（16M，32M），600mA 以下（48M，64M，80M，128M）
	输入规格	DC 输入型：DC24V，5/7mA（无电压触点或漏型）输入时：NPN 型开路集电极晶体管，源型输入时：PNP 型开路集电极晶体管 AC 输入型：AC100～120V AC 电压输入
	输出规格	继电器输出型：2A/1 点，8A/4 点 COM，8A/8 点 COM AC250V（取得 CE、UL/cUL 认证时为 240V），DC30V 以下 双向晶闸管型：0.3A/1 点，0.8A/4 点 COM AC85～242V 晶体管输出型：0.5A/1 点，0.8A/4 点，1.6A/8 点 COM DC5～30V
	输入输出扩展	可连接 FX2N 系列用扩展设备
内置通信端口		RS-422

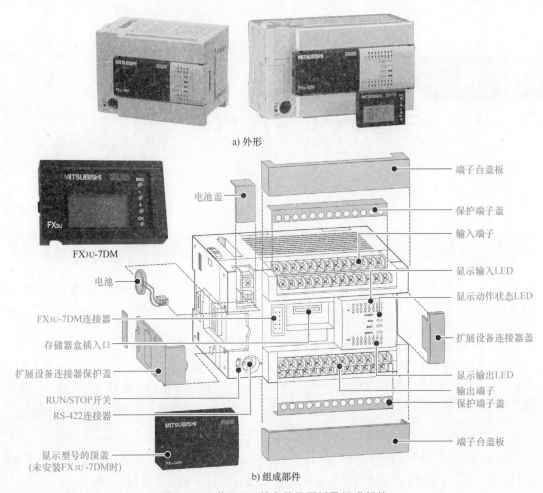

a) 外形

端子台盖板

FX3U-7DM

电池

FX3U-7DM连接器

存储器盒插入口

扩展设备连接器保护盖

RUN/STOP开关

RS-422连接器

显示型号的顶盖
(未安装FX3U-7DM时)

电池盖

保护端子盖

输入端子

显示输入LED

显示动作状态LED

扩展设备连接器盖

显示输出LED

输出端子

保护端子盖

端子台盖板

b) 组成部件

图 2-1　三菱 FX3U 基本单元面板及组成部件

2.1.2　三菱 FX3UC 系列 PLC 说明

三菱 FX3UC 是 FX3U 小型化的异形机型，只能使用 DC24V 供电，适合安装在狭小的空间。三菱 FX3UC 的控制规模为：16~256（基本单元有 16/32/64/96 点，连接扩展 I/O 时最多可使用 256点），使用 CC-Link 远程 I/O 时可达 384 点。

1. 面板及组成部件

三菱 FX3UC 基本单元面板外形如图 2-2a 所示，面板组成部件如图 2-2b 所示。

a) 外形

图 2-2　三菱 FX3UC 基本单元面板及组成部件

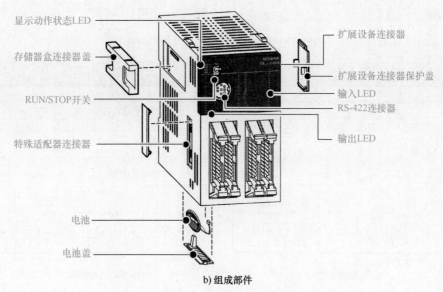

图 2-2　三菱 FX3UC 基本单元面板及组成部件（续）

2. 规格概要（见表 2-2）

表 2-2　三菱 FX3UC 基本单元规格概要

项　目		规 格 概 要
电源、输入输出	电源规格	DC24V
	消耗电量①	6W（16 点型），8W（32 点型），11W（64 点型），14W（96 点型）
	冲击电流	最大 30A 0.5ms 以下/DC24V
	输入规格	DC24V，5/7mA（无电压触点或开路集电极晶体管②）
	输出规格	继电器输出型：2A/1 点，4A/1COM AC250V（取得 CE、UL/cUL 认证时为 240V），DC30V 以下
		晶体管输出型：0.1A/1 点（Y000 ~ Y003 为 0.3A/1 点）DC5 ~ 30V
	输入输出扩展	可以连接 FX2NC、FX2N③ 系列用扩展模块
内置通信端口		RS-422

① 该消耗电量不包括输入输出扩展模块、特殊扩展单元/特殊功能模块的消耗电量。

② FX3UC-□□MT/D 型为 NPN 开路集电极晶体管输入。FX3UC-□□MT/DSS 型为 NPN 型或是 PNP 型开路集电极晶体管输入。

③ 需要连接器转换适配器或电源扩展单元。

2.2　三菱 FX 系列 PLC 的电源、输入和输出端子接线

2.2.1　电源端子的接线

　　三菱 FX 系列 PLC 工作时需要提供电源，其供电电源类型有 AC（交流）和 DC（直流）两种。AC 供电型 PLC 有 L、N 两个端子（旁边有一个接地端子），DC 供电型 PLC 有 +、- 两个端子，PLC 获得供电后会从内部输出 24V 直流电压，从 24V、0V 端（FX3 系列 PLC）输出，或从 24V、COM 端（FX1、FX2 系列 PLC）输出，如图 2-3 所示。三菱 FX1、FX2、FX3 系列 PLC 电源端子的接线基本相同。

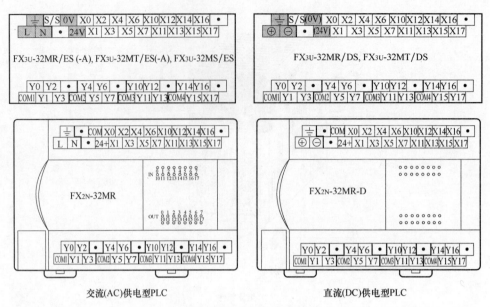

图 2-3　两种供电类型的 PLC

1. AC 供电型 PLC 的电源端子接线（见图 2-4）

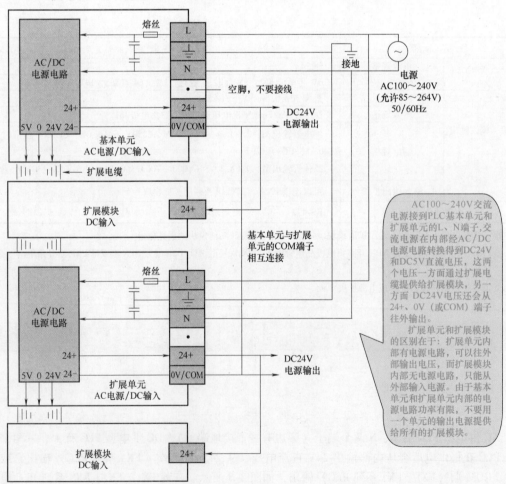

图 2-4　AC 供电型 PLC 的电源端子接线

2. DC 供电型 PLC 的电源端子接线（见图 2-5）

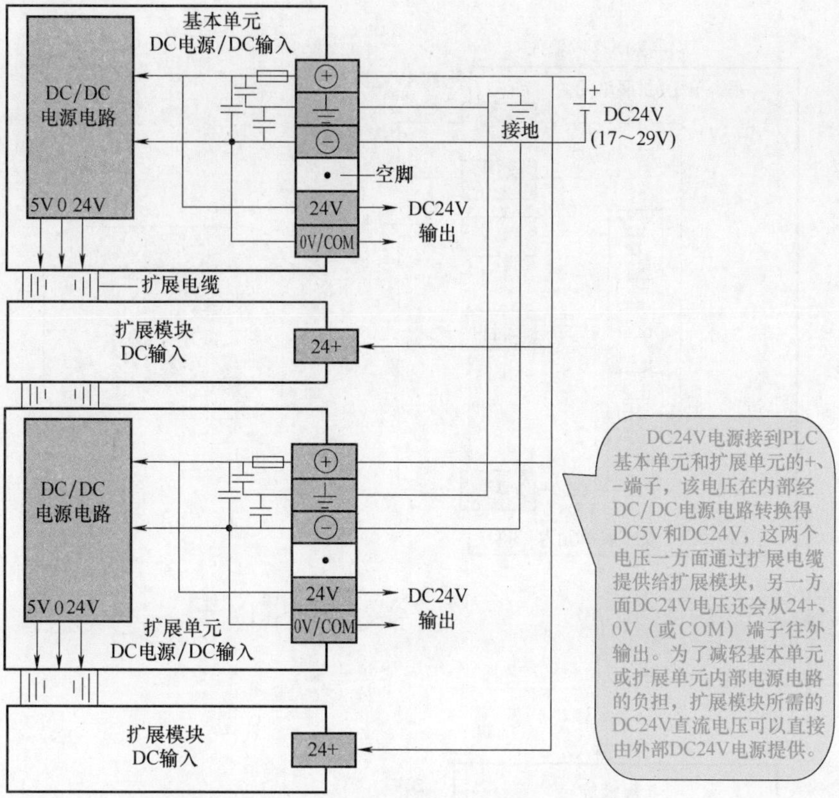

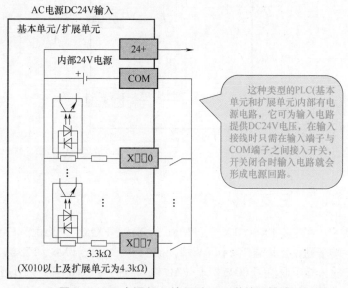

图 2-5　DC 供电型 PLC 的电源端子接线

2.2.2　三菱 FX1/FX2/FX3GC/FX3UC 系列 PLC 的输入端子接线

PLC 输入端子接线方式与 PLC 的供电类型有关，具体可分为 AC 电源/DC 输入、DC 电源/DC 输入、AC 电源/AC 输入三种方式，其中 AC 电源/DC 输入型 PLC 最为常用，AC 电源/AC 输入型 PLC 使用较少。三菱 FX1NC/FX2NC/FX3GC/FX3UC 系列 PLC 主要用在空间狭小的场合，为了减小体积，其内部取消了较占空间的 AC/DC 电源电路，只能从电源端子直接输入 DC 电源，即这些 PLC 只有 DC 电源/DC 输入型。

三菱 FX1S、FX1N、FX1NC、FX2N、FX2NC、FX3GC、FX3UC 系列 PLC 的输入公共端为 COM 端子，故这些 PLC 的输入端接线基本相同。

1. AC 电源/DC 输入型 PLC 的输入接线（见图 2-6）

图 2-6　AC 电源/DC 输入型 PLC 的输入接线

23

2. DC 电源/DC 输入型 PLC 的输入接线（见图 2-7）

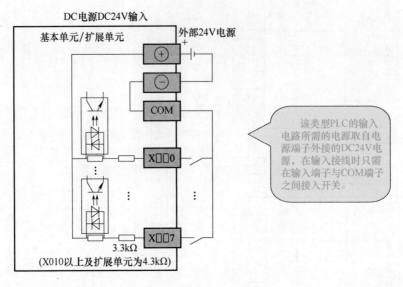

图 2-7　DC 电源/DC 输入型 PLC 的输入接线

3. 扩展模块的输入接线（见图 2-8）

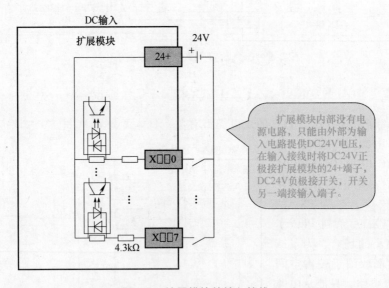

图 2-8　扩展模块的输入接线

2.2.3　三菱 FX3SA/FX3S/FX3GA/FX3G/FX3GE/FX3U 系列 PLC 的输入端子接线

在三菱 FX1S、FX1N、FX1NC、FX2N、FX2NC、FX3GC、FX3UC 系列 PLC 的输入端子中，COM 端子既作公共端，又作 0V 端，而三菱 FX3SA、FX3S、FX3GA、FX3G、FX3GE、FX3U 系列 PLC 的输入端子取消了 COM 端子（AC 输入型仍为 COM 端子），增加了 S/S 端子和 0V 端子，其中 S/S 端子用作公共端。

三菱 FX3SA、FX3S、FX3GA、FX3G、FX3GE、FX3U 系列 PLC 的输入方式有 AC 电源/DC 输入型、DC 电源/DC 输入型和 AC 电源/AC 输入型，由于三菱 FX3 系列 PLC 的 AC 电源/AC 输入型的输入端仍保留 COM 端子，故其接线与三菱 FX1、FX2 系列 PLC 的 AC 电源/AC 输入型相同。

1. AC 电源/DC 输入型 PLC 的输入接线

（1）漏型输入接线

AC 电源型 PLC 的漏型输入接线如图 2-9 所示。

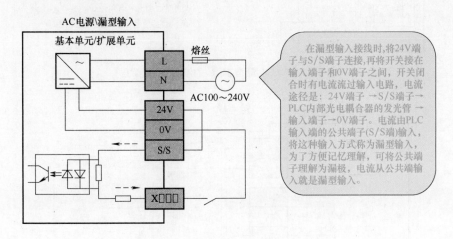

图 2-9　AC 电源型 PLC 的漏型输入接线

（2）源型输入接线

AC 电源型 PLC 的源型输入接线如图 2-10 所示。

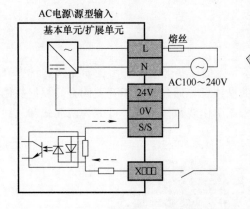

图 2-10　AC 电源型 PLC 的源型输入接线

2. DC 电源/DC 输入型 PLC 的输入接线

（1）漏型输入接线

DC 电源型 PLC 的漏型输入接线如图 2-11 所示。

（2）源型输入接线

DC 电源型 PLC 的源型输入接线如图 2-12 所示。

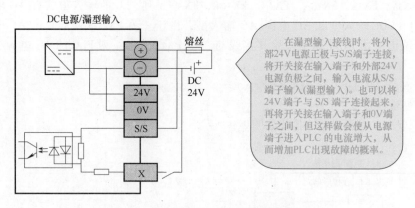

图 2-11　DC 电源型 PLC 的漏型输入接线

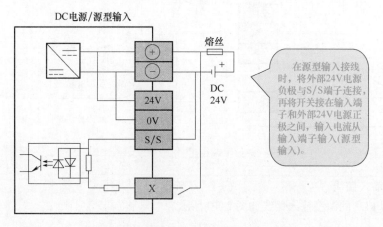

图 2-12　DC 电源型 PLC 的源型输入接线

2.2.4　接近开关与 PLC 输入端子的接线

PLC 的输入端子除了可以接普通触点开关外，还可以接一些无触点开关，如无触点接近开关，如图 2-13 所示。当金属体靠近探测头时，内部的晶体管导通，相当于开关闭合。根据晶体管不同，无触点接近开关可分为 NPN 型和 PNP 型，根据引出线数量不同，可分为两线式和三线式，无触点接近开关常用图 2-14 所示的符号表示。

图 2-13　无触点接近开关

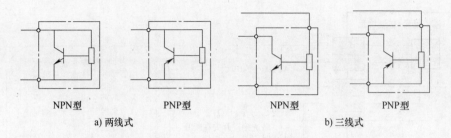

a) 两线式　　　　　　　　　　　　　　　b) 三线式

图 2-14　无触点接近开关的符号

1. 三线式无触点接近开关的接线（见图 2-15）

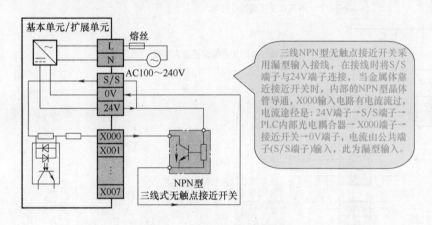

三线 NPN 型无触点接近开关采用漏型输入接线，在接线时将 S/S 端子与 24V 端子连接，当金属体靠近接近开关时，内部的 NPN 型晶体管导通，X000 输入电路有电流流过，电流途径是：24V 端子→S/S 端子→PLC 内部光电耦合器→X000 端子→接近开关→0V 端子，电流由公共端子 (S/S 端子) 输入，此为漏型输入。

a) 三线式 NPN 型无触点接近开关的漏型输入接线

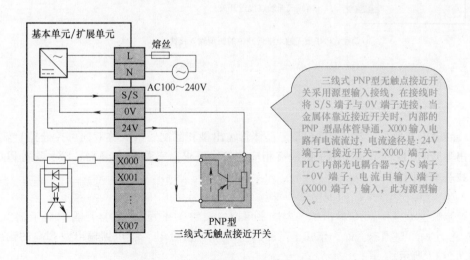

三线式 PNP 型无触点接近开关采用源型输入接线，在接线时将 S/S 端子与 0V 端子连接，当金属体靠近接近开关时，内部的 PNP 型晶体管导通，X000 输入电路有电流流过，电流途径是：24V 端子→接近开关→X000 端子→PLC 内部光电耦合器→S/S 端子→0V 端子，电流由输入端子 (X000 端子) 输入，此为源型输入。

b) 三线式 PNP 型无触点接近开关的源型输入接线

图 2-15　三线式无触点接近开关的接线

2. 两线式无触点接近开关的接线（见图 2-16）

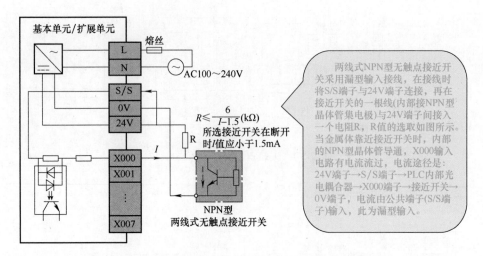

两线式NPN型无触点接近开关采用漏型输入接线，在接线时将S/S端子与24V端子连接，再在接近开关的一根线(内部接NPN型晶体管集电极)与24V端子间接入一个电阻R，R值的选取如图所示。当金属体靠近接近开关时，内部的NPN型晶体管导通，X000输入电路有电流流过，电流途径是：24V端子→S/S端子→PLC内部光电耦合器→X000端子→接近开关→0V端子，电流由公共端子(S/S端子)输入，此为漏型输入。

$R \leqslant \dfrac{6}{I-1.5}(\text{k}\Omega)$
所选接近开关在断开时 I 值应小于1.5mA

NPN型
两线式无触点接近开关

a) 两线式NPN型无触点接近开关的漏型输入接线

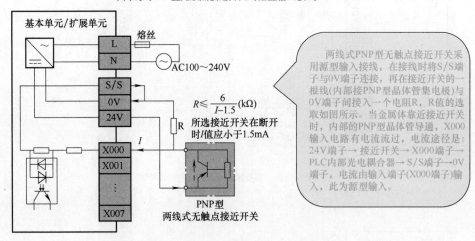

两线式PNP型无触点接近开关采用源型输入接线，在接线时将S/S端子与0V端子连接，再在接近开关的一根线(内部接PNP型晶体管集电极)与0V端子间接入一个电阻R，R值的选取如图所示。当金属体靠近接近开关时，内部的PNP型晶体管导通，X000输入电路有电流流过，电流途径是：24V端子→接近开关→X000端子→PLC内部光电耦合器→S/S端子→0V端子，电流由输入端子(X000端子)输入，此为源型输入。

$R \leqslant \dfrac{6}{I-1.5}(\text{k}\Omega)$
所选接近开关在断开时 I 值应小于1.5mA

PNP型
两线式无触点接近开关

b) 两线式PNP型无触点接近开关的源型输入接线

图 2-16　两线式无触点接近开关的接线

2.2.5 输出端子接线

PLC 的输出类型有：继电器输出型、晶体管输出型和晶闸管（又称双向可控硅型）输出型，不同输出类型的 PLC，其输出端子接线有相应的接线要求。三菱 FX1、FX2、FX3 系列 PLC 输出端的接线基本相同。

1. 继电器输出型 PLC 的输出端子接线

继电器输出型是指 PLC 输出端子内部采用继电器触点开关，当触点闭合时表示输出为 ON（或称输出为 1），触点断开时表示输出为 OFF（或称输出为 0）。继电器输出型 PLC 的输出端子接线如图 2-17 所示。

2. 晶体管输出型 PLC 的输出端子接线

晶体管输出型是指 PLC 输出端子内部采用晶体管，当晶体管导通时表示输出为 ON，晶体管截止时表示输出为 OFF。

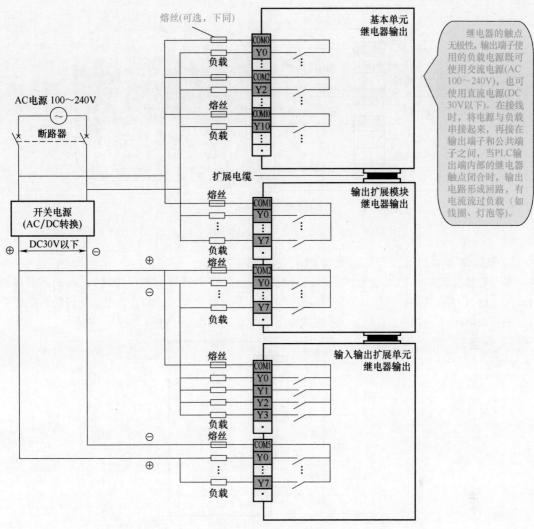

图 2-17 继电器输出型 PLC 的输出端子接线

晶体管是有极性的，输出端子使用的负载电源必须是直流电源（DC5～30V），晶体管输出型具体又可分为漏型输出（输出端子内接晶体管的漏极或集电极）和源型输出（输出端子内接晶体管的源极或发射极）。晶体管输出型 PLC 的输出端接线如图 2-18 所示。

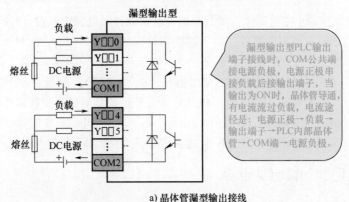

a) 晶体管漏型输出接线

图 2-18 晶体管输出型 PLC 的输出端子接线

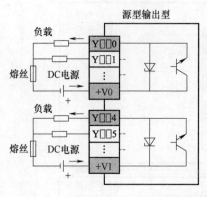

图 2-18 晶体管输出型 PLC 的输出端子接线（续）

3. 晶闸管（双向可控硅）输出型 PLC 的输出端接线

晶闸管输出型是指 PLC 输出端子内部采用双向晶闸管（又称双向可控硅），当晶闸管导通时表示输出为 **ON**，晶闸管截止时表示输出为 **OFF**。晶闸管是无极性的，输出端使用的负载电源必须是交流电源（**AC100 ~ 240V**）。晶闸管输出型 PLC 的输出端子接线如图 2-19 所示。

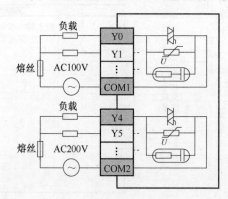

图 2-19 晶闸管输出型 PLC 的输出端子接线

2.3 三菱 FX 系列 PLC 的软元件介绍

PLC 是在继电器控制电路基础上发展起来的，继电器控制电路中包含有时间继电器、中间继电器等，而 PLC 内部也有类似的器件，由于这些器件以软件形式存在，故称为软元件。PLC 程序由指令和软元件组成，指令的功能是发出命令，软元件是指令的执行对象，比如，SET 为置 1 指令，Y000 是 PLC 的一种软元件（输出继电器），"SET Y000"就是命令 PLC 的输出继电器 Y000 的状态变为 1。由此可见，编写 PLC 程序必须要了解 PLC 的指令和软元件。

PLC 的软元件很多，主要有输入继电器、输出继电器、辅助继电器、定时器、计数器、数据寄存器和常数等。三菱 FX 系列 PLC 分很多子系列，越高档的子系列，其支持指令和软元件数量越多。

2.3.1 输入继电器和输出继电器

1. 输入继电器（X）

输入继电器用于接收 PLC 输入端子送入的外部开关信号，它与 PLC 的输入端子有关联，其

表示符号为 **X**，按八进制方式编号，输入继电器与外部对应的输入端子编号是相同的。三菱 **FX**3U-48M 型 PLC 外部有 24 个输入端子，其编号为 X000～X007、X010～X017、X020～X027，内部有 24 个相同编号的输入继电器来接收端子输入的开关信号。

一个输入继电器可以有无数个编号相同的常闭触点和常开触点，当某个输入端子（如 X000）外接开关闭合时，PLC 内部相同编号输入继电器（X000）状态变为 ON，那么程序中相同编号的常开触点处于闭合，常闭触点处于断开。

2. 输出继电器（Y）

输出继电器（常称输出线圈）用于将 PLC 内部开关信号送出，它与 PLC 输出端子有关联，其表示符号为 Y，也按八进制方式编号，输出继电器与外部对应的输出端子编号是相同的。三菱 FX3U-48M 型 PLC 外部有 24 个输出端子，其编号为 Y000～Y007、Y010～Y017、Y020～Y027，相应内部有 24 个相同编号的输出继电器，这些输出继电器的状态由相同编号的外部输出端子送出。

一个输出继电器只有一个与输出端子关联的硬件常开触点（又称物理触点），但在编程时可使用无数个编号相同的软件常开触点和常闭触点。当某个输出继电器（如 Y000）状态为 ON 时，它除了会使相同编号的输出端子内部的硬件常开触点闭合外，还会使程序中的相同编号的软件常开触点闭合、常闭触点断开。

三菱 FX 系列 PLC 支持的输入继电器、输出继电器如下：

型　　号	FX1S	FX1N、FX1NC	FX2N、FX2NC	FX3G	FX3U、FX3UC
输入继电器	X000～X017 （16 点）	X000～X177 （128 点）	X000～X267 （184 点）	X000～X177 （128 点）	X000～X367 （256 点）
输出继电器	Y000～Y015 （14 点）	Y000～Y177 （128 点）	Y000～Y26 7（184 点）	Y000～Y177 （128 点）	Y000～Y367 （256 点）

2.3.2　辅助继电器

辅助继电器是 PLC 内部继电器，它与输入、输出继电器不同，不能接收输入端子送来的信号，也不能驱动输出端子。辅助继电器表示符号为 M，按十进制方式编号，如 M0～M499、M500～M1023 等。一个辅助继电器可以有无数个编号相同的常闭触点和常开触点。

辅助继电器分为四类：一般型、停电保持型、停电保持专用型和特殊用途型。三菱 FX 系列 PLC 支持的辅助继电器如下：

型　　号	FX1S	FX1N、FX1NC	FX2N、FX2NC	FX3G	FX3U、FX3UC
一般型	M0～M383 （384 点）	M0～M383 （384 点）	M0～M499 （500 点）	M0～M383 （384 点）	M0～M499 （500 点）
停电保持型 （可设成一般型）	无	无	M500～M1023 （524 点）	无	M500～M1023 （524 点）
停电保持专用型	M384～M511 （128 点）	M384～M511 （128 点，EEPROM 长久保持） M512～M1535 （1024 点，电容 10 天保持）	M1024～M3071 （2048 点）	M384～M1535 （1152 点）	M1024～M7679 （6656 点）
特殊用途型	M8000～M8255 （256 点）	M8000～M8255 （256 点）	M8000～M8255 （256 点）	M8000～M8511 （512 点）	M8000～M8511 （512 点）

1. 一般型辅助继电器

一般型（又称通用型）辅助继电器在 PLC 运行时，如果电源突然停电，则全部线圈状态均变为 OFF。当电源再次接通时，除了因其他信号而变为 ON 的以外，其余线圈仍将保持 OFF 状态，它们没有停电保持功能。

三菱 FX3U 系列 PLC 的一般型辅助继电器点数默认为 M0 ~ M499，也可以用编程软件将一般型设为停电保持型，设置方法如图 2-20 所示，在三菱 PLC 编程软件 GX Developer 的工程列表区双击参数项中的"PLC 参数"，弹出参数设置对话框，切换到"软元件"选项卡，从辅助继电器一栏可以看出，系统默认 M500（起始）~ M1023（结束）范围内的辅助继电器具有锁存（停电保持）功能，如果将起始值改为 550，结束值仍为 1023，那么 M0 ~ M550 范围内的都是一般型辅助继电器。

从图 2-20 中不难看出，不但可以设置辅助继电器停电保持点数，还可以设置状态继电器、定时器、计数器和数据寄存器的停电保持点数，编程时选择的 PLC 类型不同，该对话框的内容有所不同。

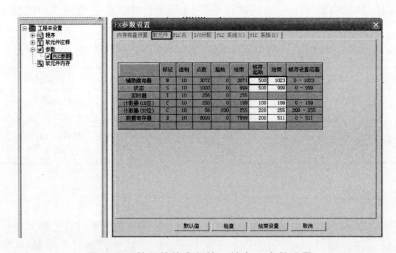

图 2-20　软元件停电保持（锁存）点数设置

2. 停电保持型辅助继电器

停电保持型辅助继电器与一般型辅助继电器的区别主要在于，前者具有停电保持功能，即能记忆停电前的状态，并在重新通电后保持停电前的状态。FX3U 系列 PLC 的停电保持型辅助继电器可分为停电保持型（M500 ~ M1023）和停电保持专用型（M1024 ~ M7679），停电保持专用型辅助继电器无法设成一般型。

下面以图 2-21 来说明一般型和停电保持型辅助继电器的区别。

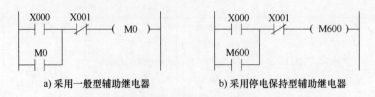

a) 采用一般型辅助继电器　　　　　b) 采用停电保持型辅助继电器

图 2-21　一般型和停电保持型辅助继电器的区别说明

图 2-21a 程序采用了一般型辅助继电器，在通电时，如果 X000 常开触点闭合，辅助继电器 M0 状态变为 ON（或称 M0 线圈得电），M0 常开触点闭合，在 X000 触点断开后锁住 M0 继电器

的状态值，如果 PLC 出现停电，M0 继电器状态值变为 OFF，在 PLC 重新恢复供电时，M0 继电器状态仍为 OFF，M0 常开触点处于断开。

图 2-21b 程序采用了停电保持型辅助继电器，在通电时，如果 X000 常开触点闭合，辅助继电器 M600 状态变为 ON，M600 常开触点闭合，如果 PLC 出现停电，M600 继电器状态值保持为 ON，在 PLC 重新恢复供电时，M600 继电器状态仍为 ON，M600 常开触点仍处于闭合。若重新供电时 X001 触点处于开路，则 M600 继电器状态为 OFF。

3. 特殊用途型辅助继电器

FX3U 系列中有 512 个特殊辅助继电器，可分成触点型和线圈型两大类。

（1）触点型特殊用途辅助继电器

触点型特殊用途辅助继电器的线圈由 PLC 自动驱动，用户只可使用其触点，即在编写程序时，只能使用这种继电器的触点，不能使用其线圈。常用的触点型特殊用途辅助继电器如下：

M8000：运行监视 a 触点（常开触点）。在 PLC 运行中，M8000 触点始终处于接通状态，M8001 为运行监视 b 触点（常闭触点），它与 M8000 触点逻辑相反，在 PLC 运行时，M8001 触点始终断开。

M8002：初始脉冲 a 触点。该触点仅在 PLC 运行开始的一个扫描周期内接通，以后周期断开，M8003 为初始脉冲 b 触点，它与 M8002 逻辑相反。

M8011、M8012、M8013 和 M8014 分别是产生 10ms、100ms、1s 和 1min 时钟脉冲的特殊辅助继电器触点。

M8000、M8002、M8012 的时序关系如图 2-22 所示。

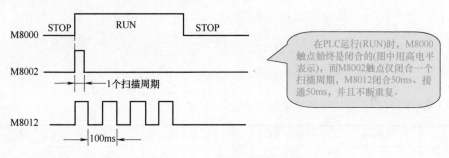

图 2-22 M8000、M8002、M8012 的时序关系图

（2）线圈型特殊用途辅助继电器

线圈型特殊用途辅助继电器由用户程序驱动其线圈，使 PLC 执行特定的动作。常用的线圈型特殊用途辅助继电器如下：

M8030：电池 LED 熄灯。当 M8030 线圈得电（M8030 继电器状态为 ON）时，电池电压降低，发光二极管熄灭。

M8033：存储器保持停止。若 M8033 线圈得电（M8033 继电器状态值为 ON），在 PLC 由 RUN→STOP 时，输出映像存储器（即输出继电器）和数据寄存器的内容仍保持 RUN 状态时的值。

M8034：所有输出禁止。若 M8034 线圈得电（即 M8034 继电器状态为 ON），PLC 的输出全部禁止。M8034 使用如图 2-23 所示。

M8039：恒定扫描模式。若 M8039 线圈得电（即 M8039 继电器状态为 ON），PLC 按数据寄存器 D8039 中指定的扫描时间工作。

更多特殊用途型辅助继电器的功能可查阅三菱 FX 系列 PLC 的编程手册。

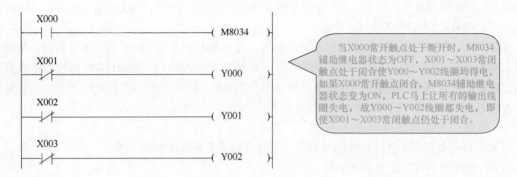

图 2-23　线圈型特殊用途辅助继电器的使用举例

2.3.3　状态继电器

　　状态继电器是编制步进程序的重要软元件，与辅助继电器一样，可以有无数个常开触点和常闭触点，其表示符号为 S，按十进制方式编号，如 S0 ~ S9、S10 ~ S19、S20 ~ S499 等。

　　状态器继电器可分为初始状态型、一般型和报警用途型。对于未在步进程序中使用的状态继电器，可以当成辅助继电器使用，如图 2-24 所示。状态器继电器主要用在步进顺序程序中。

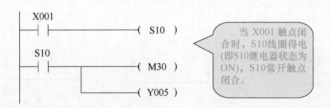

图 2-24　未使用的状态继电器可以当成辅助继电器使用

　　三菱 FX 系列 PLC 支持的状态继电器如下：

型　　号	FX1S	FX1N、FX1NC	FX2N、FX2NC	FX3G	FX3U、FX3UC
初始状态用	S0 ~ S9 （停电保持专用）	S0 ~ S9 （停电保持专用）	S0 ~ S9	S0 ~ S9 （停电保持专用）	S0 ~ S9
一般用	S10 ~ S127 （停电保持专用）	S10 ~ S127 （停电保持专用） S128 ~ S999 （停电保持专用， 电容 10 天保持）	S10 ~ S499 S500 ~ S899 （停电保持）	S10 ~ S999 （停电保持专用） S1000 ~ S4095	S10 ~ S499 S500 ~ S899 （停电保持） S1000 ~ S4095 （停电保持专用）
信号报警用	无		S900 ~ S999 （停电保持）	无	S900 ~ S999 （停电保持）
说明	停电保持型可以设成非停电保持型，非停电保持型也可设成停电保持型（FX3G 型需安装选配电池，才能将非停电保持型设成停电保持型）；停电保持专用型采用 EEPROM 或电容供电保存，不可设成非停电保持型				

2.3.4　定时器

　　定时器又称计时器，是用于计算时间的继电器，它可以有无数个常开触点和常闭触点，其定时单位有 1ms、10ms、100ms 三种。定时器表示符号为 T，编号也按十进制，定时器分为普通型定时器（又称一般型）和停电保持型定时器（又称累计型或积算型定时器）。

三菱 FX 系列 PLC 支持的定时器如下：

PLC 系列	FX1S	FX1N, FX1NC, FX2N, FX2NC	FX3G	FX3U, FX3UC
1ms 普通型定时器 (0.001 ~ 32.767s)	T31，1 点	—	T256 ~ T319, 64 点	T256 ~ T511, 256 点
100ms 普通型定时器 (0.1 ~ 3276.7s)	T0 ~ 62，63 点	T0 ~ 199，200 点		
10ms 普通型定时器 (0.01 ~ 327.67s)	T32 ~ C62，31 点	T200 ~ T245，46 点		
1ms 停电保持型定时器 (0.001 ~ 32.767s)	—	T246 ~ T249，4 点		
100ms 停电保持型定时器 (0.1 ~ 3276.7s)	—	T250 ~ T255，6 点		

普通型定时器和停电保持型定时器的区别说明如图 2-25 所示。

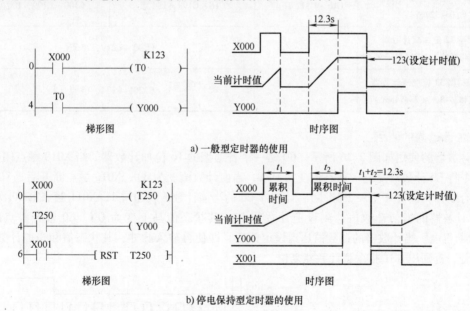

a) 一般型定时器的使用

b) 停电保持型定时器的使用

图 2-25　普通型定时器和停电保持型定时器的区别说明

图 2-25a 梯形图中的定时器 T0 为 100ms 普通型定时器，其设定计时值为 123（123 × 0.1s = 12.3s）。当 X000 触点闭合时，T0 定时器输入为 ON，开始计时，如果当前计时值未到 123 时，T0 定时器输入变为 OFF（X000 触点断开），定时器 T0 马上停止计时，并且当前计时值复位为 0，当 X000 触点再闭合时，T0 定时器重新开始计时，当计时值到达 123 时，定时器 T0 的状态值变为 ON，T0 常开触点闭合，Y000 线圈得电。普通型定时器的计时值到达设定值时，如果其输入仍为 ON，定时器的计时值保持设定值不变，当输入变为 OFF 时，其状态值变为 OFF，同时当前计时变为 0。

图 2-25b 所示梯形图中的定时器 T250 为 100ms 停电保持型定时器，其设定计时值为 123（123 × 0.1s = 12.3s）。当 X000 触点闭合时，T250 定时器开始计时，如果当前计时值未到 123 时出现 X000 触点断开或 PLC 断电，定时器 T250 停止计时，但当前计时值保持，当 X000 触点再闭合或 PLC 恢复供电时，定时器 T250 在先前保持的计时值基础上继续计时，直到累积计时值到达 123 时，定时器 T250 的状态值变为 ON，T250 常开触点闭合，Y000 线圈得电。停电保持型定时器的计时值到达设定值时，不管其输入是否为 ON，其状态值仍保持为 ON，当前计时值也保持设定值不变，直到用 RST 指令对其进行复位，状态值才变为 OFF，当前计时值才复位为 0。

2.3.5　计数器

计数器是一种具有计数功能的继电器，它可以有无数个常开触点和常闭触点。计数器可分为加计数器和加/减双向计数器。计数器表示符号为 C，编号按十进制方式，计数器可分为普通型计数器和停电保持型计数器。

三菱 FX 系列 PLC 支持的计数器如下：

PLC 系列	FX1S	FX1N，FX1NC，FX3G	FX2N，FX2NC，FX3U，FX3UC
普通型 16 位加计数器 （0 ~ 32767）	C0 ~ C15，16 点	C0 ~ C15，16 点	C0 ~ C99，100 点
停电保持型 16 位加计数器 （0 ~ 32767）	C16 ~ C31，16 点	C16 ~ C199，184 点	C100 ~ C199，100 点
普通型 32 位加减计数器 （ -2147483648 ~ +2147483647）	—	C200 ~ C219，20 点	
停电保持型 32 位加减计数器 （ -2147483648 ~ +2147483647）	—	C220 ~ C234，15 点	

1. 加计数器的使用

加计数器的使用如图 2-26 所示，C0 是一个普通型的 16 位加计数器。当 X010 触点闭合时，RST 指令将 C0 计数器复位（状态值变为 OFF，当前计数值变为 0），X010 触点断开后，X011 触点每闭合断开一次（产生一个脉冲），计数器 C0 的当前计数值就递增 1，X011 触点第 10 次闭合时，C0 计数器的当前计数值达到设定计数值 10，其状态值马上变为 ON，C0 常开触点闭合，Y000 线圈得电。当计数器的计数值达到设定值后，即使再输入脉冲，其状态值和当前计数值都保持不变，直到用 RST 指令将计数器复位。

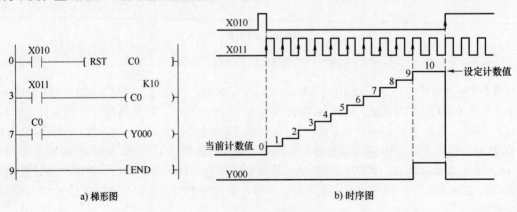

a) 梯形图　　　　　　　　　　b) 时序图

图 2-26　加计数器的使用说明

　　停电保持型计数器的使用方法与普通型计数器基本相似，两者的区别主要在于：普通型计数器在 PLC 停电时状态值和当前计数值会被复位，上电后重新开始计数，而停电保持型计数器在 PLC 停电时会保持停电前的状态值和计数值，上电后会在先前保持的计数值基础上继续计数。

　　2. 加/减计数器的使用

　　三菱 FX 系列 PLC 的 C200 ~ C234 为加/减计数器，这些计数器既可以进行加计数，也可以进行减计数，进行何种计数方式分别受特殊辅助继电器 M8200 ~ M8234 控制。比如 C200 计数器的计数方式受 M8200 辅助继电器控制，M8200 = 1（M8200 状态为 ON）时，C200 计数器进行减计数，M8200 = 0 时，C200 计数器进行加计数。

　　加/减计数器在计数值达到设定值后，如果仍有脉冲输入，其计数值会继续增加或减少，在加计数达到最大值 2147483647 时，再来一个脉冲，计数值会变为最小值 −2147483648，在减计数达到最小值 −2147483648 时，再来一个脉冲，计数值会变为最大值 2147483647，所以加/减计数器是环形计数器。在计数时，不管加/减计数器进行的是加计数或是减计数，只要其当前计数值小于设定计数值，计数器的状态就为 OFF；若当前计数值大于或等于设定计数值，计数器的状态为 ON。

　　加/减计数器的使用如图 2-27 所示。

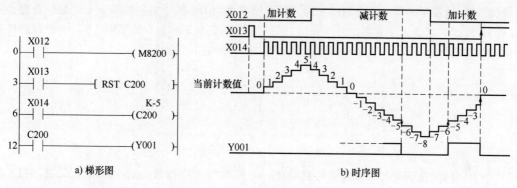

　　a) 梯形图　　　　　　　　　　　　　　　b) 时序图

图 2-27　加/减计数器的使用说明

　　当 X012 触点闭合时，M8200 继电器状态为 ON，C200 计数器工作方式为减计数，X012 触点断开时，M8200 继电器状态为 OFF，C200 计数器工作方式为加计数。当 X013 触点闭合时，RST 指令对 C200 计数器进行复位，其状态变为 OFF，当前计数值也变为 0。

　　C200 计数器复位后，将 X013 触点断开，X014 触点每通断一次（产生一个脉冲），C200 计数器的计数值就加 1 或减 1。在进行加计数时，当 C200 计数器的当前计数值达到设定值时，其状态变为 ON；在进行减计数时，当 C200 计数器的当前计数值减到小于设定值时，其状态变为 OFF。

　　3. 计数值的设定方式

　　计数器的计数值可以直接用常数设定（直接设定），也可以将数据寄存器中的数值设为计数值（间接设定）。计数器的计数值设定如图 2-28 所示。

　　16 位计数器的计数值设定如图 2-28a 所示，C0 计数器的计数值采用直接设定方式，直接将常数 6 设为计数值，C1 计数器的计数值采用间接设定方式，先用 MOV 指令将常数 10 传送到数据寄存器 D5 中，然后将 D5 中的值指定为计数值。

　　32 位计数器的计数值设定如图 2-28b 所示，C200 计数器的计数值采用直接设定方式，直接

　　将常数 43210 设为计数值，C201 计数器的计数值采用间接设定方式，由于计数值为 32 位，故需要先用 DMOV 指令（32 位数据传送指令）将常数 68000 传送到 2 个 16 位数据寄存器 D6、D5（两个）中，然后将 D6、D5 中的值指定为计数值，在编程时只需输入低编号数据寄存器，相邻高编号数据寄存器会自动占用。

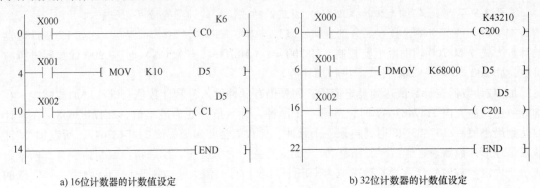

a) 16位计数器的计数值设定　　　　　　　　　　b) 32位计数器的计数值设定

图 2-28　计数器的计数值设定

2.3.6　数据寄存器

　　数据寄存器是用来存放数据的软元件，其表示符号为 **D**，按十进制编号。一个数据寄存器可以存放 16 位二进制数，其最高位为符号位（符号位：0 表示正数，1 表示负数），一个数据寄存器可存放 −32768 ~ +32767 范围的数据。16 位数据寄存器的结构如下：

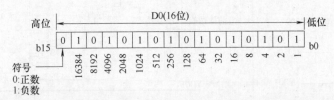

　　两个相邻的数据寄存器组合起来可以构成一个 32 位数据寄存器，能存放 32 位二进制数，其最高位为符号位（0 表示正数；1 表示负数），两个数据寄存器组合构成的 32 位数据寄存器可存放 −2147483648 ~ +2147483647 范围的数据。32 位数据寄存器的结构如下：

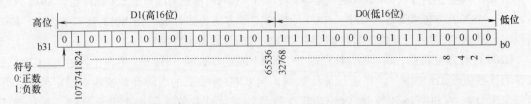

　　三菱 FX 系列 PLC 的数据寄存器可分为一般型、停电保持型、文件型和特殊型数据寄存器。三菱 FX 系列 PLC 支持的数据寄存器点数如下：

PLC 系列	FX1S	FX1N, FX1NC, FX3G	FX2N, FX2NC, FX3U, FX3UC
一般型数据寄存器	D0 ~ D127，128 点	D0 ~ D127，128 点	D0 ~ D199，200 点
停电保持型数据寄存器	D128 ~ D255，128 点	D128 ~ D7999，7872 点	D200 ~ D7999，7800 点
文件型数据寄存器	D1000 ~ D2499，1500 点	D1000 ~ D7999，7000 点	
特殊型数据寄存器	D8000 ~ D8255，256 点（FX1S/FX1N/FX1NC/FX2N/FX2NC） D8000 ~ D8511，512 点（FX3G/FX3U/FX3UC）		

（1）一般型数据寄存器

当 PLC 从 RUN 模式进入 STOP 模式时，所有一般型数据寄存器的数据全部清 0，如果特殊辅助继电器 M8033 为 ON，则 PLC 从 RUN 模式进入 STOP 模式时，一般型数据寄存器的值保持不变。程序中未用的定时器和计数器可以作为数据寄存器使用。

（2）停电保持型数据寄存器

停电保持型数据寄存器具有停电保持功能，当 PLC 从 RUN 模式进入 STOP 模式时，停电保持型寄存器的值保持不变。在编程软件中可以设置停电保持型数据寄存器的范围。

（3）文件型数据寄存器

文件寄存器用来设置具有相同软元件编号的数据寄存器的初始值。PLC 上电时和由 STOP 转换至 RUN 模式时，文件寄存器中的数据被传送到系统的 RAM 的数据寄存器区。

（4）特殊型数据寄存器

特殊型数据寄存器的作用是用来控制和监视 PLC 内部的各种工作方式和软元件，如扫描时间、电池电压等。在 PLC 上电和由 STOP 转换至 RUN 模式时，这些数据寄存器会被写入默认值。更多特殊型数据寄存器的功能可查阅三菱 FX 系列 PLC 的编程手册。

2.3.7　扩展寄存器和扩展文件寄存器

扩展寄存器和扩展文件寄存器是扩展数据寄存器的软元件，只有 FX3GA、FX3G、FX3GE、FX3GC、FX3U 和 FX3UC 系列 PLC 才有这两种寄存器。

对于 FX3GA、FX3G、FX3GE、FX3GC 系列 PLC，扩展寄存器有 R0 ~ R23999 共 24000 个（位于内置 RAM 中），扩展文件寄存器有 ER0 ~ ER23999 共 24000 个（位于内置 EEPROM 或安装存储盒的 EEPROM 中）。

对于 FX3U、FX3UC 系列 PLC，扩展寄存器有 R0 ~ R32767 共 32768 个（位于内置电池保持的 RAM 区域），扩展文件寄存器有 ER0 ~ ER32767 共 32768 个（位于安装存储盒的 EEPROM 中）。

扩展寄存器、扩展文件寄存器与数据寄存器一样，都是 16 位，相邻的两个寄存器可组成 32 位。扩展寄存器可用普通指令访问，扩展文件寄存器需要用专用指令访问。

2.3.8　变址寄存器

三菱 FX 系列 PLC 有 V0 ~ V7 和 Z0 ~ Z7 共 16 个变址寄存器，它们都是 16 位寄存器。变址寄存器 V、Z 实际上是一种特殊用途的数据寄存器，其作用是改变元件的编号（变址），例如 V0 = 5，若执行 D20V0，则实际被执行的元件为 D25（D20 + 5）。变址寄存器可以像其他数据寄存器一样进行读写，需要进行 32 位操作时，可将 V、Z 串联使用（Z 为低位，V 为高位）。

2.3.9　常数

三菱 FX 系列 PLC 的常数主要有三种类型：十进制常数、十六进制常数和实数常数。

十进制常数表示符号为 K，如 K234 表示十进制数 234，数值范围为 − 32768 ~ + 32767（16 位），− 2147483648 ~ + 2147483647（32 位）。

十六进制常数表示符号为 H，如 H2C4 表示十六进制数 2C4，数值范围为 H0 ~ HFFFF（16 位），H0 ~ HFFFFFFFF（32 位）。

实数常数表示符号为 E，如 E1.234、E1.234 + 2 分别表示实数 1.234 和 1.234×10^2，数值范围为 -1.0×2^{128} ~ -1.0×2^{-126}、0、1.0×2^{-126} ~ 1.0×2^{128}。

第3章

三菱 PLC 编程与仿真软件的使用

3.1　编程基础

3.1.1　编程语言

PLC 是一种由软件驱动的控制设备，PLC 软件由系统程序和用户程序组成。系统程序由 PLC 制造厂商设计编制，并写入 PLC 内部的 ROM 中，用户无法修改。用户程序是由用户根据控制需要编制的程序，再写入 PLC 存储器中。

PLC 常用的编程语言有梯形图语言和指令表编程语言，其中梯形图语言最为常用。

1. 梯形图语言

梯形图语言采用类似传统继电器控制电路的符号，用梯形图语言编制的梯形图程序具有形象、直观、实用的特点，因此这种编程语言成为电气工程人员应用最广泛的 PLC 的编程语言。

下面对相同功能的继电器控制电路与梯形图程序进行比较，具体如图 3-1 所示。

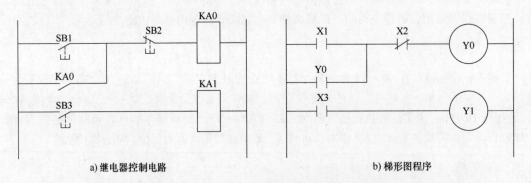

a) 继电器控制电路　　　　　　　　　　　　b) 梯形图程序

图 3-1　继电器控制电路与梯形图程序比较

图 3-1a 为继电器控制电路，当 SB1 闭合时，继电器 KA0 线圈得电，KA0 自锁触点闭合，锁定 KA0 线圈得电；当 SB2 断开时，KA0 线圈失电，KA0 自锁触点断开，解除锁定；当 SB3 闭合时，继电器 KA1 线圈得电。

图 3-1b 为梯形图程序，当常开触点 X1 闭合（其闭合受输入继电器线圈控制，图中未画出）时，输出继电器 Y0 线圈得电，Y0 自锁触点闭合，锁定 Y0 线圈得电；当常闭触点 X2 断开时，Y0 线圈失电，Y0 自锁触点断开，解除锁定；当常开触点 X3 闭合时，继电器 Y1 线圈得电。

不难看出，两种图的表达方式很相似，不过梯形图使用的继电器是由软件来实现的，使用和修改灵活方便，而继电器控制电路硬接线修改比较麻烦。

2. 语句表语言

语句表语言与微型计算机采用的汇编语言类似，也采用助记符形式编程。在使用简易编程器对 PLC 进行编程时，一般采用语句表语言，这主要是因为简易编程器显示屏很小，难于采用梯形图语言编程。下面是采用语句表语言编写的程序（针对三菱 FX 系列 PLC），其功能与图 3-1b 梯形图程序完全相同。

步号	指令	操作数	说　　明
0	LD	X1	逻辑段开始，将常开触点 X1 与左母线连接
1	OR	Y0	将 Y0 自锁触点与 X1 触点并联
2	ANI	X2	将 X2 常闭触点与 X1 触点串联
3	OUT	Y0	连接 Y0 线圈
4	LD	X3	逻辑段开始，将常开触点 X3 与左母线连接
5	OUT	Y1	连接 Y1 线圈

从上面的程序可以看出，语句表程序就像是描述绘制梯形图的文字。语句表程序由步号、指令、操作数和说明四部分组成，其中说明部分不是必需的，而是为了便于程序的阅读而增加的注释文字，程序运行时不执行说明部分。

3.1.2　梯形图的编程规则与技巧

1. 梯形图编程的规则

梯形图编程规则如下：

1）梯形图每一行都应从左母线开始，从右母线结束。

2）输出线圈右端要接右母线，左端不能直接与左母线连接。

3）在同一程序中，一般应避免同一编号的线圈使用两次（即重复使用），若出现这种情况，则后面的输出线圈状态有输出，而前面的输出线圈状态无效。

4）梯形图中的输入/输出继电器、内部继电器、定时器、计数器等元件触点可多次重复使用。

5）梯形图中串联或并联的触点个数没有限制，可以是无数个。

6）多个输出线圈可以并联输出，但不可以串联输出。

7）在运行梯形图程序时，其执行顺序是从左到右，从上到下，编写程序时也应按照这个顺序。

2. 梯形图编程技巧

在编写梯形图程序时，除了要遵循基本规则外，还要掌握一些技巧，以减少指令条数，节省内存和提高运行速度。梯形图编程技巧主要有

1）串联触点多的电路应编在上方。图 3-2a 所示是不合适的编制方式，应将它改为图 3-2b 所示方式。

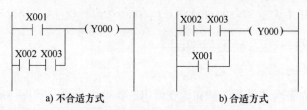

图 3-2　串联触点多的电路应编在上方

2）并联触点多的电路放在左边，如图 3-3 所示。

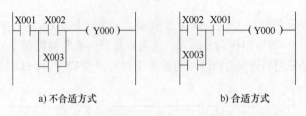

a) 不合适方式　　　　　　　　　　　　　b) 合适方式

图 3-3　并联触点多的电路放在左边

3）对于多重输出电路，应将串有触点或串联触点多的电路放在下边，如图 3-4 所示。

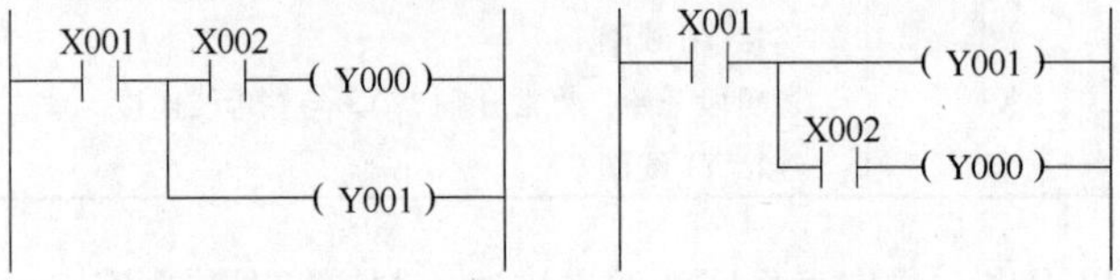

a) 不合适方式　　　　　　　　　　　　　b) 合适方式

图 3-4　对于多重输出电路应将串有触点或串联触点多的电路放在下边

4）如果电路复杂，可以重复使用一些触点改成等效电路，再进行编程，如图 3-5 所示。

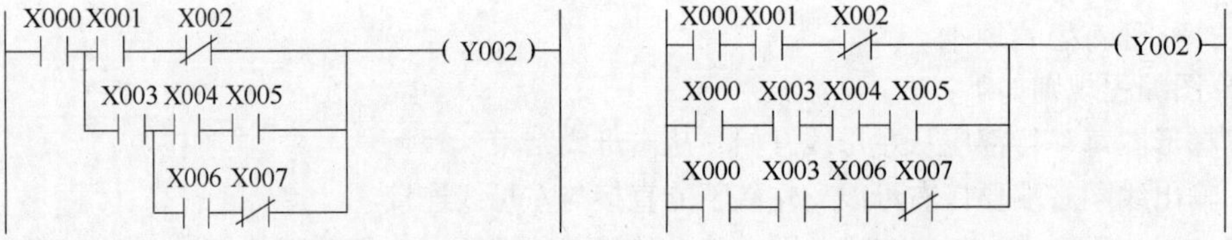

a) 不合适方式　　　　　　　　　　　　　b) 合适方式

图 3-5　对于复杂电路可重复使用一些触点改成等效电路再进行编程

3.2　三菱 GX Developer 编程软件的使用

三菱 FX 系列 PLC 的编程软件有 FXGP_WIN-C、GX Developer 和 GX Work 三种。

FXGP_WIN-C 软件体积小巧（约 2MB 多）、操作简单，但只能对 FX2N 及以下档次的 PLC 编程，无法对 FX3 系列的 PLC 编程，仅支持 32 位操作系统，建议初级用户使用。

GX Developer 软件体积在几十到几百 MB（因版本而异），不但可对 FX 全系列 PLC 进行编程，还可对中大型 PLC（早期的 A 系列和现在的 Q 系列）编程，建议初、中级用户使用。

GX Work 软件体积在几百 MB 到几 GB，可对 FX 系列、L 系列和 Q 系列 PLC 进行编程。与 GX Developer 软件相比，其除了外观和一些小细节上的区别外，最大的区别是 GX Work 支持结构化编程（类似于西门子中大型 S7-300/400 PLC 的 STEP 7 编程软件），建议中、高级用户使用。

3.2.1　软件的启动与窗口及工具说明

1. 软件的启动

单击计算机桌面左下角"开始"按钮，在弹出的菜单中执行"程序→MELSOFT 应用程序→GX Developer"，即可启动 GX Developer 软件，启动后的软件的窗口如图 3-6 所示。

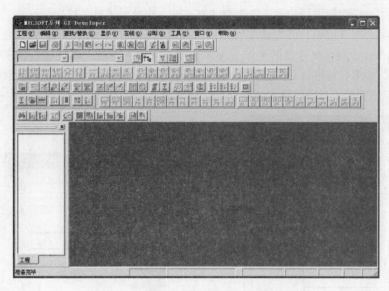

扫一扫看视频

图 3-6　启动后的 GX Developer 软件窗口

2. 软件窗口说明

GX Developer 启动后不能马上编写程序，还需要新建一个工程，再在工程中编写程序。新建工程后（新建工程的操作方法在后面介绍），GX Developer 窗口发生一些变化，如图 3-7 所示。

图 3-7　新建工程后的 GX Developer 软件窗口

GX Developer 软件窗口有以下内容：

1）标题栏：主要显示工程名称及保存位置。

2）菜单栏：有 10 个菜单项，通过执行这些菜单项下的菜单命令，可完成软件绝大部分功能。

3）工具栏：提供了软件操作的快捷按钮，有些按钮处于灰色状态，表示它们在当前操作环境下不可使用。由于工具栏中的工具条较多，占用了软件窗口较大范围，可将一些不常用的工具条隐藏起来，操作方法是执行菜单命令"显示→工具条"，弹出工具条对话框，如图 3-8 所示。

单击对话框中工具条名称前的圆圈，使之变成空心圆，则这些工具条将隐藏起来，如果仅想隐藏某工具条中的某个工具按钮，可先选中对话框中的某工具条，如选中"标准"工具条，再单击"定制"，又弹出一个对话框（见图3-9），显示该工具条中所有的工具按钮，在该对话框中可取消某工具按钮，如果软件窗口的工具条排列混乱，可在图3-8所示的工具条对话框中单击"初始化"，软件窗口所有的工具条将会重新排列，恢复到初始位置。

图3-8　取消某些工具条在软件窗口的显示

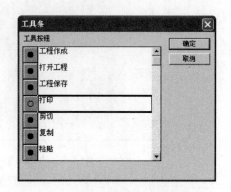

图3-9　取消某工具条中的某些
工具按钮在软件窗口的显示

4）工程数据列表区：以树状结构显示工程的各项内容（如程序、软元件注释、参数等）。当双击列表区的某项内容时，右方的编程区将切换到该内容编辑状态。如果要隐藏工程列表区，可单击该区域右上角的×，或者执行菜单命令"显示→工程数据列表"。

5）编程区：用于编写程序，可以用梯形图或指令语句表编写程序，当前处于梯形图编程状态，如果要切换到指令语句表编程状态，可执行菜单命令"显示→列表显示"。如果编程区的梯形图符号和文字偏大或偏小，可执行菜单命令"显示→放大/缩小"，弹出图3-10所示的对话框，在其中选择显示倍率。

6）状态栏：用于显示软件当前的一些状态，如鼠标所指工具的功能提示、PLC类型和读写状态等。如果要隐藏状态栏，可执行菜单命令"显示→状态条"。

3. 梯形图工具说明

工具栏中的工具很多，将鼠标移到某工具按钮上，鼠标下方会出现该按钮功能说明，如图3-11所示。

图3-10　编程区显示倍率设置

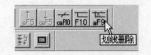

图3-11　鼠标停在工具按钮上时
会显示该按钮功能说明

下面介绍最常用的梯形图工具，其他工具在后面用到时再进行说明。梯形图工具条的各工具按钮说明如图 3-12 所示。

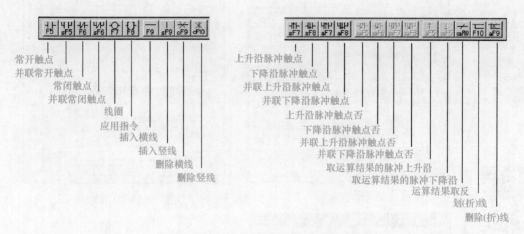

常开触点
并联常开触点
常闭触点
并联常闭触点
线圈
应用指令
插入横线
插入竖线
删除横线
删除竖线

上升沿脉冲触点
下降沿脉冲触点
并联上升沿脉冲触点
并联下降沿脉冲触点
上升沿脉冲触点否
下降沿脉冲触点否
并联上升沿脉冲触点否
并联下降沿脉冲触点否
取运算结果的脉冲上升沿
取运算结果的脉冲下降沿
运算结果取反
划(折)线
删除(折)线

图 3-12　梯形图工具条的各工具按钮说明

工具按钮下部的字符表示该工具的快捷操作方式，常开触点工具按钮下部标有 F5，表示按下键盘上的 F5 键可以在编程区插入一个常开触点，sF5 表示 Shift 键 + F5 键（即同时按下 Shift 键和 F5 键，也可先按下 Shift 键后再按 F5 键）0ift，cF10 表示 Ctrl 键 + F10 键，aF7 表示 Alt 键 + F7 键，saF7 表示 Shift 键 + Alt 键 + F7 键。

3.2.2　创建新工程

GX Developer 软件启动后不能马上编写程序，还需要创建新工程，再在创建的工程中编写程序。

创建新工程有三种方法：一是单击工具栏中的　按钮；二是执行菜单命令"工程→创建新工程"；三是按 Ctrl 键 + N 键，均会弹出创建新工程对话框，在对话框先选择 PLC 系列（见图 3-13a），再选择 PLC 类型（见图 3-13b）。从对话框中可以看出，GX Developer 软件可以对所有的 FX 系列 PLC 进行编程，创建新工程时选择的 PLC 类型要与实际的 PLC 一致，否则程序编写后无法写入 PLC 或写入出错。

由于 FX3S（FX3SA）系列 PLC 推出时间较晚，在 GX Developer 软件的 PLC 类型栏中没有该系列的 PLC 供选择，可选择"FX3G"来替代。在较新版本的 GX Work2 编程软件中，其 PLC 类型栏中有 FX3S（FX3SA）系列的 PLC 供选择。

PLC 系列和 PLC 类型选好后，单击"确定"按钮即可创建一个未命名的新工程，工程名可在保存时再填写。如果希望在创建工程时就设定工程名，可在创建新工程对话框中选中"设置工程名"，如图 3-13c 所示，再在下方输入工程保存路径和工程名，也可以单击"浏览"按钮，弹出图 3-13d 所示的对话框，在该对话框中直接选择工程的保存路径并输入新工程名称，这样就可以创建一个新工程。

3.2.3　编写梯形图程序

在编写程序时，在工程数据列表区展开"程序"项，并双击其中的"MAIN（主程序）"，将右方编程区切换到主程序编程（编程区默认处于主程序编程状态），再单击工具栏中的　（写入模式）按钮，或执行菜单命令"编辑→写入模式"，也可按键盘上的 F2 键，让编程区处于写

a) 选择PLC系列

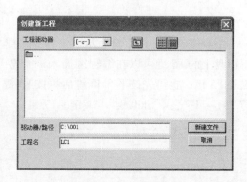

b) 选择PLC类型

扫一扫看视频

c) 直接输入工程保存路径和工程名

d) 用浏览方式选择工程保存路径和并输入工程名

图 3-13 创建新工程

入状态，如图 3-14 所示。如果 🔍（监视模式）按钮或 🔍（读出模式）按钮被按下，在编程区将无法编写和修改程序，只能查看程序。

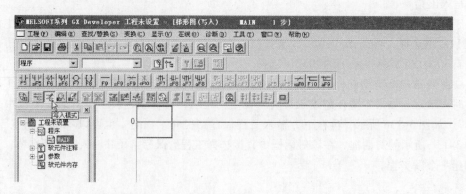

图 3-14 在编程时需将软件设成写入模式

下面以编写图 3-15 所示的程序为例来说明如何在 GX Developer 软件中编写梯形图程序。梯形图程序的编写过程见表 3-1。

（续）

图 3-15 待编写的梯形图程序

表 3-1 图 3-15 所示梯形图程序的编写过程说明

序号	操 作 说 明	操 作 图
1	单击工具栏上的 （常开触点）按钮，或者按键盘上的 F5 键，弹出梯形图输入对话框，如右图所示，在输入框中输入 X1，再单击"确定"按钮	
2	在原光标处插入一个 X000 常开触点，光标自动后移，同时该行背景变为灰色 如果觉得单击 输入常开触点比较慢，可以先将光标放在输入位置，然后直接在键盘上依次敲击 1、d、空格、x、0、回车键，同样可在光标处输入一个 X000 常开触点。用这样输入方式需要对指令语句十分熟练，初学者不建议采用	
3	单击工具栏上的 （线圈）按钮，或者按键盘上的 F7 键，弹出梯形图输入对话框，如右图所示，在输入框中输入"t0 k90"，再单击"确定"按钮	

（续）

序号	操作说明	操作图
4	在编程区输入一个 T0 定时器线圈，定时时间为 90 × 100ms = 9s（T0 ~ T199 为 100ms 定时器），由于线圈与右母线之间不能再输入指令，故光标自动跳到下一行 在光标处单击鼠标右键，弹出右键菜单，选择"行插入"命令	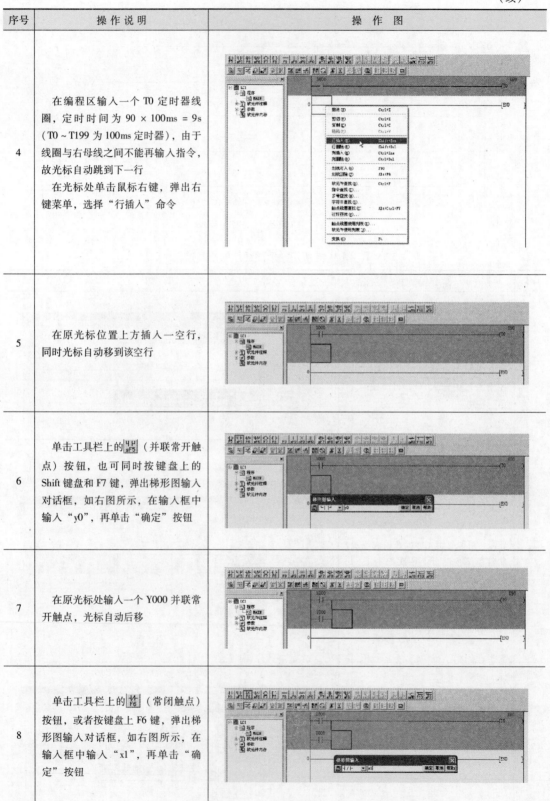
5	在原光标位置上方插入一空行，同时光标自动移到该空行	
6	单击工具栏上的 ⊞ （并联常开触点）按钮，也可同时按键盘上的 Shift 键盘和 F7 键，弹出梯形图输入对话框，如右图所示，在输入框中输入"y0"，再单击"确定"按钮	
7	在原光标处输入一个 Y000 并联常开触点，光标自动后移	
8	单击工具栏上的 ⊬ F6 （常闭触点）按钮，或者按键盘上 F6 键，弹出梯形图输入对话框，如右图所示，在输入框中输入"x1"，再单击"确定"按钮	

（续）

序号	操 作 说 明	操 作 图
9	在原光标处输入一个 X001 常闭触点，光标自动后移 　再单击工具栏上的（线圈）按钮，或者按键盘上的 F7 键，弹出梯形图输入对话框，如右图所示，在输入框中输入"y0"，再单击"确定"按钮，即可输入一个 Y000 线圈	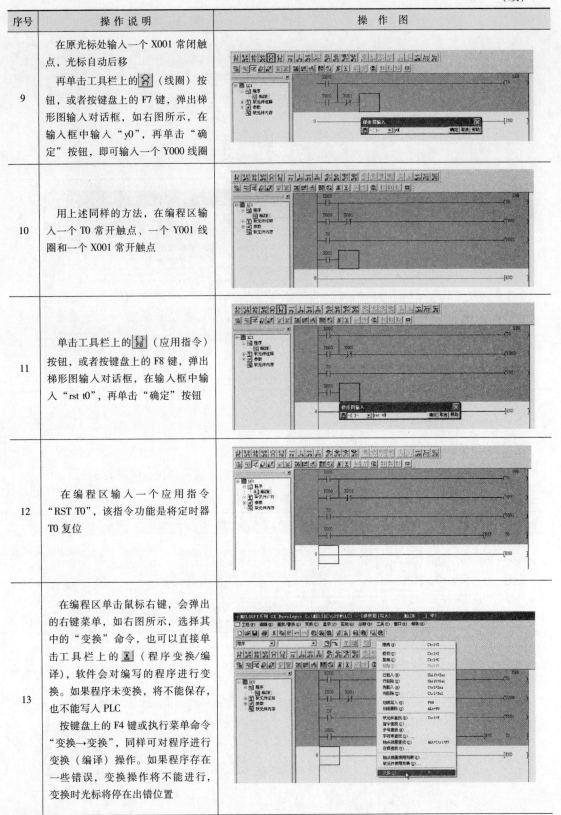
10	用上述同样的方法，在编程区输入一个 T0 常开触点、一个 Y001 线圈和一个 X001 常开触点	
11	单击工具栏上的（应用指令）按钮，或者按键盘上的 F8 键，弹出梯形图输入对话框，在输入框中输入"rst t0"，再单击"确定"按钮	
12	在编程区输入一个应用指令"RST T0"，该指令功能是将定时器 T0 复位	
13	在编程区单击鼠标右键，会弹出的右键菜单，如右图所示，选择其中的"变换"命令，也可以直接单击工具栏上的（程序变换/编译），软件会对编写的程序进行变换。如果程序未变换，将不能保存，也不能写入 PLC 　按键盘上的 F4 键或执行菜单命令"变换→变换"，同样可对程序进行变换（编译）操作。如果程序存在一些错误，变换操作将不能进行，变换时光标将停在出错位置	

（续）

序号	操作说明	操作图
14	程序变换后，其背景由灰色变为白色。右图为编写并变换完成的梯形图程序	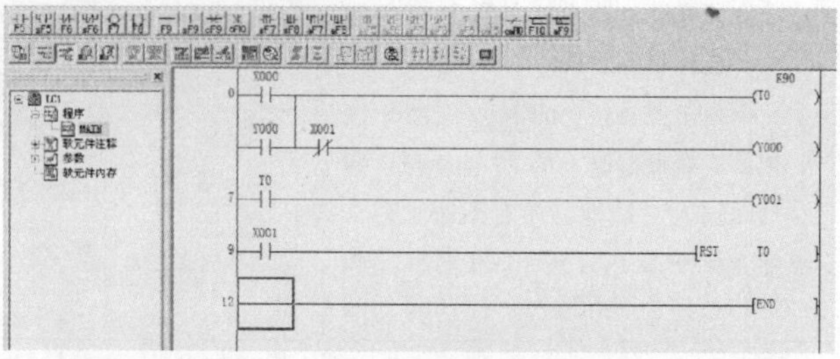 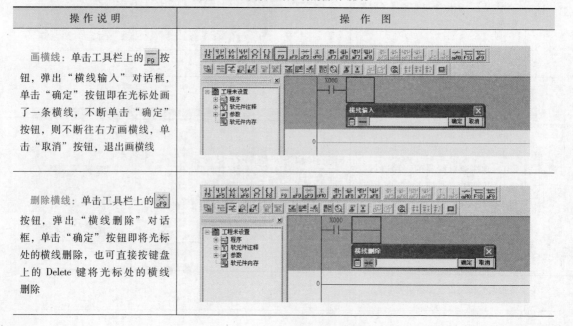
15	程序变换后，单击工具栏上的 ，或执行菜单命令"工程→保存工程"，即可将程序保存下来 　　如果创建新工程时未设置工程名，在进行保存操作时会弹出右图所示对话框，在该对话框中选择工程保存路径并输入工程名，单击"保存"按钮即将工程保存下来	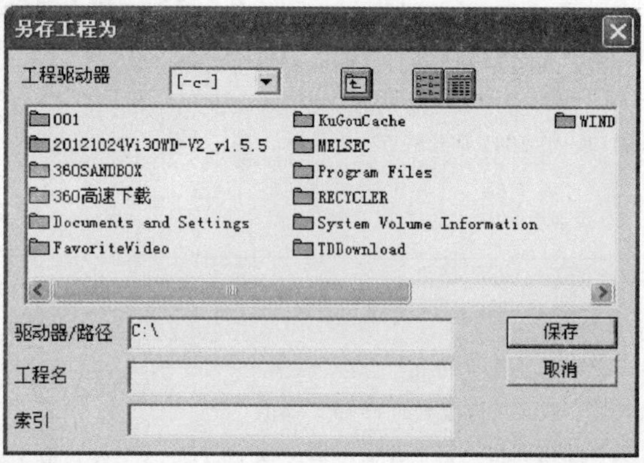

3.2.4　梯形图的编辑

1. 画线和删除线的操作

在梯形图中可以画直线和折线，不能画斜线。画线和删除线的操作说明见表3-2。

表3-2　画线和删除线的操作说明

操作说明	操作图
画横线：单击工具栏上的 F9 按钮，弹出"横线输入"对话框，单击"确定"按钮即在光标处画了一条横线，不断单击"确定"按钮，则不断往右方画横线，单击"取消"按钮，退出画横线	
删除横线：单击工具栏上的 cF9 按钮，弹出"横线删除"对话框，单击"确定"按钮即将光标处的横线删除，也可直接按键盘上的 Delete 键将光标处的横线删除	

（续）

操 作 说 明	操 作 图
画竖线：单击工具栏上的 ![aF9] 按钮，弹出"竖线输入"对话框，单击"确定"按钮即在光标处左方往下画了一条竖线，不断单击"确定"按钮，则不断往下方画竖线，单击"取消"按钮，退出画竖线	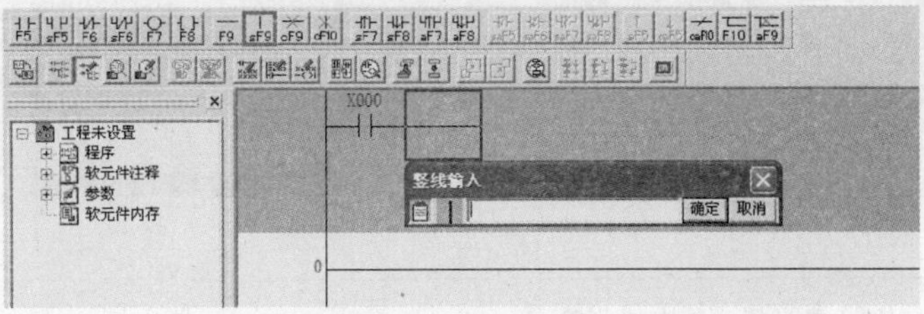 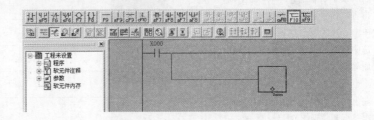
删除竖线：单击工具栏上的 ![cF10] 按钮，弹出"竖线删除"对话框，单击"确定"按钮即将光标左方的竖线删除	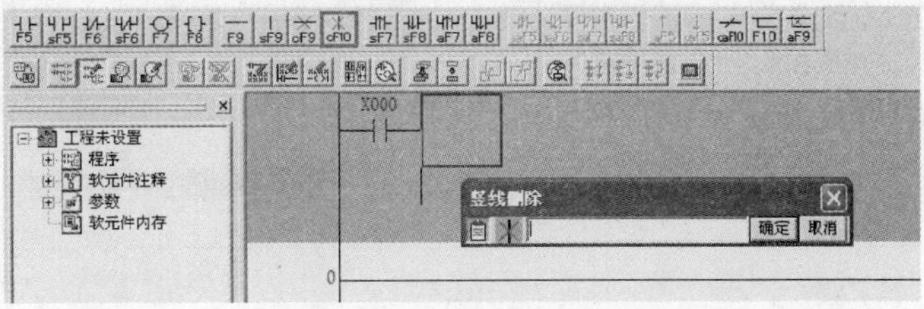 
画折线：单击工具栏上的 ![F10] 按钮，将光标移到待画折线的起点处，按下鼠标左键拖出一条折线，松开左键即画出一条折线	
删除折线：单击工具栏上的 ![aF9] 按钮，将光标移到折线的起点处，按下鼠标左键拖出一条空白折线，松开左键即将一段折线删除	

2. 删除操作（见表 3-3）

表 3-3　一些常用的删除操作说明

操 作 说 明	操 作 图

删除某个对象：用光标选中某个对象，按键盘上的 Delete 键即可删除该对象	<pre>0 X000 K90
	   ─┤├──────────────────────(T0)
	   Y000 X001
	   ─┤├───┤/├─────────────────(Y000)
	   T0
	7 ─┤├──────────────────────(Y001)</pre>

（续）

操 作 说 明	操 作 图
行删除：将光标定位在要删除的某行上，再单击鼠标右键，在弹出的右键菜单中选择"行删除"，光标所在的整个行内容会被删除，下一行内容会上移填补被删除的行	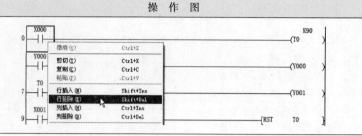
列删除：将光标定位在要删除的某列上，再单击鼠标右键，在弹出的右键菜单中选择"列删除"，光标所在 0～7 梯级的列内容会被删除，即右图中的 X000 和 Y000 触点会被删除，而 T0 触点不会删除	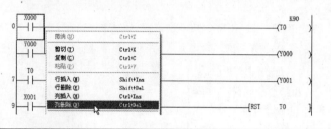
删除一个区域内的对象：将光标先移到要删除区域的左上角，然后按下键盘上的 shift 键不放，再将光标移到该区域的右下角并单击，该区域内的所有对象会被选中，按键盘上的 Delete 键即可删除该区域内的所有对象 也可以采用按下鼠标左键，从左上角拖到右下角来选中某区域，再执行删除操作	

3. 插入操作（见表 3-4）

表 3-4　一些常用的插入操作说明

操 作 说 明	操 作 图
插入某个对象：用光标选中某个对象，按键盘上的 Insert 键，软件窗口下方状态栏中的"改写"变为"插入"，这时若输入一个 X3 触点，它会被插到 T0 触点的左方，如果在软件处于改写状态时进行这样的操作，会将 T0 触点改成 X3 触点	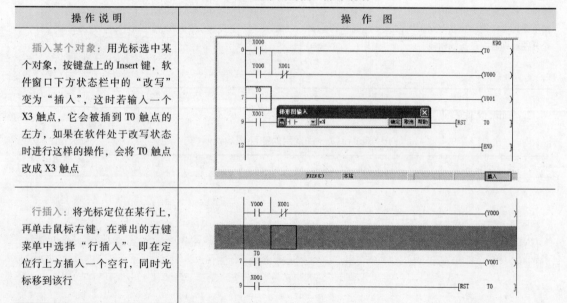
行插入：将光标定位在某行上，再单击鼠标右键，在弹出的右键菜单中选择"行插入"，即在定位行上方插入一个空行，同时光标移到该行	

（续）

操 作 说 明	操 作 图
列插入：将光标定位在某元件上，再单击鼠标右键，在弹出的右键菜单中选择"列插入"，即在该元件左方插入一列	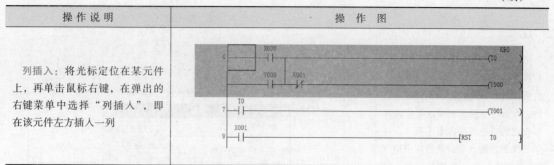

3.2.5　查找与替换功能的使用

GX Developer 软件具有查找和替换功能，使用该功能的方法是单击软件窗口上方的"查找/替换"菜单项，弹出图 3-16 所示的菜单，选择其中的菜单命令即可执行相应的查找/替换操作。

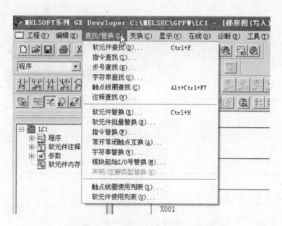

图 3-16　"查找/替换"菜单的内容

1. 查找功能的使用（见表 3-5）

表 3-5　查找功能的使用说明

操 作 说 明	操 作 图
软元件查找：执行菜单命令"查找/替换→软元件查找"，或单击工具栏上的 🔍 按钮，还可以执行右键菜单命令中的"软元件查找"，均会弹出右图所示的对话框，输入要查找的软元件 T0，查找方向和查找选项保持默认，单击一次"查找下一个"按钮，光标出现在第一个 T0 上，再单击一次该按钮，光标会移到第二个 T0 上	

（续）

操作说明	操作图
指令查找：执行菜单命令"查找/替换→指令查找"，或单击工具栏上的 🔍 按钮，弹出右图所示的对话框，在第一个输入框可以直接选择要查找的触点线圈等基本指令，在第二个框内输入要查找的应用指令RST，单击一次"查找下一个"按钮，光标出现在第一个 RST 指令上，如果后面没有该指令，再单击一次"查找下一个"按钮，会提示查找结束	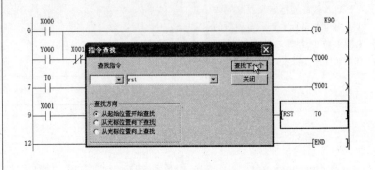
步号查找：执行菜单命令"查找/替换→步号查找"，弹出右图所示的对话框，输入要查找的步号5，确定后光标会停在第5步元件或指令上，图中停在 X001 触点上	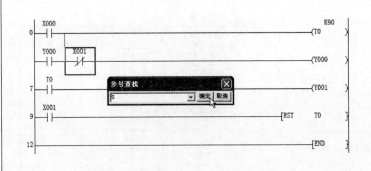

2. 替换功能的使用（见表3-6）

表3-6 替换功能的使用说明

操作说明	操作图
软元件替换：执行菜单命令"查找/替换→软元件替换"，弹出右图所示的对话框，输入要替换的旧软元件和新元件，单击"替换"按钮，光标出现在第一个要替换的元件上，再单击一次该按钮，旧元件即被替换成新元件，同时光标移到第二个要替换的元件上，如果点击"全部替换"按钮，则程序中的所有旧元件都会替换成新元件 如果希望将 X001、X002 分别替换成 X011、X012，可将对话框中的替换点数设为2	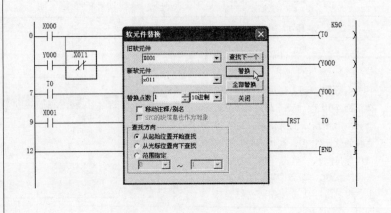

（续）

操作说明	操作图
软元件批量替换：执行菜单命令 "查找/替换→软元件批量替换"，弹出右图所示的对话框，在对话框中输入要批量替换的旧元件和对应的新元件，并设置好点数，再点击 "执行" 按钮，即将多个不同元件一次性替换换成新元件	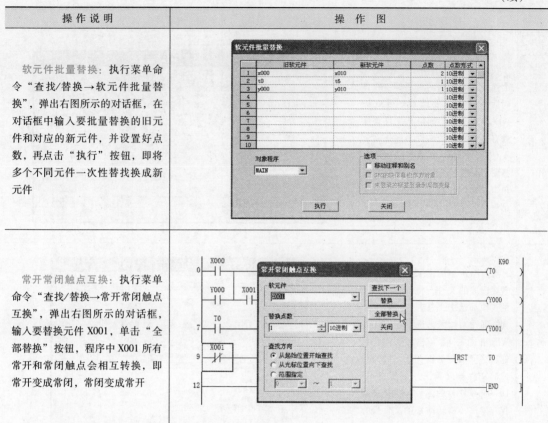
常开常闭触点互换：执行菜单命令 "查找/替换→常开常闭触点互换"，弹出右图所示的对话框，输入要替换元件 X001，单击 "全部替换" 按钮，程序中 X001 所有常开和常闭触点会相互转换，即常开变成常闭，常闭变成常开	

3.2.6　读取并转换 FXGP/WIN 格式文件

在 GX Developer 软件推出之前，三菱 FX 系列 PLC 使用 FXGP/WIN 软件来编写程序，GX Developer 软件具有读取并转换 FXGP/WIN 格式文件的功能。读取并转换 FXGP/WIN 格式文件的操作说明见表 3-7。

表 3-7　读取并转换 FXGP/WIN 格式文件的操作说明

序号	操作说明	操作图
1	启动 GX Developer 软件，然后执行菜单命令 "工程→读取其他格式的文件→读取 FXGP（WIN）格式文件"，会弹出右图所示的读取对话框	

（续）

序号	操作说明	操作图
2	在读取对话框中单击"浏览"，会弹出右图所示的对话框，在该对话框中选择要读取的 FXGP/WIN 格式文件，如果某文件夹中含有这种格式的文件，则该文件夹是深色图标。在该对话框中选择要读取的 FXGP/WIN 格式文件，单击"确认"按钮返回到读取对话框	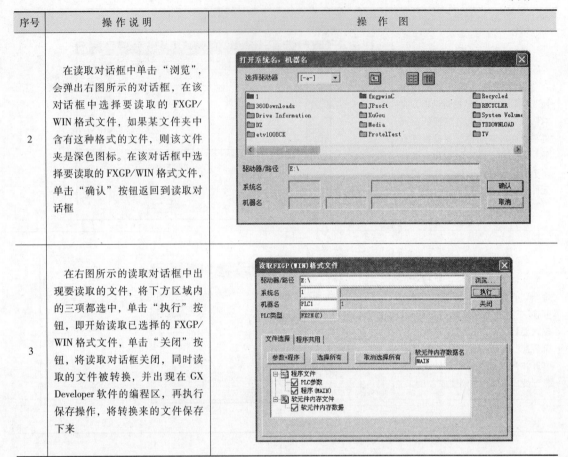
3	在右图所示的读取对话框中出现要读取的文件，将下方区域内的三项都选中，单击"执行"按钮，即开始读取已选择的 FXGP/WIN 格式文件，单击"关闭"按钮，将读取对话框关闭，同时读取的文件被转换，并出现在 GX Developer 软件的编程区，再执行保存操作，将转换来的文件保存下来	

3.2.7 在线监视 PLC 程序的运行

在 GX Developer 软件中将程序写入 PLC 后，如果希望看见程序在实际 PLC 中的运行情况，可使用软件的在线监视功能，在使用该功能时，应确保 PLC 与计算机之间通信电缆连接正常，PLC 供电正常。在线监视 PLC 程序运行的操作说明见表 3-8。

表 3-8 在线监视 PLC 程序运行的操作说明

序号	操作说明	操作图
1	在 GX Developer 软件中先将编写好的程序写入 PLC，然后执行菜单命令"在线→监视→监视模式"，或者单击工具栏上的 🔍（监视模式）按钮，也可以直接按 F3 键，即进入在线监视模式。如右图所示，软件编程区内梯形图的 X001 常闭触点上有深色方块，表示 PLC 程序中的该触点处于闭合状态	

（续）

序号	操 作 说 明	操 作 图
2	用导线将 PLC 的 X000 端子与 COM 端子短接，梯形图中的 X000 常开触点出现深色方块，表示已闭合，定时器线圈 T0 出现方块，已开始计时，Y000 线圈出现方块，表示得电，Y000 常开自锁触点出现方块，表示已闭合	
3	将 PLC 的 X000、COM 端子间的导线断开，程序中的 X000 常开触点上的方块消失，表示该触点断开，但由于 Y000 常开自锁触点仍闭合（该触点上有方块），故定时器线圈 T0 仍得电计时。当计时到达设定值 90（9s）时，T0 常开触点上出现方块（触点闭合），Y001 线圈出现方块（线圈得电）	
4	用导线将 PLC 的 X001 端子与 COM 端子短接，梯形图中的 X001 常闭触点上方块的方块消失，表示已断开，Y000 线圈上的方块马上消失，表示失电，Y000 常开自锁触点上的方块消失，表示断开，定时器线圈 T0 上的方块消失，停止计时并将当前计时值清 0，T0 常开触点上的方块消失，表示触点断开，X001 常开触点上有方块，表示该触点处于闭合状态	
5	在监视模式时不能修改程序，如果监视过程中发现程序存在错误需要修改，可单击工具栏上的 （写入模式）按钮，切换到写入模式，程序修改并变换后，再将修改的程序重新写入 PLC，然后又切换到监视模式来监视修改后的程序运行情况 　　使用"监视（写入）模式"功能，可以避免上述麻烦的操作。单击工具栏上的 （监视（写入模式）），或执行菜单命令"在线→监视→监视（写入模式）"，如右图所示，在进入监视（写入）模式时，软件先将当前程序自动写入 PLC，再监视 PLC 程序的运行，如果对程序进行了修改并交换后，修改后的新程序又自动写入 PLC，开始新程序的监视运行	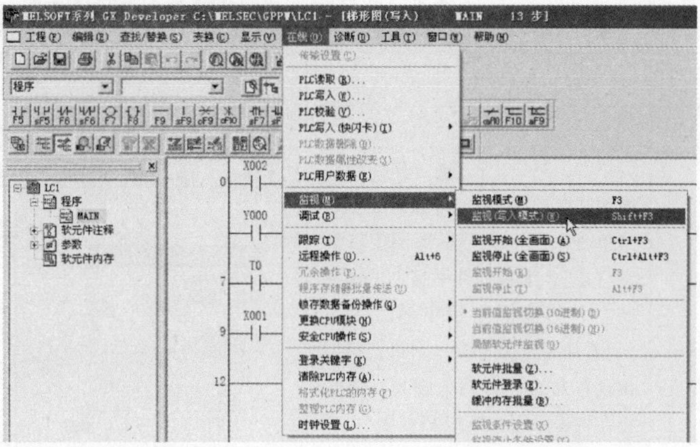

3.3　三菱 GX Simulator 仿真软件的使用

给编程计算机连接实际的 PLC 可以在线监视 PLC 程序运行情况，但由于受条件限制，很多学习者并没有 PLC，这时可以使用三菱 GX Simulator 仿真软件，安装该软件后，就相当于给编程计算机连接了一台模拟的 PLC，再将程序写入这台模拟 PLC 来进行在线监视 PLC 程序运行。

GX Simulator 软件具有以下特点：①具有硬件 PLC 没有的单步执行、跳步执行和部分程序执行调试功能；②调试速度快；③不支持输入/输出模块和网络，仅支持特殊功能模块的缓冲区；④扫描周期被固定为 100ms，可以设置为 100ms 的整数倍。

GX Simulator 软件支持 FX1S、FX1N、FX1NC，FX2N 和 FX2NC 绝大部分的指令，但不支持中断指令、PID 指令、位置控制指令、与硬件和通信有关的指令。GX Simulator 软件从 RUN 模式切换到 STOP 模式时，停电保持的软元件的值被保留，非停电保持软元件的值被清除，软件退出时，所有软元件的值被清除。

3.3.1　仿真操作

仿真操作内容包括将程序写入模拟 PLC 中，再对程序中的元件进行强制 ON 或 OFF 操作，然后在 GX Developer 软件中查看程序在模拟 PLC 中的运行情况。仿真操作说明见表 3-9。

表 3-9　仿真操作说明

序号	操作说明	操作图
1	右图是待仿真的程序，M8012 是一个 100ms 时钟脉冲触点，在 PLC 运行时，该触点自动以 50ms 通、50ms 断的频率不断重复	
2	单击工具栏上的 ▣（梯形图逻辑测试启动/停止）按钮，或执行菜单命令"工具→梯形图逻辑测试启动"，编程软件中马上出现右图左方的梯形图逻辑测试工具（可看作是模拟 PLC）窗口，稍后出现右方的 PLC 写入窗口，提示正在将程序写入模拟 PLC 中	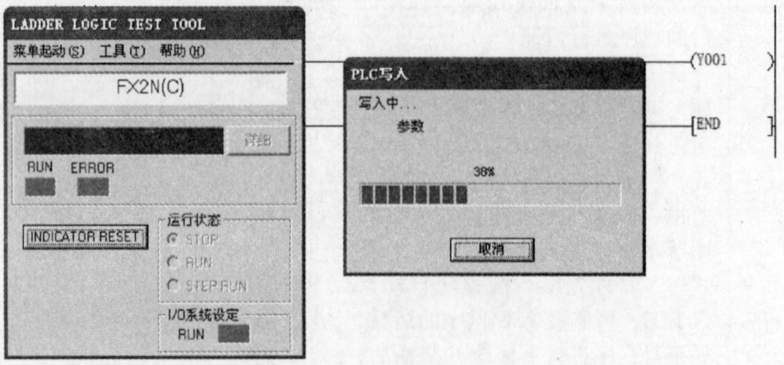

（续）

序号	操作说明	操作图
3	程序写入完成后，模拟 PLC 的 RUN 指示灯由灰色变成黄色，同时编程软件中的程序进入监视模式，X001 常闭触点上出现方块，表示触点处于闭合，M8012 触点和 Y001 线圈上的方块以 100ms 的频率闪动	
4	选中程序中的 X000 常开触点，单击工具栏上的　（软元件测试）按钮，或执行菜命令"在线→调试→软元件测试"，还可以执行右键菜单中的"软元件测试"，弹出右图所示的软元件测试对话框，软元件输入框中出现选择的软元件 X000，单击下方的"强制 ON"，即让程序中的 X000 常开触点为 ON（闭合），程序中的 X000 常开触点上马上出现方块，Y000 线圈也出现方块，表示线圈得电，Y000 常开自锁触点上出现方块，表示闭合	
5	在软元件测试对话框中先将 X000 常开触点强制 OFF，再在软元件输入框中输入 X001，并强制 ON，程序中的 X001 常闭触点上的方块马上消失，表示该触点断开，Y000 线圈上方块消失（线圈失电），Y000 常开自锁触点的方块也消失（断开）	

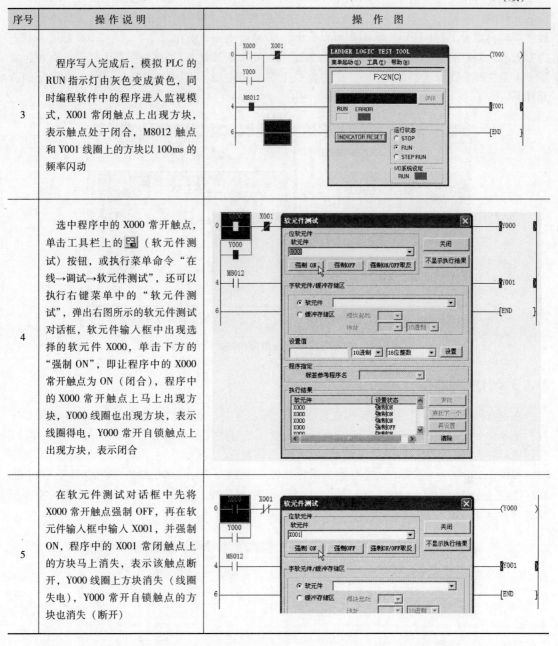

　在仿真时，如果要退出仿真监视状态，可单击编程软件工具栏上的　按钮，使该按钮处于弹起状态即可，梯形图逻辑测试工具窗口会自动消失。在仿真时，如果需要修改程序，可先退出仿真状态，在让编程软件进入写入模式（按下工具栏中的　按钮），就可以对程序进行修改，修改并变换后再按下工具栏上的　按钮，重新进行仿真。

3.3.2　软元件监视

　在仿真时，除了可以在编程软件中查看程序在模拟 PLC 中的运行情况，也可以通过仿真工具了解一些软元件的状态。

　在梯形图逻辑测试工具窗口中执行菜单命令"菜单起动→继电器内存监视"，弹出图 3-17a

所示的设备内存监视（DEVICE MEMORY MONITOR）窗口，在该窗口执行菜单命令"软元件→位软元件窗口→X"，下方马上出现 X 继电器状态监视窗口，再用同样的方法调出 Y 线圈的状态监视窗口，如图 3-17b 所示。从图中可以看出，X000 继电器有黄色背景，表示 X000 继电器状态为 ON，即 X000 常开触点处于闭合状态、常闭触点处于断开状态，Y000、Y001 线圈也有黄色背景，表示这两个线圈状态都为 ON。单击窗口上部的黑三角，可以在窗口显示前、后编号的软元件。

a) 在设备内存监视窗口中执行菜单命令　　　　b) 调出 X 继电器和 Y 线圈监视窗口

图 3-17　在设备内存监视窗口中监视软元件状态

3.3.3　时序图监视

在设备内存监视窗口也可以监视软元件的工作时序图（波形图）。在图 3-17a 所示的窗口中执行菜单命令"时序图→起动"，弹出图 3-18a 所示的时序图监视窗口，窗口中的"监控停止"按钮指示灯为红色，表示处于监视停止状态，单击该按钮，窗口中马上出现程序中软元件的时序图，如图 3-18b 所示。X000 元件右边的时序图是一条线，表示 X000 继电器一直处于 ON，即 X000 常开触点处于闭合，M8012 元件的时序图为一系列脉冲，表示 M8012 触点闭合断开交替反复进行，脉冲高电平表示触点闭合，脉冲低电平表示触点断开。

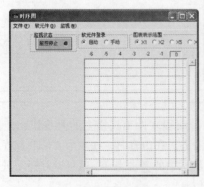
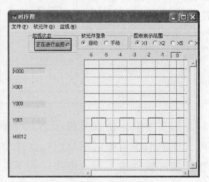

a) 时序监视处于停止　　　　　　　　b) 时序监视启动

图 3-18　软元件的工作时序监视

第4章

基本指令的使用与实例

4.1 基本指令说明

4.1.1 逻辑取及驱动指令

1. 指令名称及说明

逻辑取及驱动指令名称及功能如下：

指令名称（助记符）	功　　能	对象软元件
LD	取指令，其功能是将常开触点与左母线连接	X、Y、M、S、T、C、D□. b
LDI	取反指令，其功能是将常闭触点与左母线连接	X、Y、M、S、T、C、D□. b
OUT	线圈驱动指令，其功能是将输出继电器、辅助继电器、定时器或计数器线圈与右母线连接	Y、M、S、T、C、D□. b

2. 使用举例

LD、LDI、OUT 使用如图 4-1 所示。

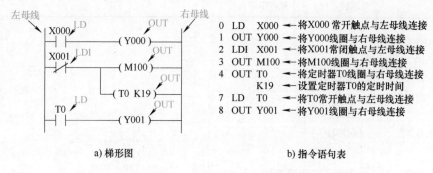

a) 梯形图　　　　　　　　　　　b) 指令语句表

图 4-1　LD、LDI、OUT 指令使用举例

4.1.2 触点串联指令

1. 指令名称及说明

触点串联指令名称及功能如下：

指令名称（助记符）	功　　能	对象软元件
AND	常开触点串联指令（又称与指令），其功能是将常开触点与上一个触点串联（注：该指令不能让常开触点与左母线串接）	X、Y、M、S、T、C、D□.b
ANI	常闭触点串联指令（又称与非指令），其功能是将常闭触点与上一个触点串联（注：该指令不能让常闭触点与左母线串接）	X、Y、M、S、T、C、D□.b

2. 使用举例

AND、ANI 使用如图 4-2 所示。

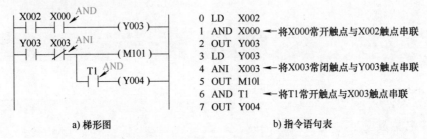

a) 梯形图　　　　　　　　　　　b) 指令语句表

图 4-2　AND、ANI 指令使用举例

4.1.3　触点并联指令

1. 指令名称及说明

触点并联指令名称及功能如下：

指令名称（助记符）	功　　能	对象软元件
OR	常开触点并联指令（又称或指令），其功能是将常开触点与上一个触点并联	X、Y、M、S、T、C、D□.b
ORI	常闭触点并联指令（又称或非指令），其功能是将常闭触点与上一个触点串联	X、Y、M、S、T、C、D□.b

2. 使用举例

OR、ORI 使用如图 4-3 所示。

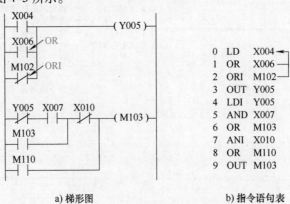

a) 梯形图　　　　　　　　　　　b) 指令语句表

图 4-3　OR、ORI 指令使用举例

4.1.4　串联电路块的并联指令

两个或两个以上触点串联组成的电路称为串联电路块。将多个串联电路块并联起来时要用到 ORB 指令。

1. 指令名称及说明

电路块并联指令名称及功能如下：

指令名称（助记符）	功　　能	对象软元件
ORB	串联电路块的并联指令，其功能是将多个串联电路块并联起来	无

2. 使用举例

ORB 使用如图 4-4 所示。

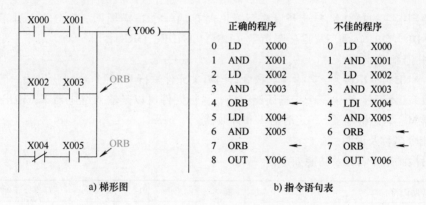

a) 梯形图　　　　　　　　　　　b) 指令语句表

图 4-4　ORB 指令使用举例

ORB 指令使用时要注意以下几个要点：

1）每个电路块开始要用 LD 或 LDI 指令，结束用 ORB 指令。

2）ORB 是不带操作数的指令。

3）电路中有多少个电路块就可以使用多少次 ORB 指令，使用次数不受限制。

4）ORB 指令可以成批使用，但 LD、LDI 重复使用次数不能超过 8 次，编程时要注意。

4.1.5　并联电路块的串联指令

两个或两个以上触点并联组成的电路称为并联电路块。将多个并联电路块串联起来时要用到 ANB 指令。

1. 指令名称及说明

电路块串联指令名称及功能如下：

指令名称（助记符）	功　　能	对象软元件
ANB	并联电路块的串联指令，其功能是将多个并联电路块串联起来	无

2. 使用举例

ANB 使用如图 4-5 所示。

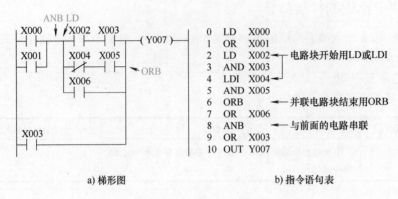

a) 梯形图   b) 指令语句表

图 4-5 ANB 指令使用举例

4.1.6 边沿检测指令

边沿检测指令的功能是在上升沿或下降沿时接通一个扫描周期。它分为上升沿检测指令（LDP、ANDP、ORP）和下降沿检测指令（LDF、ANDF、ORF）。

1. 上升沿检测指令

LDP、ANDP、ORP 为上升沿检测指令，当有关元件进行 OFF→ON（上升沿）变化时，这些指令可以为目标元件接通一个扫描周期时间，目标元件可以是输入继电器 X、输出继电器 Y、辅助继电器 M、状态继电器 S、定时器 T 和计数器。

（1）指令名称及说明

上升沿检测指令名称及功能如下：

指令名称（助记符）	功　能	对象软元件
LDP	上升沿取指令，其功能是将上升沿检测触点与左母线连接	X、Y、M、S、T、C、D□.b
ANDP	上升沿触点串联指令，其功能是将上升沿触点与上一个元件串联	X、Y、M、S、T、C、D□.b
ORP	上升沿触点并联指令，其功能是将上升沿触点与上一个元件并联	X、Y、M、S、T、C、D□.b

（2）使用举例

LDP、ANDP、ORP 指令使用如图 4-6 所示。

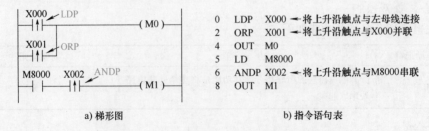

a) 梯形图   b) 指令语句表

图 4-6 LDP、ANDP、ORP 指令使用举例

上升沿检测指令在上升沿到来时可以为目标元件接通一个扫描周期时间，如图 4-7 所示。当触点 X010 的状态由 OFF 转为 ON，触点接通一个扫描周期，即继电器线圈 M6 会通电一个扫描周期时间，然后 M6 失电，直到下一次 X010 由 OFF 变为 ON。

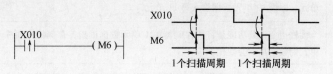

图 4-7 上升沿检测触点使用说明

2. 下降沿检测指令

LDF、ANDF、ORF 为下降沿检测指令，当有关元件进行 ON→OFF（下降沿）变化时，这些指令可以为目标元件接通一个扫描周期时间。

（1）指令名称及说明

下降沿检测指令名称及功能如下：

指令名称（助记符）	功　　能	对象软元件
LDF	下降沿取指令，其功能是将下降沿检测触点与左母线连接	X、Y、M、S、T、C、D□.b
ANDF	下降沿触点串联指令，其功能是将下降沿触点与上一个元件串联	X、Y、M、S、T、C、D□.b
ORF	下降沿触点并联指令，其功能是将下降沿触点与上一个元件并联	X、Y、M、S、T、C、D□.b

（2）使用举例

LDF、ANDF、ORF 指令使用如图 4-8 所示。

4.1.7 多重输出指令

三菱 FX₂N 系列 PLC 有 11 个存储单元用来存储运算中间结果，它们组成栈存储器，栈存储器的结构如图 4-9 所示。多重输出指令的功能是对栈存储器中的数据进行操作。

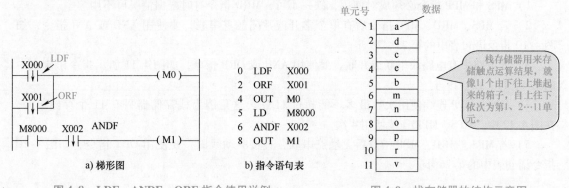

图 4-8 LDF、ANDF、ORF 指令使用举例　　　　图 4-9 栈存储器的结构示意图

1. 指令名称及说明

多重输出指令名称及功能如下：

指令名称（助记符）	功　　能	对象软元件
MPS	进栈指令，其功能是将触点运算结果（1或0）存入栈存储器第1单元，存储器每个单元的数据都依次下移，即原第1单元数据移入第2单元，原第10单元数据移入第11单元	无
MRD	读栈指令，其功能是将栈存储器第1单元数据读出，存储器中每个单元的数据都不会变化	无
MPP	出栈指令，其功能是将栈存储器第1单元数据取出，存储器中每个单元的数据都依次上推，即原第2单元数据移入第1单元 MPS指令用于将栈存储器的数据都下压，而MPP指令用于将栈存储器的数据均上推。MPP在多重输出最后一个分支使用，以便恢复栈存储器	无

2. 使用举例

MPS、MRD、MPP 指令使用如图 4-10 所示。

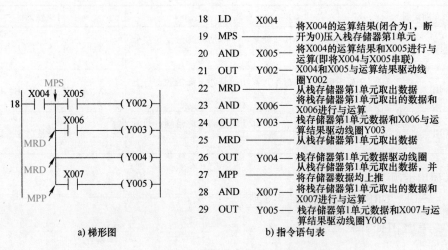

a) 梯形图　　　　　　　　b) 指令语句表

图 4-10　MPS、MRD、MPP 指令使用举例一

多重输出指令使用要点说明如下：

1）MPS 和 MPP 指令必须成对使用，缺一不可，MRD 指令有时根据情况可不用。

2）若 MPS、MRD、MPP 指令后有单个常开或常闭触点串联，要使用 AND 或 ANI 指令，如图 4-10 指令语句表中的第 23、28 步。

3）若电路中有电路块串联或并联，要使用 ANB 或 ORB 指令，如图 4-11 所示指令语句表中的第 4、11、12、19 步。

4）MPS、MPP 连续使用次数最多不能超过 11 次，这是因为栈存储器只有 11 个存储单元，在图 4-12 中，MPS、MPP 连续使用 4 次。

5）若 MPS、MRD、MPP 指令后无触点串联，直接驱动线圈，要使用 OUT 指令，如图 4-10 指令语句表中的第 26 步。

4.1.8　主控和主控复位指令

1. 指令名称及说明

主控指令名称及功能如下：

a) 梯形图

0	LD	X000	13	OUT	Y001
1	MPS		14	MPP	
2	LD	X001	15	AND	X007
3	OR	X002	16	OUT	Y002
4	ANB		17	LD	X010
5	OUT	Y000	18	OR	X011
6	MRD		19	ANB	
7	LD	X003	20	OUT	Y003
8	AND	X004			
9	LD	X005			
10	AND	X006			
11	ORB				
12	ANB				

b) 指令语句表

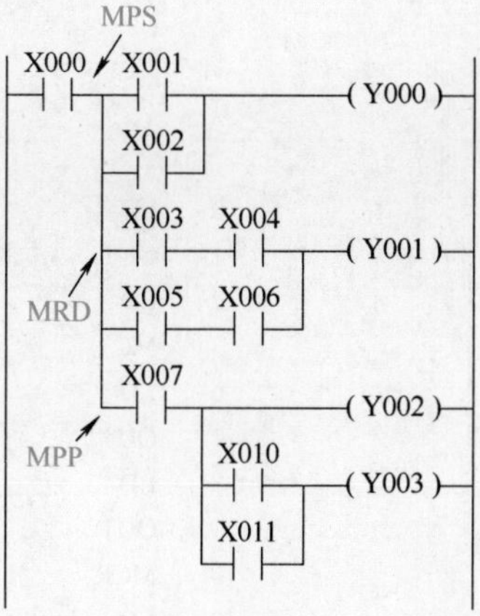

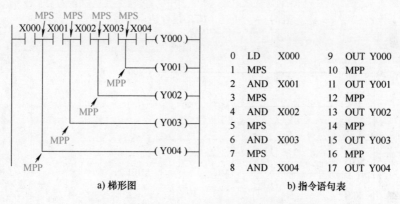

图 4-11　MPS、MRD、MPP 指令使用举例二

a) 梯形图

0	LD	X000	9	OUT	Y000
1	MPS		10	MPP	
2	AND	X001	11	OUT	Y001
3	MPS		12	MPP	
4	AND	X002	13	OUT	Y002
5	MPS		14	MPP	
6	AND	X003	15	OUT	Y003
7	MPS		16	MPP	
8	AND	X004	17	OUT	Y004

b) 指令语句表

图 4-12　MPS、MRD、MPP 指令使用举例三

指令名称（助记符）	功　能	对象软元件
MC	主控指令，其功能是启动一个主控电路块工作	Y、M
MCR	主控复位指令，其功能是结束一个主控电路块的运行	无

2. 使用举例

MC、MCR 指令使用如图 4-13 所示。如果 X001 常开触点处于断开状态，MC 指令不执行，MC 到 MCR 之间的程序不会执行，即 0 梯级程序执行后会执行 12 梯级程序，如果 X001 触点闭合，MC 指令执行，MC 到 MCR 之间的程序会从上往下执行。

MC、MCR 指令可以嵌套使用，如图 4-14 所示。当 X001 触点闭合、X003 触点断开时，X001 触点闭合使“MC N0 M100”指令执行，N0 级电路块被启动，由于 X003 触点断开使嵌在 N0 级内的“MC N1 M101”指令无法执行，故 N1 级电路块不会执行。

如果 MC 主控指令嵌套使用，其嵌套层数允许最多为 8 层（N0 ~ N7），通常按顺序从小到大使用，MC 指令的操作元件通常为输出继电器 Y 或辅助继电器 M，但不能是特殊继电器。MCR 主控复位指令的使用次数（N0 ~ N7）必须与 MC 的次数相同，在按由小到大顺序多次使用 MC 指令时，必须按由大到小的顺序以相同的次数使用 MCR 返回。

a) 梯形图

0	LD	X000	
1	OUT	Y000	
2	LD	X001	
3	MC	N0	M100
6	LD	X002	
7	OUT	Y001	
8	LD	X003	
9	OUT	Y002	
10	MCR	N0	
12	LD	X004	
13	OUT	Y003	
14	END		

b) 指令语句表

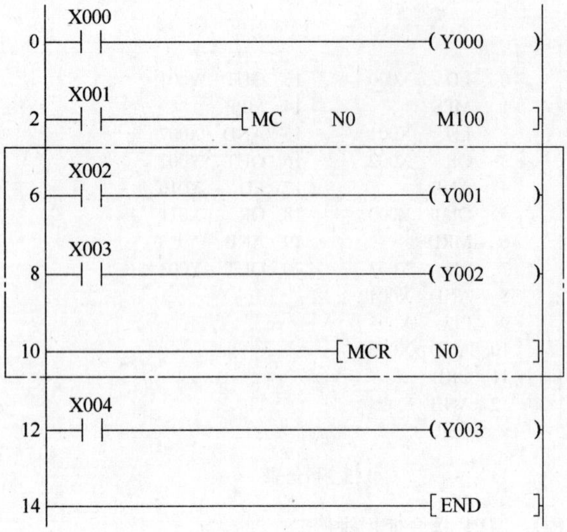

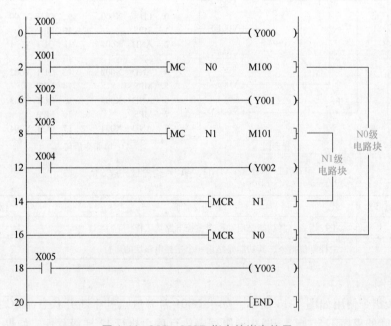

图 4-13　MC、MCR 指令使用举例

图 4-14　MC、MCR 指令的嵌套使用

4.1.9　取反指令

1. 指令名称及说明

取反指令名称及功能如下：

指令名称（助记符）	功　能	对象软元件
INV	取反指令，其功能是将该指令前的运算结果取反	无

2. 使用举例

INV 指令使用如图 4-15 所示。在绘制梯形图时，取反指令用斜线表示，当 X000 断开时，相当于 X000 = OFF，取反变为 ON（相当于 X000 闭合），继电器线圈 Y000 得电。

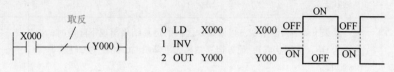

图 4-15 INV 指令使用举例

4.1.10 置位与复位指令

1. 指令名称及说明

置位与复位指令名称及功能如下：

指令名称（助记符）	功　　能	对象软元件
SET	置位指令，其功能是对操作元件进行置位，使其动作保持	Y、M、S、D□.b
RST	复位指令，其功能是对操作元件进行复位，取消动作保持	Y、M、S、T、C、D、R、V、Z、D□.b

2. 使用举例

SET、RST 指令的使用如图 4-16 所示。

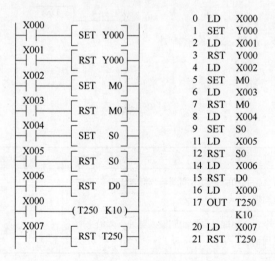

```
0  LD  X000
1  SET Y000
2  LD  X001
3  RST Y000
4  LD  X002
5  SET M0
6  LD  X003
7  RST M0
8  LD  X004
9  SET S0
11 LD  X005
12 RST S0
14 LD  X006
15 RST D0
16 LD  X000
17 OUT T250
       K10
20 LD  X007
21 RST T250
```

> 当常开触点X000闭合后，Y000线圈被置位，开始动作，X000断开后，Y000线圈仍维持动作（通电）状态。当常开触点X001闭合后，Y000线圈被复位，动作取消，X001断开后，Y000线圈维持动作取消（失电）状态。
>
> 对于同一元件，SET、RST指令可反复使用，顺序也可随意，但最后执行者有效。

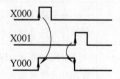

图 4-16 SET、RST 指令使用举例

4.1.11 结果边沿检测指令

MEP、MEF 指令是三菱 FX3 系列 PLC 三代机新增的指令。

1. 指令名称及说明

结果边沿检测指令名称及功能如下：

指令名称（助记符）	功　　能	对象软元件
MEP	结果上升沿检测指令，当该指令之前的运算结果出现上升沿时，指令为 ON（导通状态），前方运算结果无上升沿时，指令为 OFF（非导通状态）	无
MEF	结果下降沿检测指令，当该指令之前的运算结果出现下降沿时，指令为 ON（导通状成），前方运算结果无下降沿时，指令为 OFF（非导通状态）	无

2. 使用举例

MEP 指令使用如图 4-17 所示。当 X000 触点处于闭合状态、X001 触点由断开转为闭合时，MEP 指令前方送来一个上升沿，指令导通，"SET M0" 执行，将辅助继电器 M0 置 1。

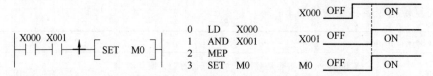

图 4-17　MEP 指令使用举例

MEF 指令使用如图 4-18 所示。当 X001 触点处于闭合、X000 触点由闭合转为断开时，MEF 指令前方送来一个下降沿，指令导通，"SET M0" 执行，将辅助继电器 M0 置 1。

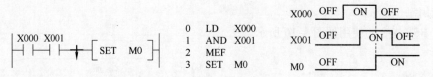

图 4-18　MEF 指令使用举例

4.1.12　脉冲微分输出指令

1. 指令名称及说明

脉冲微分输出指令名称及功能如下：

指令名称（助记符）	功　　能	对象软元件
PLS	上升沿脉冲微分输出指令，其功能是当检测到输入脉冲上升沿来时，使操作元件得电一个扫描周期	Y、M
PLF	下降沿脉冲微分输出指令，其功能是当检测到输入脉冲下降沿来时，使操作元件得电一个扫描周期	Y、M

2. 使用举例

PLS、PLF 指令使用如图 4-19 所示。

在图 4-19 中，当常开触点 X000 闭合时，一个上升沿脉冲加到 ［PLS　M0］，指令执行，M0 线圈得电一个扫描周期，M0 常开触点闭合，［SET　Y000］ 指令执行，将 Y000 线圈置位（即让 Y000 线圈得电）；当常开触点 X001 由闭合转为断开时，一个脉冲下降沿加给 ［PLF　M1］，指令执行，M1 线圈得电一个扫描周期，M1 常开触点闭合，［RST　Y000］ 指令执行，将 Y000 线圈复位（即让 Y000 线圈失电）。

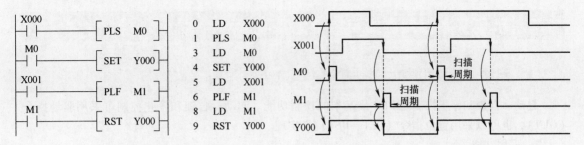

图 4-19　PLS、PLF 指令使用举例

4.1.13　空操作指令

1. 指令名称及说明

空操作指令名称及功能如下：

指令名称（助记符）	功　能	对象软元件
NOP	空操作指令，其功能是不执行任何操作	无

2. 使用举例

NOP 指令使用如图 4-20 所示。当使用 NOP 指令取代其他指令时，其他指令会被删除，在图 4-20 中使用 NOP 指令取代 AND 和 ANI 指令，梯形图相应的触点会被删除。如果在普通指令之间插入 NOP 指令，对程序运行结果没有影响。

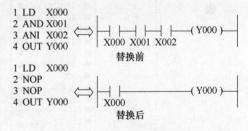

图 4-20　NOP 指令使用举例

4.1.14　程序结束指令

1. 指令名称及说明

程序结束指令名称及功能如下：

指令名称（助记符）	功　能	对象软元件
END	程序结束指令，当一个程序结束后，需要在结束位置用 END 指令	无

2. 使用举例

END 指令使用如图 4-21 所示。

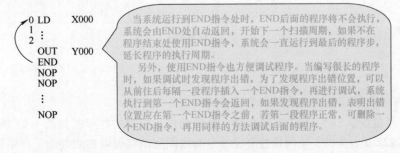

当系统运行到 END 指令处时，END 后面的程序将不会执行，系统会由 END 处自动返回，开始下一个扫描周期，如果不在程序结束处使用 END 指令，系统会一直运行到最后的程序步，延长程序的执行周期。

另外，使用 END 指令也方便调试程序。当编写很长的程序时，如果调试时发现程序出错，为了发现程序出错位置，可以从前往后每隔一段程序插入一个 END 指令，再进行调试，系统执行到第一个 END 指令会返回，如果发现程序出错，表明出错位置应在第一个 END 指令之前，若第一段程序正常，可删除一个 END 指令，再用同样的方法调试后面的程序。

图 4-21　END 指令使用举例

4.2 PLC 基本控制电路与梯形图

4.2.1 起动、自锁和停止控制的 PLC 电路与梯形图

起动、自锁和停止控制是 PLC 最基本的控制功能。起动、自锁和停止控制可采用驱动指令（OUT），也可以采用置位指令（SET、RST）来实现。

1. 采用线圈驱动指令实现起动、自锁和停止控制

线圈驱动（OUT）指令的功能是将输出线圈与右母线连接，它是一种很常用的指令。用线圈驱动指令实现起动、自锁和停止控制的 PLC 电路和梯形图如图 4-22 所示。

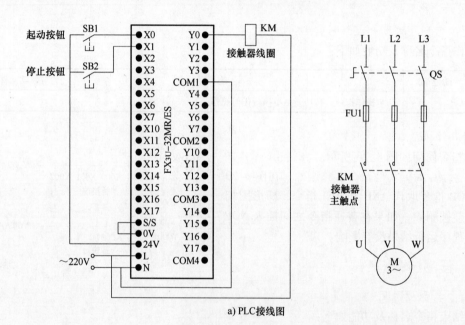

a) PLC接线图

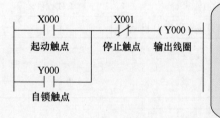

当按下PLC输入端子外接的起动按钮SB1时，梯形图程序中的起动触点X000闭合，输出线圈Y000得电，输出端子Y0内部硬触点闭合，Y0端子与COM端子之间内部接通，接触器线圈KM得电，主电路中的KM主触点闭合，电动机得电起动。

输出线圈Y000得电后，除了会使Y000、COM端子之间的硬触点闭合外，还会使自锁触点Y000闭合，在起动触点X000断开后，依靠自锁触点闭合可使线圈Y000继续得电，电动机就会继续运转，从而实现自锁控制功能。

当按下PLC外接的停止按钮SB2时，梯形图程序中的停止触点X001断开，输出线圈Y000失电，Y0、COM端子之间的内部硬触点断开，PLC输出端外接的接触器KM线圈失电，主电路中的KM主触点断开，电动机失电停转。

b) 梯形图

图 4-22 采用线圈驱动指令实现起动、自锁和停止控制的 PLC 电路与梯形图

2. 采用置位复位指令实现起动、自锁和停止控制

采用置位复位指令 SET、RST 实现起动、自锁和停止控制的梯形图如图 4-23 所示，其 PLC 接线图与图 4-22a 是一样的。采用置位复位指令与线圈驱动都可以实现起动、自锁和停止控制，两者的 PLC 接线都相同，仅给 PLC 编写输入的梯形图程序不同。

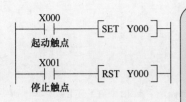

当按下PLC外接的起动按钮SB1时，梯形图中的起动触点X000闭合，[SET Y000]指令执行，指令执行结果将输出继电器线圈Y000置1，相当于线圈Y000得电，使Y0、COM端子之间的内部硬触点接通，PLC外接的接触器线圈KM得电，主电路中的KM主触点闭合，电动机得电起动。

线圈Y000置位后，松开起动按钮SB1、起动触点X000断开，但线圈Y000仍保持"1"态，即仍维持得电状态，电动机就会继续运转，从而实现自锁控制功能。

当按下停止按钮SB2时，梯形图程序中的停止触点X001闭合，[RST Y000]指令被执行，指令执行结果将输出线圈Y000复位，相当于线圈Y000失电，Y0、COM端子之间的内部触点断开，接触器线圈KM失电，主电路中的KM主触点断开，电动机失电停转。

图4-23 采用置位复位指令实现起动、自锁和停止控制的梯形图

4.2.2 正、反转联锁控制的 PLC 电路与梯形图

正、反转联锁控制的 PLC 电路与梯形图如图4-24 所示。

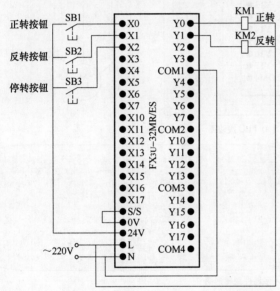
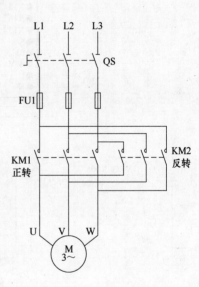

a) PLC接线图

①正转联锁控制。按下正转按钮SB1→梯形图程序中的正转触点X000闭合→线圈Y000得电→Y000自锁触点闭合，Y000联锁触点断开，Y0端子与COM端子间的内部硬触点闭合→Y000自锁触点闭合，使线圈Y000在X000触点断开后仍可得电；Y000联锁触点断开，使线圈Y001即使在 X001触点闭合（误操作SB2引起）时也无法得电，实现联锁控制；Y0端子与COM端子间的内部硬触点闭合，接触器KM1线圈得电，主电路中的KM1主触点闭合，电动机得电正转。

②反转联锁控制。按下反转按钮SB2→梯形图程序中的反转触点X001闭合→线圈Y001得电→Y001自锁触点闭合，Y001联锁触点断开，Y1端子与COM端子间的内部硬触点闭合→Y001自锁触点闭合，使线圈Y001在X001触点断开后继续得电；Y001联锁触点断开，使线圈Y000即使在 X000触点闭合（误操作SB1引起）时也无法得电，实现联锁控制；Y1端子与COM端子间的内部硬触点闭合，接触器KM2线圈得电，主电路中的KM2主触点闭合，电动机得电反转。

③停转控制。按下停止按钮SB3→梯形图程序中的两个停止触点X002均断开→线圈Y000、Y001均失电→接触器KM1、KM2线圈均失电→主电路中的KM1、KM2主触点均断开，电动机失电停转。

b) 梯形图

图 4-24 正、反转联锁控制的 PLC 电路与梯形图

4.2.3 多地控制的 PLC 电路与梯形图

多地控制的 PLC 电路与梯形图如图 4-25 所示。

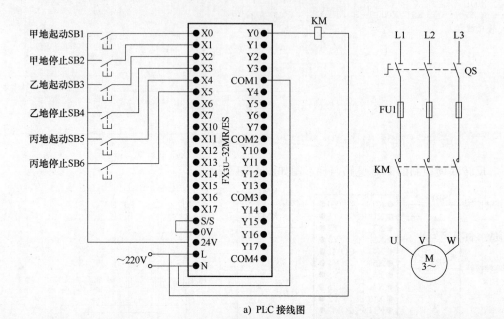

a) PLC 接线图

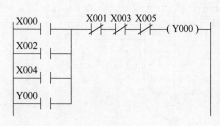

> 甲地起动控制：在甲地按下起动按钮SB1时→X000常开触点闭合→线圈Y000得电→Y000常开自锁触点闭合，Y0端子内部硬触点闭合→Y000常开自锁触点闭合锁定Y000线圈供电，Y0端子内部硬触点闭合使接触器线圈KM得电→主电路中的KM主触点闭合，电动机得电运转。
>
> 甲地停止控制：在甲地按下停止按钮SB2时→X001常闭触点断开→线圈Y000失电→Y000常开自锁触点断开，Y0端子内部硬触点断开→接触器线圈KM失电→主电路中的KM主触点断开，电动机失电停转。
>
> 乙地和丙地的起/停控制与甲地控制相同，利用该梯形图可以实现在任何一地进行起/停控制，也可以在一地进行起动，在另一地控制停止。

b) 单人多地控制梯形图

> 起动控制：在甲、乙、丙三地同时按下按钮 SB1、SB3、SB5→线圈 Y000 得电→Y000 常开自锁触点闭合，Y0 端子的内部硬触点闭合→Y000 线圈供电锁定，接触器线圈 KM 得电→主电路中的 KM 主触点闭合，电动机得电运转。
>
> 停止控制：在甲、乙、丙三地按下 SB2、SB4、SB6 中的某个停止按钮时→线圈 Y000 失电→Y000 常开自锁触点断开，Y0 端子内部硬触点断开→Y000 常开自锁触点断开使 Y000 线圈供电切断，Y0 端子的内部硬触点断开使接触器线圈 KM 失电→主电路中的 KM 主触点断开，电动机失电停转。该梯形图可以实现多人在多地同时按下起动按钮才能起动功能，在任意一地都可以进行停止控制。

c) 多人多地控制梯形图

图 4-25 多地控制的 PLC 电路与梯形图

4.2.4 定时控制的 PLC 电路与梯形图

定时控制方式很多，下面介绍两种典型的定时控制的 PLC 电路与梯形图。

1. 延时起动定时运行控制的 PLC 电路与梯形图

延时起动定时运行控制的 PLC 电路与梯形图如图 4-26 所示，它可以实现的功能是：按下起动按钮 3s 后，电动机起动运行，运行 5s 后自动停止。

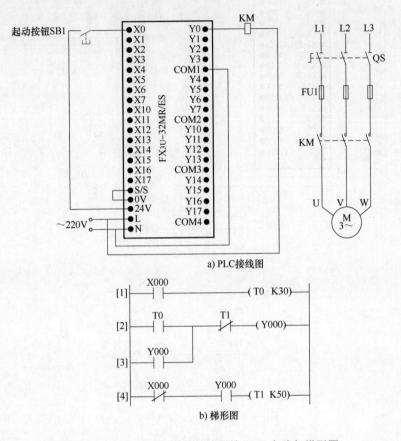

图 4-26　延时起动定时运行控制的 PLC 电路与梯形图

PLC 电路与梯形图说明如下：

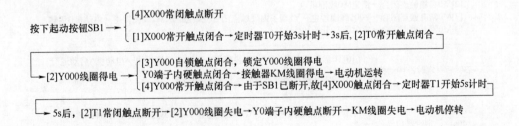

2. 多定时器组合控制的 PLC 电路与梯形图

图 4-27 是一种典型的多定时器组合控制的 PLC 电路与梯形图，它可以实现的功能是：按下起动按钮后电动机 B 马上运行，30s 后电动机 A 开始运行，70s 后电动机 B 停转，100s 后电动机 A 停转。

PLC 电路与梯形图说明如下：

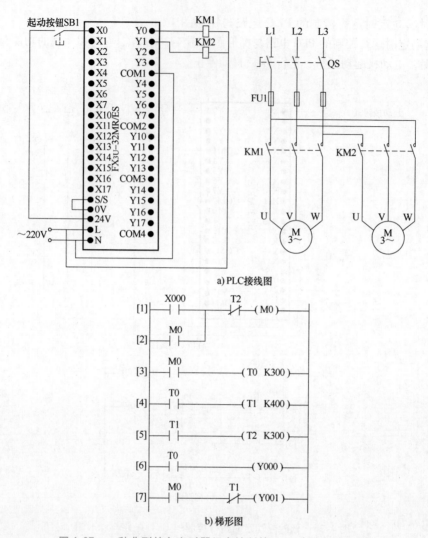

图 4-27　一种典型的多定时器组合控制的 PLC 电路与梯形图

按下起动按钮SB1→X000常开触点闭合→辅助继电器M0线圈得电

[2]M0自锁触点闭合→锁定M0线圈供电
[7]M0常开触点闭合→Y001线圈得电→Y1端子内硬触点闭合→接触器KM2线圈得电→电动机B运转
[3]M0常开触点闭合→定时器T0开始30s计时

30s后→定时器T0动作→
[6]T0常开触点闭合→Y000线圈得电→KM1线圈得电→电动机A启动运行
[4]T0常开触点闭合→定时器T1开始40s计时

40s后，定时器T1动作→
[7]T1常闭触点断开→Y001线圈失电→KM2线圈失电→电动机B停转
[5]T1常开触点闭合→定时器T2开始30s计时

30s后，定时器T2动作→[1]T2常闭触点断开→M0线圈失电→
[2]M0自锁触点断开→解除M0线圈供电
[7]M0常开触点断开
[3]M0常开触点断开→定时器T0复位

[6]T0常开触点断开→Y000线圈失电→KM1线圈失电→电动机A停转
[4]T0常开触点断开→定时器T1复位→[5]T1常开触点断开→定时器T2复位→[1]T2常闭触点恢复闭合

4.2.5　定时器与计数器组合延长定时控制的 PLC 电路与梯形图

三菱 FX 系列 PLC 的最大定时时间为 3276.7s（约 54min），采用定时器和计数器可以延长定时时间。定时器与计数器组合延长定时控制的 PLC 电路与梯形图如图 4-28 所示。

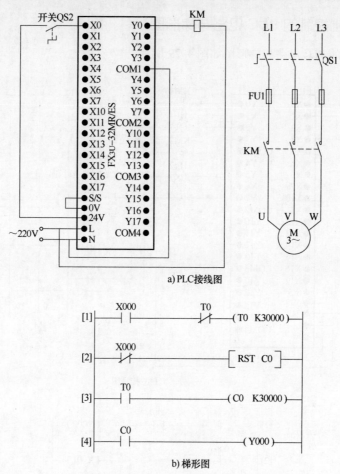

a) PLC接线图

b) 梯形图

图 4-28　定时器与计数器组合延长定时控制的 PLC 电路与梯形图

PLC 电路与梯形图说明如下：

将开关QS2闭合 →
- [2]X000常闭触点断开，计数器C0复位清0结束
- [1]X000常开触点闭合→定时器T0开始3000s计时→3000s后，定时器T0动作 →

- [3]T0常开触点闭合，计数器C0值增1，由0变为1
- [1]T0常闭触点断开→定时器T0复位 →
  - [3]T0常开触点断开，计数器C0值保持为1
  - [1]T0常闭触点闭合 →

→ 因开关QS2仍处于闭合，[1]X000常开触点也保持闭合→定时器T0又开始3000s计时→3000s后，定时器T0动作 →

- [3]T0常开触点闭合，计数器C0值增1，由1变为2
- [1]T0常闭触点断开→定时器T0复位 →
  - [3]T0常开触点断开，计数器C0值保持为2
  - [1]T0常闭触点闭合→定时器T0又开始计时，以后重复上述过程 →

→ 当计数器C0计数值达到30000→计数器C0动作→[4]常开触点C0闭合→Y000线圈得电→KM线圈得电→电动机运转

图 4-28 中的定时器 T0 定时单位为 0.1s（100ms），它与计数器 C0 组合使用后，其定时时间 $T = 30000 \times 0.1s \times 30000 = 90000000s = 25000h$。若需重新定时，可将开关 QS2 断开，让[2] X000 常闭触点闭合，让"RST C0"指令执行，对计数器 C0 进行复位，然后再闭合 QS2，则会重新开始 25000h 定时。

4.2.6 多重输出控制的 PLC 电路与梯形图

多重输出控制的 PLC 电路与梯形图如图 4-29 所示。

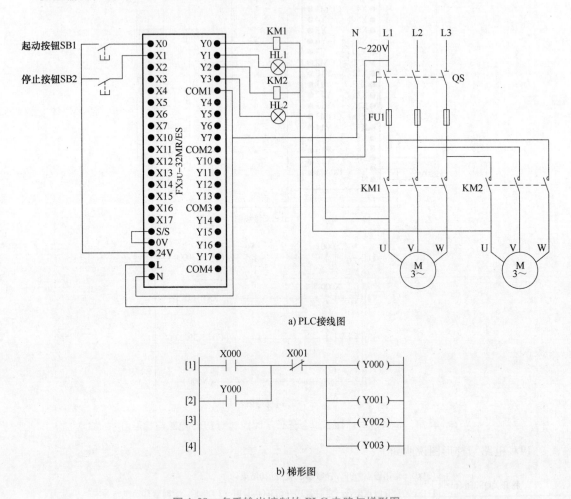

a) PLC接线图

b) 梯形图

图 4-29 多重输出控制的 PLC 电路与梯形图

PLC 电路与梯形图说明如下：

① 起动控制。

按下起动按钮SB1→X000常开触点闭合

Y000自锁触点闭合，锁定输出线圈Y000～Y003供电
Y000线圈得电→Y0端子内硬触点闭合→KM1线圈得电→KM1主触点闭合 →HL1灯得电点亮，指示电动机A得电
Y001线圈得电→Y1端子内硬触点闭合
Y002线圈得电→Y2端子内硬触点闭合→KM2线圈得电→KM2主触点闭合 →HL2灯得电点亮，指示电动机B得电
Y003线圈得电→Y3端子内硬触点闭合

② 停止控制。

按下停止按钮SB2→X001常闭触点断开

Y000自锁触点断开，解除输出线圈Y000～Y003供电
Y000线圈失电→Y0端子内硬触点断开→KM1线圈失电→KM1主触点断开 →HL1灯失电熄亮，指示电动机A失电
Y001线圈失电→Y1端子内硬触点断开
Y002线圈失电→Y2端子内硬触点断开→KM2线圈失电→KM2主触点断开 →HL2灯失电熄灭，指示电动机B失电
Y003线圈失电→Y3端子内硬触点断开

4.2.7　过载报警控制的 PLC 电路与梯形图

过载报警控制的 PLC 电路与梯形图如图 4-30 所示。

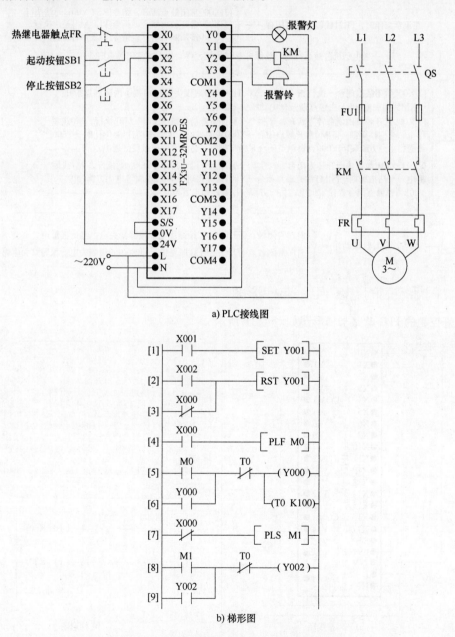

a) PLC接线图

b) 梯形图

图 4-30　过载报警控制的 PLC 电路与梯形图

PLC 电路与梯形图说明如下：

① 起动控制。按下起动按钮 SB1→[1] X001 常开触点闭合→[SET Y001] 指令执行→Y001 线圈被置位，即 Y001 线圈得电→Y1 端子内部硬触点闭合→接触器 KM 线圈得电→KM 主触点闭合→电动机得电运转。

② 停止控制。按下停止按钮 SB2→[2] X002 常开触点闭合→[RST Y001] 指令执行→Y001 线圈被复位，即 Y001 线圈失电→Y1 端子内部硬触点断开→接触器 KM 线圈失电→KM 主触点断开→电动机失电停转。

③ 过载保护及报警控制。

在正常工作时，FR过载保护触点闭合 → { [3]X000常闭触点断开，指令[RST Y001]无法执行
[4]X000常开触点闭合，指令[PLF M0]无法执行
[7]X000常闭触点断开，指令[PLS M1]无法执行

当电动机过载运行时，热继电器FR发热元件动作，其常闭触点FR断开

[3]X000常闭触点闭合→执行指令[RST Y001]→Y001线圈失电→Y1端子内硬触点断开→KM线圈失电→KM主触点断开→电动机失电停转
[4]X000常开触点由闭合转为断开，产生一个脉冲下降沿→指令[PLF M0]执行，M0线圈得电一个扫描周期→[5]M0常开触点闭合→Y000线圈得电，定时器T0开始10s计时→Y000线圈得电一方面使[6]Y000自锁触点闭合来锁定供电，另一方面使报警灯通电点亮
[7]X000常闭触点由断开转为闭合，产生一个脉冲上升沿→指令[PLS M1]执行，M1线圈得电一个扫描周期→[8]M1常开触点闭合→Y002线圈得电→Y002线圈得电一方面使[9]Y002自锁触点闭合来锁定供电，另一方面使报警铃通电发声

10s后，定时器T0动作 → { [8]T0常闭触点断开→Y002线圈失电→报警铃失电，停止报警声
[5]T0常闭触点断开→定时器T0复位，同时Y000线圈失电→报警灯失电熄灭

4.2.8 闪烁控制的 PLC 电路与梯形图

闪烁控制的 PLC 电路与梯形图如图 4-31 所示。

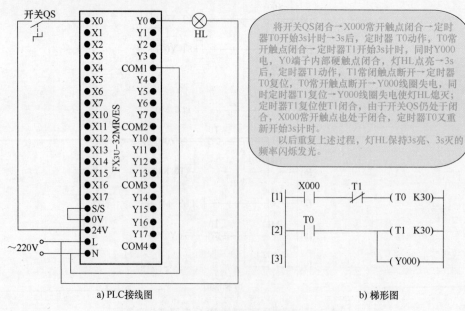

将开关QS闭合→X000常开触点闭合→定时器T0开始3s计时→3s后，定时器T0动作，T0常开触点闭合→定时器T1开始3s计时，同时Y000得电，Y0端子内部硬触点闭合，灯HL点亮→3s后，定时器T1动作，T1常闭触点断开→定时器T0复位，T0常开触点断开→Y000线圈失电，同时定时器T1复位→Y000线圈失电使HL熄灭；定时器T1复位使T1闭合，由于开关QS仍处于闭合，X000常开触点也处于闭合，定时器T0又重新开始3s计时。

以后重复上述过程，灯HL保持3s亮、3s灭的频率闪烁发光。

a) PLC接线图　　　　　　b) 梯形图

图 4-31　闪烁控制的 PLC 电路与梯形图

4.3 喷泉的三菱 PLC 控制实例

4.3.1 系统控制要求

系统要求用两个按钮来控制 A、B、C 三组喷头工作（通过控制三组喷头的电动机来实现），三组喷头排列与工作时序如图 4-32 所示。

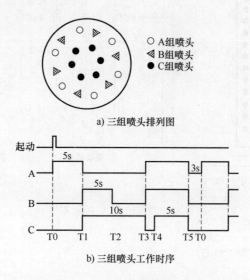

a) 三组喷头排列图

b) 三组喷头工作时序

图 4-32 三组喷头排列与工作时序

系统控制要求具体为：当按下起动按钮后，A 组喷头先喷 5s 后停止，然后 B、C 组喷头同时喷，5s 后，B 组喷头停止、C 组喷头继续喷 5s 再停止，而后 A、B 组喷头喷 7s，C 组喷头在这 7s 的前 2s 内停止，后 5s 内喷水，接着 A、B、C 三组喷头同时停止 3s，以后重复前述过程。按下停止按钮后，三组喷头同时停止喷水。

4.3.2 I/O 端子及输入/输出设备

喷泉控制中 PLC 用到的 I/O 端子及连接的输入/输出设备见表 4-1。

表 4-1　PLC 用到的 I/O 端子及连接的输入/输出设备

输　　入			输　　出		
输入设备	输入端子	功能说明	输出设备	输出端子	功能说明
SB1	X000	起动控制	KM1 线圈	Y000	驱动 A 组电动机工作
SB2	X001	停止控制	KM2 线圈	Y001	驱动 B 组电动机工作
			KM3 线圈	Y002	驱动 C 组电动机工作

4.3.3 PLC 控制电路

喷泉的 PLC 控制电路如图 4-33 所示。

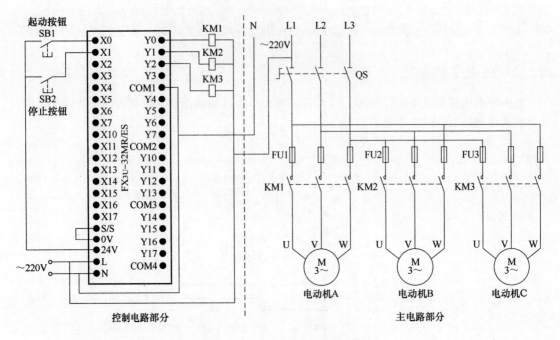

图 4-33 喷泉的 PLC 控制电路

4.3.4 PLC 控制程序及说明

1. 梯形图程序

图 4-34 为喷泉的 PLC 控制梯形图程序。

2. 程序说明

下面结合图 4-33 所示控制电路和图 4-34 所示梯形图来说明喷泉控制系统的工作原理。

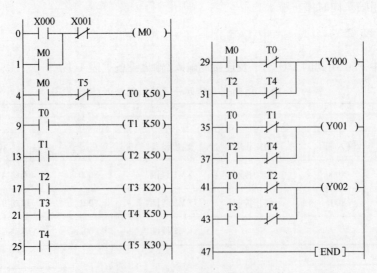

图 4-34 喷泉的 PLC 控制梯形图程序

（1）起动控制

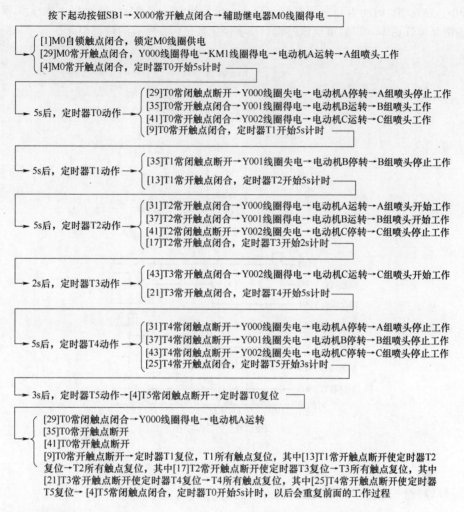

（2）停止控制

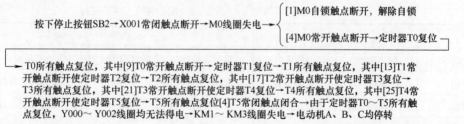

4.4 交通信号灯的三菱 PLC 控制实例

4.4.1 系统控制要求

系统要求用两个按钮来控制交通信号灯工作，交通信号灯排列与工作时序如图 4-35 所示。系统控制要求具体如下：当按下起动按钮后，南北红灯亮 25s，在南北红灯亮 25s 的时间里，东西绿灯先亮20s再以1次/s的频率闪烁3次，接着东西黄灯亮2s，25s后南北红灯熄灭，熄灭时间维持30s，在这30s时间里，东西红灯一直亮，南北绿灯先亮25s，然后以1次/s频率闪烁3次，接着南北黄灯亮2s。以后重复该过程。按下停止按钮后，所有的灯都熄灭。

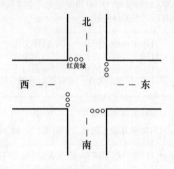

a) 交通信号灯的排列

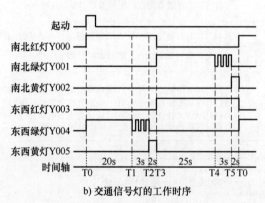

b) 交通信号灯的工作时序

图4-35　交通信号灯排列与工作时序

4.4.2　I/O端子及输入/输出设备

交通信号灯控制中PLC用到的I/O端子及连接的输入/输出设备见表4-2。

表4-2　PLC控制用到的I/O端子及连接的输入/输出设备

输　入			输　出		
输入设备	输入端子	功能说明	输出设备	输出端子	功能说明
SB1	X000	起动控制	南北红灯	Y000	驱动南北红灯亮
SB2	X001	停止控制	南北绿灯	Y001	驱动南北绿灯亮
			南北黄灯	Y002	驱动南北黄灯亮
			东西红灯	Y003	驱动东西红灯亮
			东西绿灯	Y004	驱动东西绿灯亮
			东西黄灯	Y005	驱动东西黄灯亮

4.4.3　PLC控制电路

交通信号灯的PLC控制电路如图4-36所示。

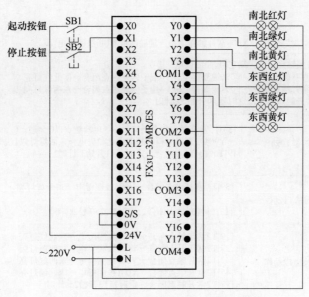

图 4-36 交通信号灯的 PLC 控制电路

4.4.4 PLC 控制程序及说明

1. 梯形图程序

图 4-37 为交通信号灯的 PLC 控制梯形图程序。

2. 程序说明

在图 4-37 的梯形图中，采用了一个特殊的辅助继电器 M8013，称为触点利用型特殊继电器。它利用 PLC 自动驱动线圈，用户只能利用它的触点，即画梯形图里只能画出它的触点。M8013 是一个产生 1s 时钟脉冲的辅助继电器，其高低电平持续时间各为 0.5s，以图 4-37 中 [34] 步为例，当 T0 常开触点闭合，M8013 常闭触点接通、断开时间分别为 0.5s，Y004 线圈得电、失电时间也都为 0.5s。

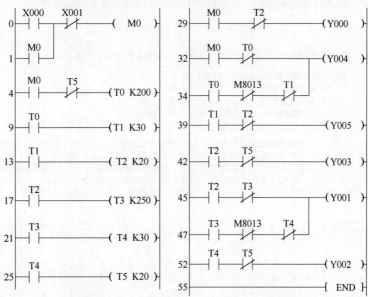

图 4-37 交通信号灯的 PLC 控制梯形图程序

（1）起动控制

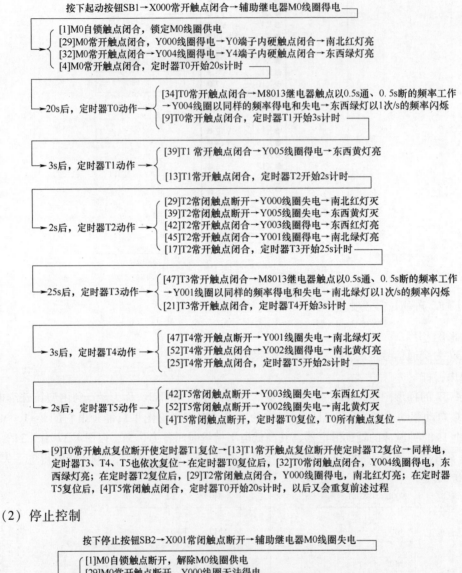

按下起动按钮SB1→X000常开触点闭合→辅助继电器M0线圈得电

[1]M0自锁触点闭合，锁定M0线圈供电
[29]M0常开触点闭合，Y000线圈得电→Y0端子内硬触点闭合→南北红灯亮
[32]M0常开触点闭合→Y004线圈得电→Y4端子内硬触点闭合→东西绿灯亮
[4]M0常开触点闭合，定时器T0开始20s计时

20s后，定时器T0动作 ── [34]T0常开触点闭合→M8013继电器触点以0.5s通、0.5s断的频率工作→Y004线圈以同样的频率得电和失电→东西绿灯以1次/s的频率闪烁
[9]T0常开触点闭合，定时器T1开始3s计时

3s后，定时器T1动作 ── [39]T1常开触点闭合→Y005线圈得电→东西黄灯亮
[13]T1常开触点闭合，定时器T2开始2s计时

2s后，定时器T2动作 ── [29]T2常闭触点断开→Y000线圈失电→南北红灯灭
[39]T2常闭触点断开→Y005线圈失电→东西黄灯灭
[42]T2常开触点闭合→Y003线圈得电→东西红灯亮
[45]T2常开触点闭合→Y001线圈得电→南北绿灯亮
[17]T2常开触点闭合，定时器T3开始25s计时

25s后，定时器T3动作 ── [47]T3常开触点闭合→M8013继电器触点以0.5s通、0.5s断的频率工作→Y001线圈以同样的频率得电和失电→南北绿灯以1次/s的频率闪烁
[21]T3常开触点闭合，定时器T4开始3s计时

3s后，定时器T4动作 ── [47]T4常开触点断开→Y001线圈失电→南北绿灯灭
[52]T4常开触点闭合→Y002线圈得电→南北黄灯亮
[25]T4常开触点闭合，定时器T5开始2s计时

2s后，定时器T5动作 ── [42]T5常闭触点断开→Y003线圈失电→东西红灯灭
[52]T5常闭触点断开→Y002线圈失电→南北黄灯灭
[4]T5常闭触点断开，定时器T0复位，T0所有触点复位

[9]T0常开触点复位断开使定时器T1复位→[13]T1常开触点复位断开使定时器T2复位→同样地，定时器T3、T4、T5也依次复位→在定时器T0复位后，[32]T0常闭触点闭合，Y004线圈得电，东西绿灯亮；在定时器T2复位后，[29]T2常闭触点闭合，Y000线圈得电，南北红灯亮；在定时器T5复位后，[4]T5常闭触点闭合，定时器T0开始20s计时，以后又会重复前述过程

（2）停止控制

按下停止按钮SB2→X001常闭触点断开→辅助继电器M0线圈失电

[1]M0自锁触点断开，解除M0线圈供电
[29]M0常开触点断开，Y000线圈无法得电
[32]M0常开触点断开→Y004线圈无法得电
[4]M0常开触点断开，定时器T0复位，T0所有触点复位

[9]T0常开触点复位断开使定时器T1复位，T1所有触点均复位→其中[13]T1常开触点复位断开使定时器T2复位→同样地，定时器T3、T4、T5也依次复位→在定时器T1复位后，[39]T1常开触点断开，Y005线圈无法得电；在定时器T2复位后，[42]T2常开触点断开，Y003线圈无法得电；在定时器T3复位后，[47]T3常开触点断开，Y001线圈无法得电；在定时器T4复位后，[52]T4常开触点断开，Y002线圈无法得电→Y000～Y005线圈均无法得电，所有交通信号灯都熄灭

第5章

步进指令的使用与实例

5.1 状态转移图与步进指令

5.1.1 顺序控制与状态转移图

一个复杂的任务往往可以分成若干个小任务,当按一定的顺序完成这些小任务后,整个大任务也就完成了。在生产实践中,顺序控制是指按照一定的顺序逐步控制来完成各个工序的控制方式。在采用顺序控制时,为了直观表示出控制过程,可以绘制顺序控制图。

图 5-1 是一种三台电动机顺序控制图,由于每一个步骤称作一个工艺,所以又称工序图。在 PLC 编程时,绘制的顺序控制图称为状态转移图,简称 SFC 图,图 5-1b 为图 5-1a 对应的状态转移图。

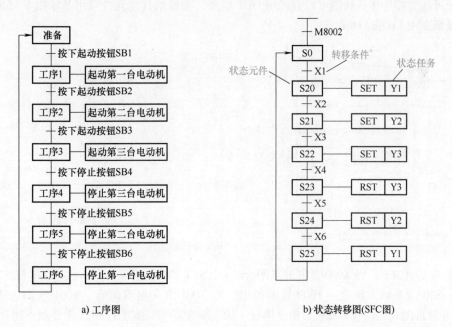

a) 工序图   b) 状态转移图(SFC图)

图 5-1 一种三台电动机顺序控制图

顺序控制有三个要素:转移条件、转移目标和工作任务。在图 5-1a 中,当上一个工序需要转到下一个工序时必须满足一定的转移条件,如工序 1 要转到下一个工序 2 时,须按下起动按钮

SB2，若不按下 SB2，即不满足转移条件，就无法进行下一个工序 2。当转移条件满足后，需要确定转移目标，如工序 1 转移目标是工序 2。每个工序都有具体的工作任务，如工序 1 的工作任务是"起动第一台电动机"。

PLC 编程时绘制的状态转移图与顺序控制图相似，图 5-1b 中的状态元件（状态继电器）S20 相当于工序 1，"SET Y1"相当于工作任务，S20 的转移目标是 S21，S25 的转移目标是 S0，M8002 和 S0 用来完成准备工作，其中 M8002 为触点利用型辅助继电器，它只有触点，没有线圈，PLC 运行时触点会自动接通一个扫描周期，S0 为初始状态继电器，要在 S0 ~ S9 中选择，其他的状态继电器通常在 S20 ~ S499 中选择（三菱 FX2N 系列）。

5.1.2 步进指令说明

PLC 顺序控制需要用到步进指令，三菱 FX 系列 PLC 有 2 条步进指令：STL 和 RET。

1. 指令名称与功能

指令名称及功能如下：

指令名称（助记符）	功　　能
STL	步进开始指令，其功能是将步进接点接到左母线，该指令的操作元件为状态继电器 S
RET	步进结束指令，其功能是将子母线返回到左母线位置，该指令无操作元件

2. 使用举例

（1）STL 指令使用

STL 指令使用如图 5-2 所示。状态继电器 S 只有常开触点，没有常闭触点，在绘制梯形图时，输入指令"［STL S20 ］"即能生成 S20 常开触点，S 常开触点闭合后，其右端相当于子母线，与子母线直接连接的线圈可以直接用 OUT 指令，相连的其他元件可用基本指令写出指令语句表，如触点用 LD 或 LDI 指令。

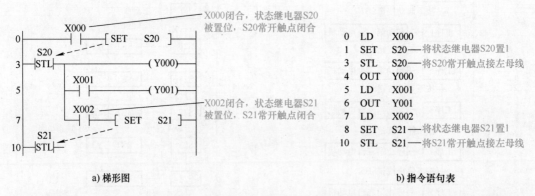

a) 梯形图　　　　　　　　　　　　　　　　b) 指令语句表

图 5-2　STL 指令使用举例

梯形图说明如下：当 X000 常开触点闭合时→［ SET S20 ］指令执行→状态继电器 S20 被置 1（置位）→S20 常开触点闭合→Y000 线圈得电；若 X001 常开触点闭合，Y001 线圈也得电；若 X002 常开触点闭合，［ SET S21 ］指令执行，状态继电器 S21 被置 1→S21 常开触点闭合。

（2）RET 指令使用

RET 指令使用如图 5-3 所示。RET 指令通常用在一系列步进指令的最后，表示状态流程的结束并返回主母线。

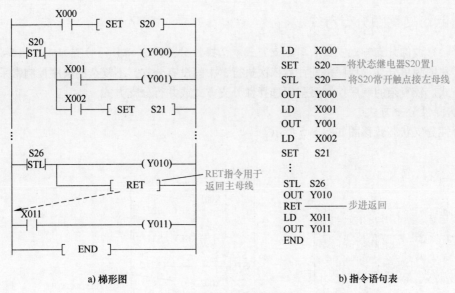

a) 梯形图　　　　　　　　　　　　b) 指令语句表

图 5-3　RET 指令使用举例

5.1.3　步进指令在两种编程软件中的编写形式

在三菱 FXGP_WIN-C 和 GX Developer 编程软件中都可以使用步进指令编写顺序控制程序，但两者的编写方式有所不同。

图 5-4 为 FXGP_WIN-C 和 GX Developer 软件编写的功能完全相同梯形图，虽然两者的指令语句表程序完全相同，但梯形图却有区别，FXGP_WIN-C 软件编写的步程序段开始有一个 STL 触点（编程时输入"［STL S0 ］"即能生成 STL 触点），而 GX Developer 软件编写的步程序段无 STL 触点，取而代之的程序段开始是一个独占一行的"［STL S0 ］"指令。

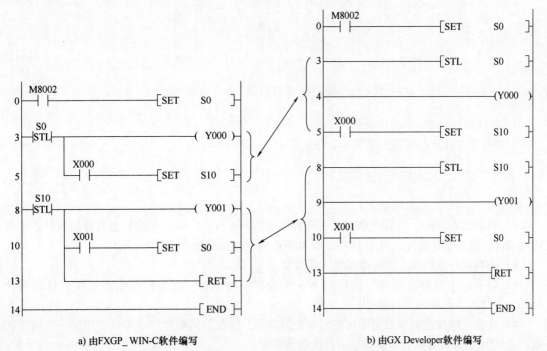

a) 由FXGP_WIN-C软件编写　　　　　　　　　　　b) 由GX Developer软件编写

图 5-4　两个不同编程软件编写的功能相同的程序

5.1.4 状态转移图分支方式

状态转移图的分支方式主要有单分支方式、选择性分支方式和并行分支方式。图 5-1b 所示的状态转移图为单分支，程序由前往后依次执行，中间没有分支，不复杂的顺序控制常采用这种单分支方式。较复杂的顺序控制可采用选择性分支方式或并行分支方式。

1. 选择性分支方式

选择性分支状态转移图如图 5-5 所示。

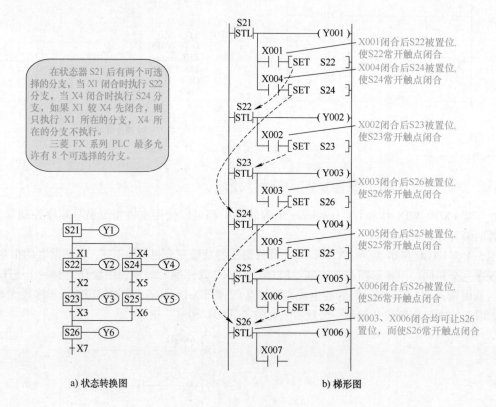

图 5-5 选择性分支方式

2. 并行分支方式

并行分支方式状态转移图如图 5-6 所示。

5.1.5 步进指令编程注意事项

步进指令编程注意事项如下：

1）初始状态（S0）应预先驱动，否则程序不能向下执行，驱动初始状态通常用控制系统的初始条件，若无初始条件，可用 M8002 或 M8000 触点进行驱动。

2）不同步程序的状态继电器编号不要重复。

3）当上一个步程序结束，转移到下一个步程序时，上一个步程序中的元件会自动复位（SET、RST 指令作用的元件除外）。

4）在步进顺序控制梯形图中可使用双线圈功能，即在不同步程序中可以使用同一个输出线圈，这是因为 CPU 只执行当前处于活动步的步程序。

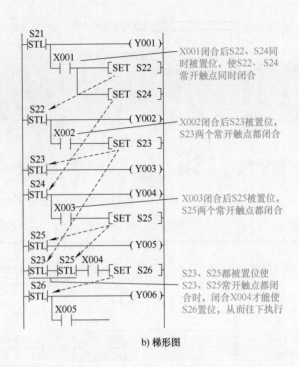

在状态器 S21 后有两个并行的分支，并行分支用双线表示，当 X1 闭合时 S22 和 S24 两个分支同时执行，当两个分支都执行完成并且 X4 闭合时才能往下执行，若 S23 或 S25 任一条分支未执行完，即使 X4 闭合，也不会执行到 S26。

三菱 FX 系列 PLC 最多允许有 8 个并行的分支。

X001闭合后S22、S24同时被置位，使S22、S24常开触点同时闭合

X002闭合后S23被置位，S23两个常开触点都闭合

X003闭合后S25被置位，S25两个常开触点都闭合

S23、S25都被置位使S23、S25常开触点都闭合时，闭合X004才能使S26置位，从而往下执行

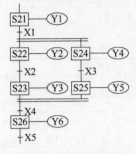

a) 状态转移图

b) 梯形图

图 5-6　并行分支方式

5）同一编号的定时器不要在相邻的步程序中使用，不是相邻的步程序中则可以使用。

6）不能同时动作的输出线圈尽量不要设在相邻的步程序中，因为可能出现下一步程序开始执行时上一步程序未完全复位，这样会出现不能同时动作的两个输出线圈同时动作。如果必须要这样做，可以在相邻的步程序中采用软联锁保护，即给一个线圈串联另一个线圈的常闭触点。

7）在步程中可以使用跳转指令。在中断程序和子程序中也不能存在步程序。在步程序中最多可以有 4 级 FOR\NEXT 指令嵌套。

8）在选择分支和并行分支程序中，分支数最多不能超过 8 条，总的支路数不能超过 16 条。

9）如果希望在停电恢复后继续维持停电前的运行状态，可使用 S500 ~ S899 停电保持型状态继电器。

5.2　液体混合装置的三菱 PLC 控制实例

5.2.1　系统控制要求

两种液体混合装置如图 5-7 所示。YV1、YV2 分别为 A、B 液体注入控制电磁阀，电磁阀线圈通电时打开，液体可以流入，YV3 为 C 液体流出控制电磁阀，H、M、L 分别为高、中、低液位传感器，M 为搅拌电动机，通过驱动搅拌部件旋转使 A、B 液体充分混合均匀。

5.2.2　I/O 端子及输入/输出设备

液体混合装置中 PLC 用到的 I/O 端子及连接的输入/输出设备见表 5-1。

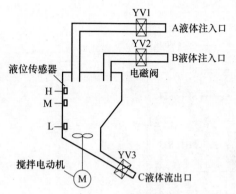

液体混合装置控制要求如下：

①装置的容器初始状态应为空的，三个电磁阀都关闭，电动机M停转。按下起动按钮，YV1电磁阀打开，注入A液体，当A液体的液位达到M位置时，YV1关闭；然后YV2电磁阀打开，注入B液体，当B液体的液位达到H位置时，YV2关闭；接着电动机M开始运转搅拌20s，而后YV3电磁阀打开，C液体(A、B混合液)流出，当C液体的液位下降到L位置时，开始20s计时，在此期间C液体全部流出，20s后YV3关闭，一个完整的周期完成。以后自动重复上述过程。

②当按下停止按钮后，装置要完成一个周期才停止。

③可以用手动方式控制A、B液体的注入和C液体的流出，也可以手动控制搅拌电动机的运转。

图 5-7　两种液体混合装置的结构示意图及控制要求

表 5-1　PLC 用到的 I/O 端子及连接的输入/输出设备

输　入			输　出		
输入设备	输入端子	功能说明	输出设备	输出端子	功能说明
SB1	X0	起动控制	KM1 线圈	Y1	控制 A 液体电磁阀
SB2	X1	停止控制	KM2 线圈	Y2	控制 B 液体电磁阀
SQ1	X2	检测低液位 L	KM3 线圈	Y3	控制 C 液体电磁阀
SQ2	X3	检测中液位 M	KM4 线圈	Y4	驱动搅拌电动机工作
SQ3	X4	检测高液位 H			
QS	X10	手动/自动控制切换（ON：自动；OFF：手动）			
SB3	X11	手动控制 A 液体流入			
SB4	X12	手动控制 B 液体流入			
SB5	X13	手动控制 C 液体流出			
SB6	X14	手动控制搅拌电动机			

5. 2. 3　PLC 控制电路

图 5-8 为液体混合装置的 PLC 控制电路。

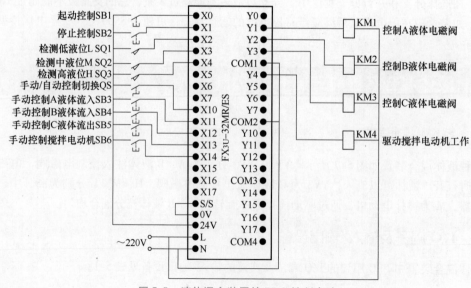

图 5-8　液体混合装置的 PLC 控制电路

5.2.4　PLC 控制程序及说明

1. 梯形图程序

液体混合装置的 PLC 控制梯形图程序如图 5-9 所示。该程序使用三菱 FXGP/WIN-C 软件编写，也可以用三菱 GX Developer 软件编写，但要注意步进指令使用方式与 FXGP/WIN-C 软件有所不同，具体区别可见前图 5-4。

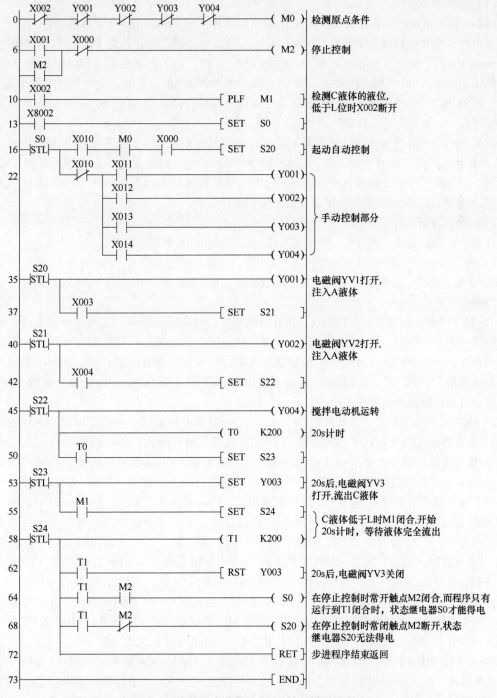

图 5-9　液体混合装置的 PLC 控制梯形图程序

2. 程序说明

下面结合图 5-8 控制电路和图 5-9 梯形图来说明液体混合装置的工作原理。

液体混合装置有自动和手动两种控制方式，它由开关 QS 来决定（QS 闭合表示自动控制；QS 断开表示手动控制）。要让装置工作在自动控制方式，除了开关 QS 应闭合外，装置还须满足自动控制的初始条件（又称原点条件），否则系统将无法进入自动控制方式。装置的原点条件是 L、M、H 液位传感器的开关 SQ1、SQ2、SQ3 均断开，电磁阀 YV1、YV2、YV3 均关闭，电动机 M 停转。

（1）检测原点条件

图 5-9 梯形图中的第 0 梯级程序用来检测原点条件（或称初始条件）。在自动控制工作前，若装置中的 C 液体位置高于传感器 L→SQ1 闭合→X002 常闭触点断开，或 Y001～Y004 常闭触点断开（由 Y000～Y003 线圈得电引起，电磁阀 YV1、YV2、YV3 和电动机 M 会因此得电工作），均会使辅助继电器 M0 线圈无法得电，第 16 梯级中的 M0 常开触点断开，无法对状态继电器 S20 置位，第 35 梯级 S20 常开触点断开，S21 无法置位，这样会依次使 S21、S22、S23、S24 常开触点无法闭合，装置无法进入自动控制状态。

如果是因为 C 液体未排完而使装置不满足自动控制的原点条件，可手工操作 SB5 按钮，使 X013 常开触点闭合，Y003 线圈得电，接触器 KM3 线圈得电，KM3 触点闭合接通电磁阀 YV3 线圈电源，YV3 打开，将 C 液体从装置容器中放完，液位传感器 L 的 SQ1 断开，X002 常闭触点闭合，M0 线圈得电，从而满足自动控制所需的原点条件。

（2）自动控制过程

在起动自动控制前，需要做一些准备工作，包括操作准备和程序准备。

1）操作准备：将手动/自动切换开关 QS 闭合，选择自动控制方式，图 5-9 中第 16 梯级中的 X010 常开触点闭合，为接通自动控制程序段做准备，第 22 梯级中的 X010 常闭触点断开，切断手动控制程序段。

2）程序准备：在起动自动控制前，第 0 梯级程序会检测原点条件，若满足原点条件，则辅助继电器线圈 M0 得电，第 16 梯级中的 M0 常开触点闭合，为接通自动控制程序段做准备。另外，当程序运行到 M8002（触点利用型辅助继电器，只有触点没有线圈）时，M8002 自动接通一个扫描周期，"SET S0"指令执行，将状态继电器 S0 置位，第 16 梯级中的 S0 常开触点闭合，也为接通自动控制程序段做准备。

3）起动自动控制：按下起动按钮 SB1→［16］X000 常开触点闭合→状态继电器 S20 置位→［35］S20 常开触点闭合→Y001 线圈得电→Y1 端子内部硬触点闭合→KM1 线圈得电→主电路中 KM1 主触点闭合（图 5-8 中未画出主电路部分）→电磁阀 YV1 线圈通电，阀门打开，注入 A 液体→当 A 液体高度到达液位传感器 M 位置时，传感器开关 SQ2 闭合→［37］X003 常开触点闭合→状态继电器 S21 置位→［40］S21 常开触点闭合，同时 S20 自动复位，［35］S20 触点断开→Y002 线圈得电，Y001 线圈失电→电磁阀 YV2 阀门打开，注入 B 液体→当 B 液体高度到达液位传感器 H 位置时，传感器开关 SQ3 闭合→［42］X004 常开触点闭合→状态继电器 S22 置位→［45］S22 常开触点闭合，同时 S21 自动复位，［40］S21 触点断开→Y004 线圈得电，Y002 线圈失电→搅拌电动机 M 运转，同时定时器 T0 开始 20s 计时→20s 后，定时器 T0 动作→［50］T0 常开触点闭合→状态继电器 S23 置位→［53］S23 常开触点闭合→Y003 线圈被置位→电磁阀 YV3 打开，C 液体流出→当液体下降到液位传感器 L 位置时，传感器开关 SQ1 断开→［10］X002 常开触点断开（在液体高于 L 位置时 SQ1 处于闭合状态）→下降沿脉冲会为继电器 M1 线圈接通一个扫描周期→［55］M1 常开触点闭合→状态继电器 S24 置位→［58］S24 常开触点闭合，同时［53］S23 触点断开，由于 Y003 线圈是置位得电，故不会失电→［58］S24 常开触点闭合后，定时器 T1 开始 20s 计时→20s 后，［62］T1 常开触点闭合，Y003 线圈被复位→电磁阀 YV3 关闭，与此同时，S20 线圈得电，［35］S20 常开触点闭合，开始下一次自动控制。

4）停止控制：在自动控制过程中，若按下停止按钮 SB2→［6］X001 常开触点闭合→［6］辅助继电器 M2 得电→［7］M2 自锁触点闭合，锁定供电；［68］M2 常闭触点断开，状态继电器 S20 无法得电，［16］S20 常开触点断开；［64］M2 常开触点闭合，当程序运行到［64］时，T1 闭合，状态继电器 S0 得电，［16］S0 常开触点闭合，但由于常开触点 X000 处于断开（SB1 断开），状态继电器 S20 无法置位，［35］S20 常开触点处于断开，自动控制程序段无法运行。

（3）手动控制过程

将手动/自动切换开关 QS 断开，选择手动控制方式→［16］X010 常开触点断开，状态继电器 S20 无法置位，［35］S20 常开触点断开，无法进入自动控制；［22］X010 常闭触点闭合，接通手动控制程序→按下 SB3，X011 常开触点闭合，Y001 线圈得电，电磁阀 YV1 打开，注入 A 液体→松开 SB3，X011 常闭触点断开，Y001 线圈失电，电磁阀 YV1 关闭，停止注入 A 液体→按下 SB4 注入 B 液体，松开 SB4 停止注入 B 液体→按下 SB5 排出 C 液体，松开 SB5 停止排出 C 液体→按下 SB6 搅拌液体，松开 SB5 停止搅拌液体。

5.3　简易机械手的三菱 PLC 控制实例

5.3.1　系统控制要求

简易机械手结构如图 5-10 所示。M1 为控制机械手左右移动的电动机，M2 为控制机械手上下升降的电动机，YV 线圈用来控制机械手夹紧放松，SQ1 为左到位检测开关，SQ2 为右到位检测开关，SQ3 为上到位检测开关，SQ4 为下到位检测开关，SQ5 为工件检测开关。

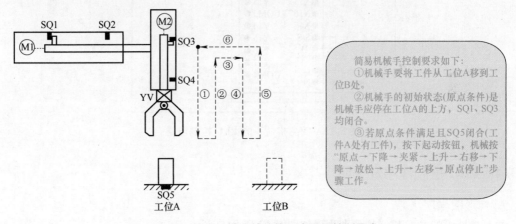

图 5-10　简易机械手的结构示意图及控制要求

5.3.2　I/O 端子及输入/输出设备

简易机械手中 PLC 用到的 I/O 端子及连接的输入/输出设备见表 5-2。

表 5-2　PLC 用到的 I/O 端子及连接的输入/输出设备

输　入			输　出		
输入设备	输入端子	功能说明	输出设备	输出端子	功能说明
SB1	X0	起动控制	KM1 线圈	Y0	控制机械手右移
SB2	X1	停止控制	KM2 线圈	Y1	控制机械手左移

（续）

输　　入			输　　出		
输入设备	输入端子	功能说明	输出设备	输出端子	功能说明
SQ1	X2	左到位检测	KM3 线圈	Y2	控制机械手下降
SQ2	X3	右到位检测	KM4 线圈	Y3	控制机械手上升
SQ3	X4	上到位检测	KM5 线圈	Y4	控制机械手夹紧
SQ4	X5	下到位检测			
SQ5	X6	工件检测			

5.3.3　PLC 控制电路

图 5-11 为简易机械手的 PLC 控制电路。

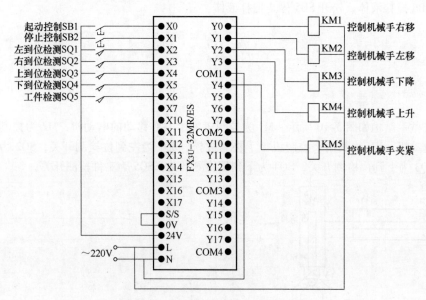

图 5-11　简易机械手的 PLC 控制电路

5.3.4　PLC 控制程序及说明

1. 梯形图程序

简易机械手的 PLC 控制梯形图程序如图 5-12 所示。

2. 程序说明

下面结合图 5-11 控制电路和图 5-12 梯形图来说明简易机械手的工作原理。

武术运动员在表演武术时，通常会在表演场地某位置站立好，然后开始进行各种武术套路表演，表演结束后会收势成表演前的站立状态。同样地，大多数机电设备在工作前先要回到初始位置（相当于运动员的表演前的站立位置），然后在程序的控制下，机电设备开始各种操作，操作结束又会回到初始位置，机电设备的初始位置也称原点。

（1）初始化操作

当 PLC 通电并处于"RUN"状态时，程序会先进行初始化操作。程序运行时，M8002 会接通一个扫描周期，线圈 Y0 ~ Y4 先被 ZRST 指令（该指令的用法见第 6 章）批量复位，同时状态

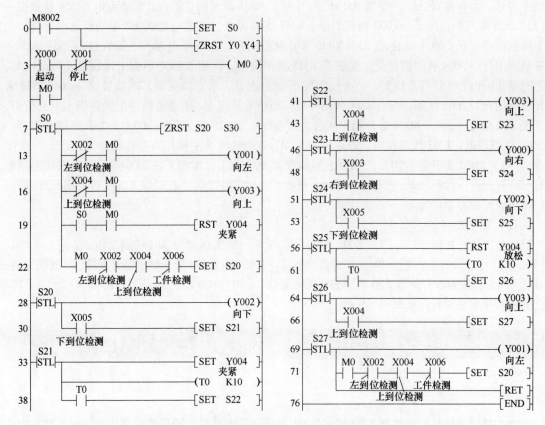

图 5-12　简易机械手的 PLC 控制梯形图程序

继电器 S0 被置位，[7] S0 常开触点闭合，状态继电器 S20~S30 被 ZRST 指令批量复位。

（2）起动控制

①原点条件检测。[13]~[28] 之间为原点检测程序。按下起动按钮 SB1，[3] X000 常开触点闭合，辅助继电器 M0 线圈得电，M0 自锁触点闭合，锁定供电，同时 [19] M0 常开触点闭合，Y004 线圈复位，接触器 KM5 线圈失电，机械手夹紧线圈失电而放松，另外 [13]、[16]、[22] 中的 M0 常开触点也均闭合。若机械手未左到位，开关 SQ1 闭合，[13] X002 常闭触点闭合，Y001 线圈得电，接触器 KM1 线圈得电，通过电动机 M1 驱动机械手右移，右移到位后 SQ1 断开，[13] X002 常闭触点断开；若机械手未上到位，开关 SQ3 闭合，[16] X004 常闭触点闭合，Y003 线圈得电，接触器 KM4 线圈得电，通过电动机 M2 驱动机械手上升，上升到位后 SQ3 断开，[13] X004 常闭触点断开。如果机械手左到位、上到位且工位 A 有工件（开关 SQ5 闭合），则 [22] X002、X004、X006 常开触点均闭合，状态继电器 S20 被置位，[28] S20 常开触点闭合，开始控制机械手搬运工件。

②机械手搬运工件控制。[28] S20 常开触点闭合→Y002 线圈得电，KM3 线圈得电，通过电动机 M2 驱动机械手下移，当下移到位后，下到位开关 SQ4 闭合，[30] X005 常开触点闭合，状态继电器 S21 被置位→[33] S21 常开触点闭合→Y004 线圈被置位，接触器 KM5 线圈得电，夹紧线圈得电将工件夹紧，与此同时，定时器 T0 开始 1s 计时→1s 后，[38] T0 常开触点闭合，状态继电器 S22 被置位→[41] S22 常开触点闭合→Y003 线圈得电，KM4 线圈得电，通过电动机 M2 驱动机械手上移，当上移到位后，开关 SQ3 闭合，[43] X004 常开触点闭合，状态继电器 S23 被置位→[46] S23 常开触点闭合→Y000 线圈得电，KM1 线圈得电，通过电动机 M1 驱动机

械手右移，当右移到位后，开关 SQ2 闭合，［48］X003 常开触点闭合，状态继电器 S24 被置位→［51］S24 常开触点闭合→Y002 线圈得电，KM3 线圈得电，通过电动机 M2 驱动机械手下降，当下降到位后，开关 SQ4 闭合，［53］X005 常开触点闭合，状态继电器 S25 被置位→［56］S25 常开触点闭合→Y004 线圈被复位，接触器 KM5 线圈失电，夹紧线圈失电将工件放下，与此同时，定时器 T0 开始 1s 计时→1s 后，［61］T0 常开触点闭合，状态继电器 S26 被置位→［64］S26 常开触点闭合→Y003 线圈得电，KM4 线圈得电，通过电动机 M2 驱动机械手上升，当上升到位后，开关 SQ3 闭合，［66］X004 常开触点闭合，状态继电器 S27 被置位→［69］S27 常开触点闭合→Y001 线圈得电，KM2 线圈得电，通过电动机 M1 驱动机械手左移，当左移到位后，开关 SQ1 闭合，［71］X002 常开触点闭合，如果上到位开关 SQ3 和工件检测开关 SQ5 均闭合，则状态继电器 S20 被置位→［28］S20 常开触点闭合，开始下一次工件搬运。若工位 A 无工件，则 SQ5 断开，机械手会停在原点位置。

（3）停止控制

当按下停止按钮 SB2→［3］X001 常闭触点断开→辅助继电器 M0 线圈失电→［6］、［13］、［16］、［19］、［22］、［71］M0 常开触点均断开，其中［6］M0 常开触点断开解除 M0 线圈供电，其他 M0 常开触点断开使状态继电器 S20 无法置位，［28］S20 步进触点无法闭合，［28］～［76］之间的程序无法运行，机械手不工作。

5.4　大小铁球分拣机的三菱 PLC 控制实例

5.4.1　系统控制要求

大小铁球分拣机结构如图 5-13 所示。M1 为传送带电动机，通过传送带驱动机械手臂左向或右向移动；M2 为电磁铁升降电动机，用于驱动电磁铁 YA 上移或下移；SQ1、SQ4、SQ5 分别为混装球箱、小球球箱、大球球箱的定位开关，当机械手臂移到某球箱上方时，相应的定位开关闭合；SQ6 为接近开关，当铁球靠近时开关闭合，表示电磁铁下方有球存在。

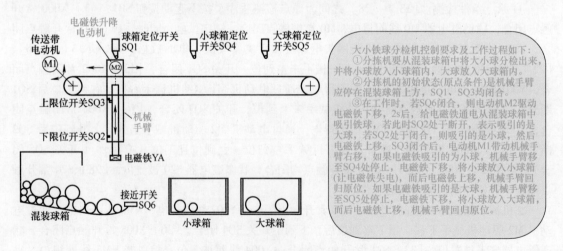

图 5-13　大小铁球分拣机的结构示意图及控制要求

5.4.2　I/O 端子及输入/输出设备

大小铁球分拣机控制系统中 PLC 用到的 I/O 端子及连接的输入/输出设备见表 5-3。

表 5-3 PLC 用到的 I/O 端子及连接的输入/输出设备

输　入			输　出		
输入设备	输入端子	功能说明	输出设备	输出端子	功能说明
SB1	X000	起动控制	HL	Y000	工作指示
SQ1	X001	混装球箱定位	KM1 线圈	Y001	电磁铁上升控制
SQ2	X002	电磁铁下限位	KM2 线圈	Y002	电磁铁下降控制
SQ3	X003	电磁铁上限位	KM3 线圈	Y003	机械手臂左移控制
SQ4	X004	小球球箱定位	KM4 线圈	Y004	机械手臂右移控制
SQ5	X005	大球球箱定位	KM5 线圈	Y005	电磁铁吸合控制
SQ6	X006	铁球检测			

5.4.3　PLC 控制电路

图 5-14 为大小铁球分拣机的 PLC 控制电路。

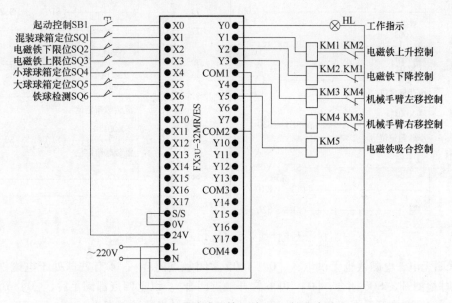

图 5-14　大小铁球分拣机的 PLC 控制电路

5.4.4　PLC 控制程序及说明

1. 梯形图程序

大小铁球分拣机的 PLC 控制梯形图程序如图 5-15 所示。

2. 程序说明

下面结合图 5-13 分拣机结构图、图 5-14 控制电路和图 5-15 梯形图来说明分拣机的工作原理。

（1）检测原点条件

图 5-15 梯形图中的第 0 梯级程序用来检测分拣机是否满足原点条件。分拣机的原点条件有：①机械手臂停止混装球箱上方（会使定位开关 SQ1 闭合，[0] X001 常开触点闭合）；②电磁铁处于上限位位置（会使上限位开关 SQ3 闭合，[0] X003 常开触点闭合）；③电磁铁未通电

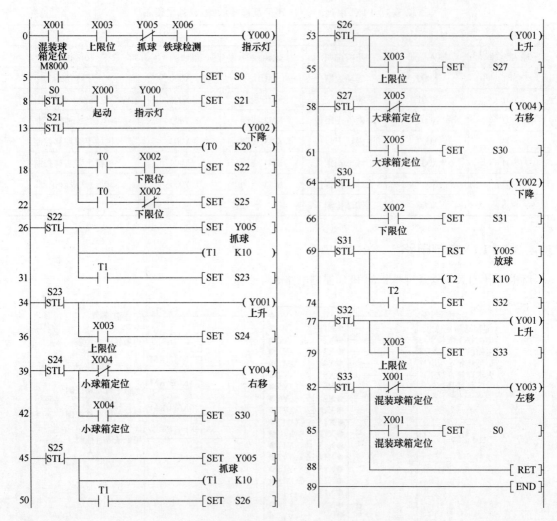

图 5-15　大小铁球分拣机的 PLC 控制梯形图程序

（Y005 线圈无电，电磁铁也无供电，［0］Y005 常闭触点闭合）；④有铁球处于电磁铁正下方（会使铁球检测开关 SQ6 闭合，［0］X006 常开触点闭合）。以上四点都满足后，［0］Y000 线圈得电，［8］Y000 常开触点闭合，同时 Y0 端子的内部硬触点接通，指示灯 HL 亮，HL 不亮，说明原点条件不满足。

（2）工作过程

M8000 为运行监控辅助继电器，只有触点无线圈，在程序运行时触点一直处于闭合状态，M8000 闭合后，初始状态继电器 S0 被置位，［8］S0 常开触点闭合。

按下起动按钮 SB1→［8］X000 常开触点闭合→状态继电器 S21 被置位→［13］S21 常开触点闭合→［13］Y002 线圈得电，通过接触器 KM2 使电动机 M2 驱动电磁铁下移，与此同时，定时器 T0 开始 2s 计时→2s 后，［18］和［22］T0 常开触点均闭合，若下限位开关 SQ2 处于闭合，表明电磁铁接触为小球，［18］X002 常开触点闭合，［22］X002 常闭触点断开，状态继电器 S22 被置位，［26］S22 常开触点闭合，开始抓小球控制程序，若下限位开关 SQ2 处于断开，表明电磁铁接触为大球，［18］X002 常开触点断开，［22］X002 常闭触点闭合，状态继电器 S25 被置位，［45］S25 常开触点闭合，开始抓大球控制程序。

1）小球抓取过程。［26］S22 常开触点闭合后，Y005 线圈被置位，通过 KM5 使电磁铁通电

100

抓取小球，同时定时器 T1 开始 1s 计时→1s 后，［31］T1 常开触点闭合，状态继电器 S23 被置位→［34］S23 常开触点闭合，Y001 线圈得电，通过 KM1 使电动机 M2 驱动电磁铁上升→当电磁铁上升到位后，上限位开关 SQ3 闭合，［36］X003 常开触点闭合，状态继电器 S24 被置位→［39］S24 常开触点闭合，Y004 线圈得电，通过 KM4 使电动机 M1 驱动机械手臂右移→当机械手臂移到小球箱上方时，小球箱定位开关 SQ4 闭合→［39］X004 常闭触点断开，Y004 线圈失电，机械手臂停止移动，同时［42］X004 常开触点闭合，状态继电器 S30 被置位，［64］S30 常开触点闭合，开始放球过程。

2）放球并返回过程。［64］S30 常开触点闭合后，Y002 线圈得电，通过 KM2 使电动机 M2 驱动电磁铁下降，当下降到位后，下限位开关 SQ2 闭合→［66］X002 常开触点闭合，状态继电器 S31 被置位→［69］S31 常开触点闭合→Y005 线圈被复位，电磁铁失电，将球放入球箱，与此同时，定时器 T2 开始 1s 计时→1s 后，［74］T2 常开触点闭合，状态继电器 S32 被置位→［77］S32 常开触点闭合→Y001 线圈得电，通过 KM1 使电动机 M2 驱动电磁铁上升→当电磁铁上升到位后，上限位开关 SQ3 闭合，［79］X003 常开触点闭合，状态继电器 S33 被置位→［82］S33 常开触点闭合→Y003 线圈得电，通过 KM3 使电动机 M1 驱动机械手臂左移→当机械手臂移到混装球箱上方时，混装球箱定位开关 SQ1 闭合→［82］X001 常闭触点断开，Y003 线圈失电，电动机 M1 停转，机械手臂停止移动，与此同时，［85］X001 常开触点闭合，状态继电器 S0 被置位，［8］S0 常开触点闭合，若按下起动按钮 SB1，则开始下一次抓球过程。

3）大球抓取过程。［45］S25 常开触点闭合后，Y005 线圈被置位，通过 KM5 使电磁铁通电抓取大球，同时定时器 T1 开始 1s 计时→1s 后，［50］T1 常开触点闭合，状态继电器 S26 被置位→［53］S26 常开触点闭合，Y001 线圈得电，通过 KM1 使电动机 M2 驱动电磁铁上升→当电磁铁上升到位后，上限位开关 SQ3 闭合，［55］X003 常开触点闭合，状态继电器 S27 被置位→［58］S27 常开触点闭合，Y004 线圈得电，通过 KM4 使电动机 M1 驱动机械手臂右移→当机械手臂移到大球箱上方时，大球箱定位开关 SQ5 闭合→［58］X005 常闭触点断开，Y004 线圈失电，机械手臂停止移动，同时［61］X005 常开触点闭合，状态继电器 S30 被置位，［64］S30 常开触点闭合，开始放球过程。大球的放球与返回过程与小球完全一样，不再赘述。

第6章

应用指令的使用与实例

6.1 应用指令基础

6.1.1 应用指令的格式

应用指令由功能指令符号、功能号和操作数等组成。应用指令的格式如下（以平均值指令为例）：

指令名称	指令符号	功能号	操 作 数		
			源操作数（S）	目标操作数（D）	其他操作数（n）
平均值指令	MEAN	FNC45	KnX　KnY KnS　KnM T、C、D	KnX　KnY KnS　KnM T、C、D、R、V、Z、变址修饰	Kn、Hn n = 1 ~ 64

应用指令格式说明如下：

1）指令符号：用来规定指令的操作功能，一般由字母（英文单词或单词缩写）组成。上面的"MEAN"为指令符号，其含义是对操作数取平均值。

2）功能号：它是应用指令的代码号，每个应用指令都有自己的功能号，如 MEAN 指令的功能号为 FNC45，在编写梯形图程序，如果要使用某应用指令，须输入该指令的指令符号，而采用手持编程器编写应用指令时，要输入该指令的功能号。

3）操作数：又称操作元件，通常由源操作数［S］、目标操作数［D］和其他操作数［n］组成。操作数中的 K 表示十进制数，H 表示十六制数，n 为常数，X 为输入继电器，Y 为输出继电器，S 为状态继电器，M 为辅助继电器，T 为定时器，C 为计数器，D 为数据寄存器，R 为扩展寄存器（外接存储盒时才能使用），V、Z 为变址寄存器，变址修饰是指软元件地址（编号）加上 V、Z 值得到新地址所指的元件。

如果源操作数和目标操作数不止一个，可分别用［S1］、［S2］、［S3］和［D1］、［D2］、［D3］表示。

举例：在图 6-1 中，程序的功能是在常开触点 X000 闭合时，MOV 指令执行，将十进制数 100 送入数据寄存器 D10。

6.1.2 应用指令的规则

1. 指令执行形式

三菱 FX 系列 PLC 的应用指令有连续执行型和脉冲执行型两种形式。图 6-2a 中的 MOV

为连续执行型应用指令，当常开触点 X000 闭合后，［MOV　D10　D12］指令在每个扫描周期都被重复执行。图 6-2b 中的 MOVP 为脉冲执行型应用指令（在 MOV 指令后加 P 表示脉冲执行），［MOVP　D10　D12］指令仅在 X000 由断开转为闭合瞬间执行一次（闭合后不再执行）。

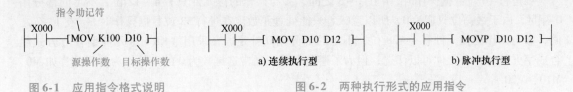

图 6-1　应用指令格式说明　　　　　　　　图 6-2　两种执行形式的应用指令

2. 数据长度

应用指令可处理 16 位和 32 位数据。

（1）16 位数据

16 位数据结构如图 6-3 所示。

> 最高位为符号位，其余为数据位，符号位的功能是指示数据位的正负，符号位为 0 表示数据位的数据为正数，符号位为 1 表示数据为负数

图 6-3　16 位数据的结构

（2）32 位数据

一个数据寄存器可存储 16 位数据，相邻的两个数据寄存器组合起来可以存储 32 位数据。32 位数据结构如图 6-4 所示。16 位和 32 位数据执行指令使用说明如图 6-5 所示。

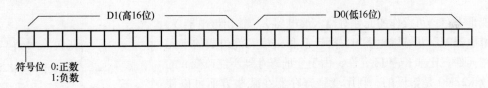

图 6-4　32 位数据的结构

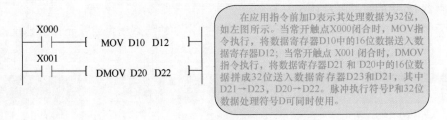

> 在应用指令前加 D 表示其处理数据为 32 位，如左图所示。当常开触点 X000 闭合时，MOV 指令执行，将数据寄存器 D10 中的 16 位数据送入数据寄存器 D12；当常开触点 X001 闭合时，DMOV 指令执行，将数据寄存器 D21 和 D20 中的 16 位数据拼成 32 位送入数据寄存器 D23 和 D21，其中 D21→D23，D20→D22。脉冲执行符号 P 和 32 位数据处理符号 D 可同时使用。

图 6-5　16 位和 32 位数据执行指令使用说明

（3）字元件和位元件

字元件是指处理数据的元件，如数据寄存器和定时器、计数器都为字元件。位元件是指只有断开和闭合两种状态的元件，如输入继电器 X、输出继电器 Y、辅助继电器 M 和状态继电器 S 都为位元件。

多个位元件组合可以构成字元件，位元件在组合时 4 个元件组成一个单元，位元件组合可用 Kn 加首元件来表示，n 为单元数，例如 K1M0 表示 M0 ~ M3 4 个位元件组合，K4M0 表示位元件 M0 ~ M15 组合成 16 位字元件（M15 为最高位，M0 为最低位），K8M0 表示位元件 M0 ~ M31 组合成 32 位字元件。其他的位元件组成字元件如 K4X0、K2Y10、K1S10 等。

在进行 16 位数据操作时，n 在 1 ~ 3 之间，参与操作的位元件只有 4 ~ 12 位，不足的部分用 0 补足，由于最高位只能为 0，所以意味着只能处理正数。在进行 32 位数据操作时，n 在 1 ~ 7 之间，参与操作的位元件有 4 ~ 28 位，不足的部分用 0 补足。在采用"Kn + 首元件编号"方式组合成字元件时，首元件可以任选，但为了避免混乱，通常选尾数为 0 的元件作为首元件，如 M0、M10、M20 等。

不同长度的字元件在进行数据传递时，一般按以下规则：

① 长字元件→短字元件传递数据，长字元件低位数据传送给短字元件。

② 短字元件→长字元件传递数据，短字元件数据传送给长字元件低位，长字元件高位全部变为 0。

3. 变址寄存器与变址修饰

三菱 FX 系列 PLC 有 V、Z 两种 16 位变址寄存器，它可以像数据寄存器一样进行读写操作。变址寄存器 V、Z 编号分别为 V0 ~ V7、Z0 ~ Z7，常用在传送、比较指令中，用来修改操作对象的元件号，例如在图 6-5 左梯形图中，如果 V0 = 18（即变址寄存器 V 存储的数据为 18）、Z0 = 20，那么 D2V0 表示 D（2 + V0）= D20，D10Z0 表示 D（10 + Z0）= D30，指令执行的操作是将数据寄存器 D20 中数据送入 D30 中，因此图 6-6 两个梯形图的功能是等效的。

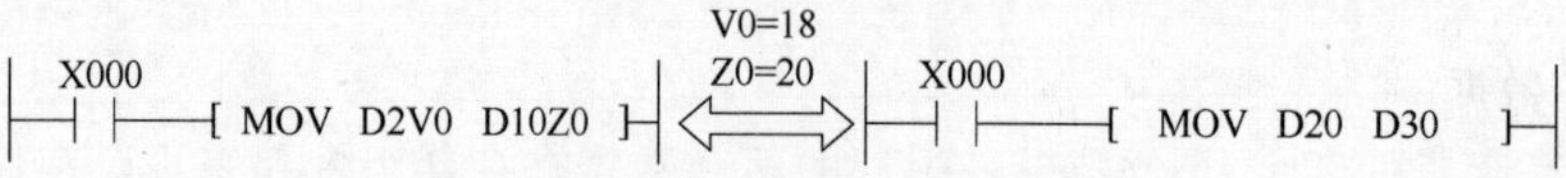

图 6-6　变址寄存器的使用说明一

变址寄存器可操作的元件有输入继电器 X、输出继电器 Y、辅助继电器 M、状态继电器 S、指针 P 和由位元件组成的字元件的首元件。比如 KnM0Z 允许，由于变址寄存器不能改变 n 的值，故 K2ZM0 是错误的。利用变址寄存器在某些方面可以使编程简化。图 6-7 中的程序采用了变址寄存器，在常开触点 X000 闭合时，先分别将数据 6 送入变址寄存器 V0 和 Z0，然后将数据寄存器 D6 中的数据送入 D16。

图 6-7　变址寄存器的使用说明二

将软元件地址（编号）与变址寄存器中的值相加得到的结果作为新软元件的地址，称为变址修饰。

6.2　应用指令的使用说明及举例

6.2.1　程序流程类指令

1. 条件跳转（CJ）指令

（1）指令格式

条件跳转指令格式如下：

指令名称 与功能号	指令符号	指令形式与功能说明	操 作 数 Pn（指针编号）
条件跳转 （FNC00）	CJ（P）		CJ	Pn | 程序跳转到指针 Pn 处执行	P0 ~ P63（FX$_{1S}$），P0 ~ P127（FX$_{1N}$\FX$_{2N}$） P0 ~ P255（FX$_{3S}$），P0 ~ P2047（FX$_{3G}$） P0 ~ P4095（FX$_{3U}$） Pn 可变址修饰

（2）使用举例

条件跳转（CJ）指令的使用举例如图 6-8 所示。在编程软件输入标记 P* 的操作方法如图 6-9 所示。

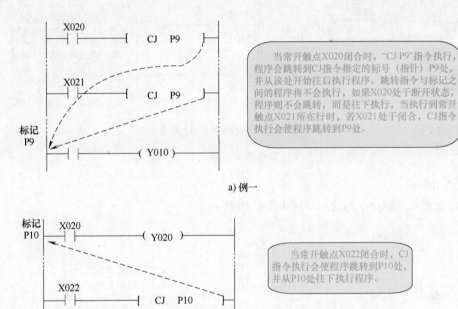

图 6-8 CJ 指令使用举例

2. 子程序调用（CALL）和返回（SRET）指令

（1）指令格式

子程序调用和返回指令格式如下：

指令名称 与功能号	指令符号	指令形式与功能说明	操 作 数 Pn（指针编号）
子程序调用 （FNC01）	CALL（P）		CALL	Pn | 跳转执行指针 Pn 处的子程序，最多嵌套 5 级	P0 ~ P63（FX$_{1S}$），P0 ~ P127（FX$_{1N}$ \FX$_{2N}$） P0 ~ P255（FX$_{3S}$），P0 ~ P2047（FX$_{3G}$） P0 ~ P4095（FX$_{3U}$） Pn 可变址修饰
子程序返回 （FNC02）	SRET		SRET	 从当前子程序返回到上一级程序	无

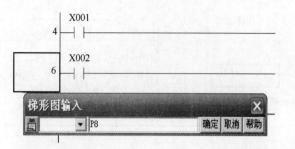

a) 在FXGP/WIN-C编程软件中输入标记

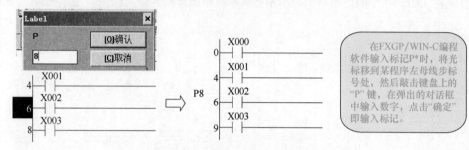

b) 在GX Developer编程软件中输入标记

图6-9　在编程软件中输入标记 **P*** 的操作方法

（2）使用举例

子程序调用和返回指令的使用举例如图6-10所示。

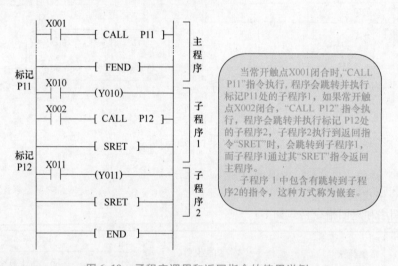

图6-10　子程序调用和返回指令的使用举例

在使用子程序调用和返回指令时，要注意以下几点：

1）一些常用或多次使用的程序可以写成子程序，然后进行调用。

2）子程序要求写在主程序结束指令"FEND"之后。

3）子程序中可做嵌套，嵌套最多为5级。

4）CALL指令和CJ的操作数不能为同一标记，但不同嵌套的CALL指令可调用同一标记处的子程序。

5）在子程序中，要求使用定时器T192～T199和T246～T249。

3. 主程序结束指令（FEND）

主程序结束指令格式如下：

指令名称 与功能号	指 令 符 号	指 令 形 式	指 令 说 明
主程序结束 （FNC06）	FEND	FEND	主程序结束

主程序结束指令使用要点如下：

1）FEND 表示一个主程序结束，执行该指令后，程序返回到第 0 步。

2）多次使用 FEND 指令时，子程序或中断程序要写在最后的 FEND 指令与 END 指令之间，且必须以 RET 指令（针对子程序）或 IRET 指令（针对中断程序）结束。

4. 刷新监视定时器指令（WDT）

（1）指令格式

刷新监视定时器（看门狗定时器）指令格式如下：

指令名称与功能号	指 令 符 号	指 令 形 式	指 令 说 明
刷新监视定时器 （FNC07）	WDT（P）	WDT	对监视定时器（看门狗定时器）进行刷新

（2）使用举例

PLC 在运行时，若一个运行周期（从 0 步运行到 END 或 FENT）超过 200ms 时，内部运行监视定时器（又称看门狗定时器）会让 PLC 的 CPU 出错指示灯变亮，同时 PLC 停止工作。为了解决这个问题，可使用 WDT 指令对监视定时器（D8000）进行刷新（清 0）。WDT 指令的使用举例如图 6-11 所示。

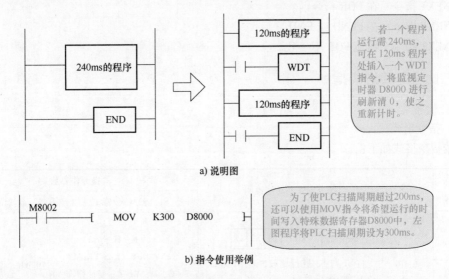

图 6-11　刷新监视定时器（WDT）指令的使用

5. 循环开始与结束指令

(1) 指令格式

循环开始与结束指令格式如下：

指令名称 与功能号	指令符号	指令形式	指令说明	操作数 S（16位，1～32767）
循环开始 （FNC08）	FOR	FOR S	将 FOR～NEXT 之间的程序执行 S 次	K、H、KnX、KnY、KnS、KnM、 T、C、D、V、Z、变址修饰 R（仅 FX3G/3U）
循环结束 （FNC09）	NEXT	NEXT	循环程序结束	无

(2) 使用举例

循环开始与结束指令的使用举例如图 6-12 所示。

FOR 与 NEXT 指令使用要点：

① FOR 与 NEXT 之间的程序可重复执行 n 次，n 由编程设定，n = 1～32767。

② 循环程序执行完设定的次数后，紧接着执行 NEXT 指令后面的程序步。

③ 在 FOR～NEXT 程序之间最多可嵌套 5 层其他的 FOR～NEXT 程序，嵌套时应避免出现以下情况：

a. 缺少 NEXT 指令；

b. NEXT 指令写在 FOR 指令前；

c. NEXT 指令写在 FEND 或 END 之后；

d. NEXT 指令个数与 FOR 不一致。

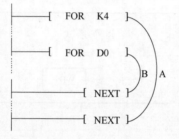

"FOR K4"指令设定A段程序(FOR～NEXT之间的程序)循环执行4次，"FOR D0"指令设定B段程序循环执行D0(数据寄存器D0中的数值)次，若D0＝2，则A段程序反复执行4次，而B段程序会执行4×2＝8次，这是因为运行到B段程序时，B段程序需要反复运行2次，然后往下执行，当执行到A段程序NEXT指令时，又返回到A段程序头部重新开始运行，直至A段程序从头到尾执行4次。

图 6-12　循环开始与结束指令的使用

6.2.2　比较与传送类指令

1. 比较指令

(1) 指令格式

比较指令格式如下：

指令名称 与功能号	指令符号	指令形式与功能说明	操作数	
			S1、S2（16/32 位）	D（位型）
比较指令 （FNC10）	(D) CMP (P)	CMP S1 S2 D 将 S1 与 S2 进行比较，若 S1 > S2， 将 D 置 ON，若 S1 = S2，将 D + 1 置 ON，若 S1 < S2，将 D + 2 置 ON	K、H KnX、KnY、KnS　KnM T、C、D、V、Z、变址修饰 R（仅 FX3G/3U）	Y、M、S、 D□.b（仅 FX3U）、 变址修饰

（2）使用举例

比较指令的使用举例如图 6-13 所示。

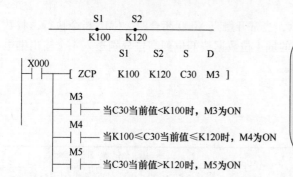

CMP 指令有两个源操作数 K100、C10 和一个目标操作数 M0（位元件），当常开触点 X000 闭合时，CMP 指令执行，将源操作数 K100 和计数器 C10 当前值进行比较，根据比较结果来驱动目标操作数指定的三个连号位元件，若 K100＞C10，M0 常开触点闭合，若 K100＝C10，M1 常开触点闭合，若 K100＜C10，M2 常开触点闭合。

在指定 M0 为 CMP 的目标操作数时，M0、M1、M2 三个连号元件会被自动占用，在 CMP 指令执行后，这三个元件必定有一个处于 ON 状态，当常开触点 X000 断开后，这三个元件的状态仍会保存，要恢复它们的原状态，可采用复位指令。

图 6-13 比较指令的使用

2. 区间比较指令

（1）指令格式

区间比较指令格式如下：

指令名称与功能号	指令符号	指令形式与功能说明	操 作 数	
			S1、S2、S（16/32 位）	D（位型）
区间比较（FNC11）	(D) ZCP (P)	ZCP S1 S2 S D 将 S 与 S1（小值）、S2（大值）进行比较，若 S＜S1，将 D 置 1，若 S1≤S≤S2，将 D＋1 置 1，若 S＞S2，将 D＋2 置 1	K、H KnX、KnY、KnS、KnM T、C、D、V、Z、变址修饰 R（仅 FX3G/3U）	Y、M、S、 D□.b（仅 FX3U） 变址修饰

（2）使用举例

区间比较指令的使用举例如图 6-14 所示。

```
          S1    S2
         K100  K120

              S1    S2    S    D
  X000
  ─┤├─── [ ZCP  K100  K120  C30  M3 ]

     M3
  ───┤├─── 当C30当前值<K100时，M3为ON
     M4
  ───┤├─── 当K100≤C30当前值≤K120时，M4为ON
     M5
  ───┤├─── 当C30当前值>K120时，M5为ON
```

ZCP 指令有三个源操作数和一个目标操作数，前两个源操作数用于将数据分为三个区间，再将第三个源操作数在这三个区间进行比较，根据比较结果来驱动目标操作数指定的三个连号位元件，若 C30＜K100，M3 置 1，M3 常开触点闭合，若 K100≤C30≤K120，M4 置 1，M4 常开触点闭合，若 C30＞K120，M5 置 1，M5 常开触点闭合。

使用区间比较指令时，要求第一源操作数 S1 小于第二源操作数 S2。

图 6-14 区间比较指令的使用

3. 传送指令

（1）指令格式

传送指令格式如下：

指令名称 与功能号	指令符号	指令形式与功能说明	操　作　数	
			S（16/32 位）	D（16/32 位）
传送指令 （FNC12）	（D） MOV （P）	⊢―――[MOV │ S │ D] 将 S 值传送给 D	K、H KnX、KnY、KnS、KnM T、C、D、V、Z、变址修饰 R（仅 FX3G/3U）	KnY、KnS、KnM T、C、D、V、Z 变址修饰

（2）使用举例

传送指令的使用举例如图 6-15 所示。

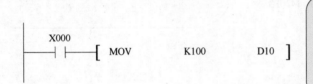

> 当常开触点X000闭合时，MOV指令执行，将K100（10进制数100）送入数据寄存器D10中，由于PLC寄存器只能存储二进制数，因此将梯形图写入PLC前，编程软件会自动将10进制数转换成二进制数。

图 6-15　传送指令的使用

4. 取反传送指令

（1）指令格式

取反传送指令格式如下：

指令名称 与功能号	指令符号	指令形式与功能说明	操　作　数
			S（16/32 位）、D（16/32 位）
取反传送 （FNC14）	（D） CML （P）	⊢―[CML │ S │ D] 将 S 的各位数取反再传送给 D	（S 可用 K、H 和 KnX，D 不可用） KnY、KnS、KnM、T、C、D、V、Z、R （仅 FX3G/3U）、变址修饰

（2）使用举例

取反传送指令的使用举例如图 6-16a 所示，当常开触点 X000 闭合时，CML 指令执行，将数据寄存器 D0 中的低 4 位数据取反，再将取反的低 4 位数据按低位到高位分别送入 4 个输出继电器 Y000 ~ Y003 中，数据传送如图 6-16b 所示。

5. 成批传送指令

（1）指令格式

成批传送指令格式如下：

指令名称 与功能号	指令符号	指令形式与功能说明	操　作　数	
			S（16 位）、D（16 位）	n（≤512）
成批传送 （FNC15）	BMOV （P）	⊢――[BMOV │ S │ D │ n] 将 S 为起始的 n 个连号元件的值传 送给 D 为起始的 n 个连号元件	（S 可用 KnX，D 不可用） KnY、KnS、KnM、T、C、D、 R（仅 FX3G/3U）、变址修饰	K、H、D

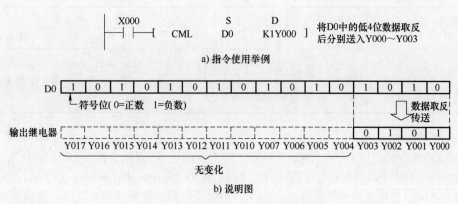

b) 说明图

图 6-16 取反传送指令的使用

（2）使用举例

成批传送指令的使用举例如图 6-17 所示。当常开触点 X000 闭合时，BMOV 指令执行，将源操作元件 D5 开头的 n（n=3）个连号元件中的数据批量传送到目标操作元件 D10 开头的 n 个连号元件中，即将 D5、D6、D7 三个数据寄存器中的数据分别同时传送到 D10、D11、D12 中。

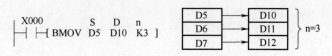

图 6-17 成批传送指令的使用

6. 多点传送指令

（1）指令格式

多点传送指令格式如下：

指令名称 与功能号	指令符号	指令形式与功能说明	操 作 数	
			S、D（16/32 位）	n（16 位）
多点传送 （FNC16）	（D） FMOV （P）	FMOV S D n 将 S 值同时传送给 D 为起始的 n 个元件	KnY、KnS、KnM、T、C、D、R（仅 FX3G/3U）、变址修饰 （S 可用 K、H、KnX、V、Z，D 不可用）	K、H

（2）使用举例

多点传送指令的使用举例如图 6-18 所示。当常开触点 X000 闭合时，FMOV 指令执行，将源操作数 0（K0）同时送入以 D0 开头的 10（n=K10）个连号数据寄存器（D0～D9）中。

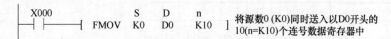

图 6-18 多点传送指令的使用

7. 数据交换指令

（1）指令格式

数据交换指令格式如下：

指令名称与功能号	指令符号	指令形式	操 作 数
			D1（16/32 位）、D2（16/32 位）
数据交换 （FNC17）	（D） XCH （P）	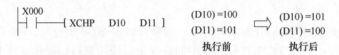 将 D1 和 D2 的数据相互交换	KnY、KnS、KnM T、C、D、V、Z、R（仅 FX3G/3U）、变址修饰

（2）使用举例

数据交换指令的使用举例如图 6-19 所示。当常开触点 X000 闭合时，XCHP 指令执行，将目标操作数 D10、D11 中的数据相互交换，若指令执行前 D10 = 100、D11 = 101，指令执行后，D10 = 101、D11 = 100。如果使用连续执行指令 XCH，则每个扫描周期数据都要交换，很难预知执行结果，所以一般采用脉冲执行指令 XCHP 进行数据交换。

X000 ─┤├─ [XCHP　D10　D11]　　(D10)=100　⟹　(D10)=101
　　　　　　　　　　　　　　　　　　(D11)=101　　　 (D11)=100
　　　　　　　　　　　　　　　　　　　执行前　　　　　执行后

图 6-19　数据交换指令的使用

8. BCD 转换（BIN→BCD）指令

（1）指令格式

BCD 转换指令格式如下：

指令名称与功能号	指令符号	指令形式与功能说明	操 作 数
			S（16/32 位）、D（16/32 位）
BCD 转换 （FNC18）	（D） BCD （P）	─┤├─ [BCD　S　D] 将 S 中的二进制数（BIN 数）转换成 BCD 数，再传送给 D	KnX（S 可用，D 不可用） KnY、KnS、KnM、T、C、D、V、Z、R （仅 FX3G/3U）、变址修饰

（2）使用举例

BCD 转换指令的使用举例如图 6-20 所示。

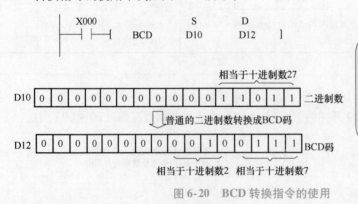

> 当常开触点X000闭合时，BCD指令执行，将源操作元件D10中的二进制数转换成BCD数，再存入目标操作元件D12中。三菱FX系列PLC内部在四则运算和增量、减量运算时，都是以二进制方式进行的。

图 6-20　BCD 转换指令的使用

9. BIN 转换（BCD→BIN）指令

（1）指令格式

BIN（二进制数）转换指令格式如下：

指令名称 与功能号	指令符号	指令形式与功能说明	操 作 数 S（16/32 位）、D（16/32 位）	
BIN 转换 （FNC19）	(D) BIN (P)	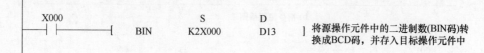 将 S 中的 BCD 数转换成 BIN 数，再传送给 D	KnX（S 可用，D 不可用） KnY、KnS、KnM、T、C、D、V、Z、R （仅 FX3G/3U）、变址修饰	

（2）使用举例

BIN 转换指令的使用举例如图 6-21 所示。当常开触点 X000 闭合时，BIN 指令执行，将源操作元件 X000～X007 构成的两组 BCD 数转换成二进制数（BIN 码），再存入目标操作元件 D13 中。若 BIN 指令的源操作数不是 BCD 数，则会发生运算错误，如 X007～X000 的数据为 10110100，该数据的前 4 位 1011 转换成十进制数为 11，它不是 BCD 数，因为单组 BCD 数不能大于 9，单组 BCD 数只能在 0000～1001 范围内。

```
 X000                    S           D
──┤├──────────[ BIN   K2X000      D13 ]   将源操作元件中的二进制数(BIN码)转
                                          换成BCD码，并存入目标操作元件中
```

图 6-21 BIN 转换指令的使用

6.2.3 四则运算与逻辑运算类指令

1. BIN（二进制）加法运算指令

（1）指令格式

BIN 加法运算指令格式如下：

指令名称 与功能号	指令符号	指令形式与功能说明	操 作 数 S1、S2、D（三者均为 16/32 位）		
BIN 加法运算 （FNC20）	(D) ADD (P)	──┤├──[ADD S1 S2 D] S1＋S2→D	（S1、S2 可用 K、H、KnX，D 不可用） KnY、KnS、KnM、T、C、D、V、Z、R （仅 FX3G/3U）、变址修饰		

（2）使用举例

BIN 加指令的使用举例如图 6-22 所示。在进行加法运算时，若运算结果为 0，0 标志继电器 M8020 会动作，若运算结果超出 – 32768～+32767（16 位数相加）或 – 2147483648～+ 2147483647（32 位数相加）范围，借位标志继电器 M8022 会动作。

2. BIN（二进制数）减法运算指令

（1）指令格式

BIN 减法运算指令格式如下：

指令名称 与功能号	指令符号	指令形式与功能说明	操 作 数 S1、S2、D（三者均为 16/32 位）		
BIN 减法运算 （FNC21）	(D) SUB (P)	──┤├──[SUB S1 S2 D] S1-S2→D	（S1、S2 可用 K、H、KnX，D 不可用） KnY、KnS、KnM、T、C、D、V、Z、R （仅 FX3G/3U）、变址修饰		

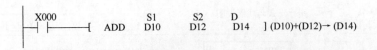

X000 ──┤├── [ADD D10 D12 D14] (D10)+(D12)→(D14)

> 当常开触点X000闭合时，ADD指令执行，将两个源操作元件D10和D12中的数据进行相加，结果存入目标操作元件D14中。源操作数可正可负，它们是以代数形式进行相加，如5+(−7)=−2。

a) 指令使用举例一

X000 ──┤├── [DADD D10 D12 D14] (D11、D10)+(D13、D12)→(D15、D14)

> 当常开触点X000闭合时，DADD指令执行，将源操作元件D11、D10和D13、D12分别组成32位数据再进行相加，结果存入目标操作元件D15、D14中。当进行32位数据运算时，要求每个操作数是两个连号的数据寄存器，为了确保不重复，指定的元件最好为偶数编号。

b) 指令使用举例二

X001 ──┤├── [ADDP D0 K1 D0] (D0)+1→(D0)

> 当常开触点X001闭合时，ADDP指令执行，将D0中的数据加1，结果仍存入D0中。当一个源操作数和一个目标操作数为同一元件时，最好采用脉冲执行型加指令ADDP，因为若是连续型加指令，每个扫描周期指令都要执行一次，所得结果很难确定。

c) 指令使用举例三

图 6-22　BIN 加指令的使用

（2）使用举例

BIN 减法指令的使用举例如图 6-23 所示。在进行减法运算时，若运算结果为 0，0 标志继电器 M8020 会动作，若运算结果超出 − 32768 ~ + 32767（16 位数相减）或 − 2147483648 ~ +2147483647（32 位数相减）范围，借位标志继电器 M8022 会动作。

3. BIN 加 1 运算指令

（1）指令格式

BIN 加 1 运算指令格式如下：

指令名称 与功能号	指令符号	指令形式与功能说明	操 作 数 D（16/32 位）
BIN 加 1 （FNC24）	(D) INC (P)	──┤├──[INC D] INC 指令每执行一次，D 值增 1 一次	KnY、KnS、KnM、T、C、D、V、Z、R （仅 FX3G/3U）、变址修饰

（2）使用举例

BIN 加 1 指令的使用举例如图 6-24 所示。当常开触点 X000 闭合时，INCP 指令执行，数据寄存器 D12 中的数据自动加 1。若采用连续执行型指令 INC，则每个扫描周期数据都要增加 1，在

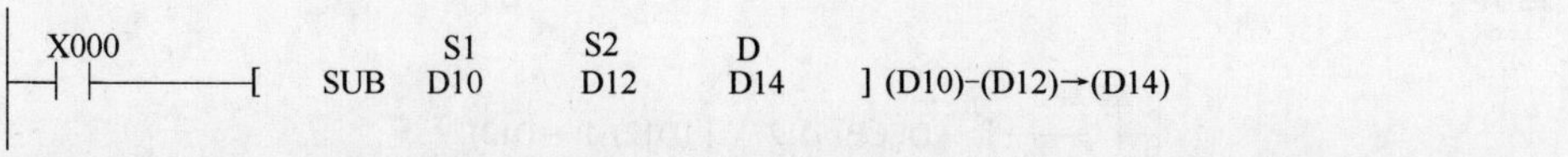

X000 ── [SUB　S1　S2　D
　　　　　　　D10　D12　D14] (D10)-(D12)→(D14)

　　当常开触点X000闭合时，SUB指令执行，将D10和D12中的数据进行相减，结果存入目标操作元件D14中。源操作数可正可负，它们是以代数形式进行相减，如5-(-7)=12。

a) 指令使用举例一

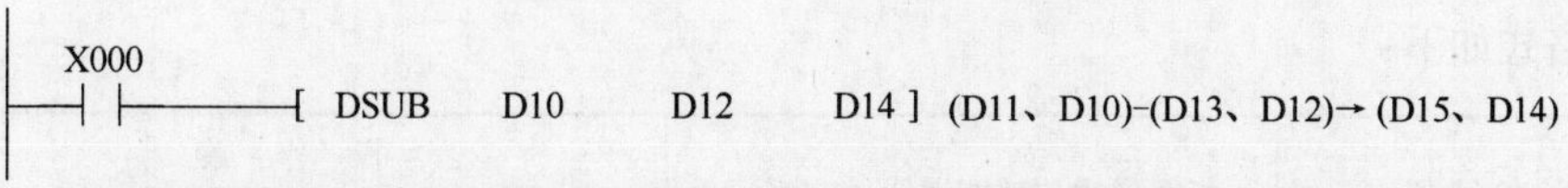

X000 ── [DSUB　D10　D12　D14] (D11、D10)-(D13、D12)→(D15、D14)

　　当常开触点X000闭合时，DSUB指令执行，将源操作元件D11、D10和D13、D12分别组成32位数据再进行相减，结果存入目标操作元件D15、D14中。当进行32位数据运算时，要求每个操作数是两个连号的数据寄存器，为了确保不重复，指定的元件最好为偶数编号。

b) 指令使用举例二

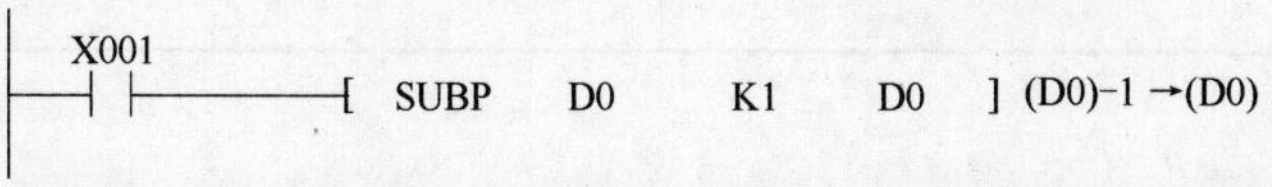

X001 ── [SUBP　D0　K1　D0] (D0)-1→(D0)

　　当常开触点X001闭合时，SUBP指令执行，将D0中的数据减1，结果仍存入D0中。当一个源操作数和一个目标操作数为同一元件时，最好采用脉冲执行型减指令SUBP，若是连续型减指令，每个扫描周期指令都要执行一次，所得结果很难确定。

c) 指令使用举例三

图 6-23　BIN 减法指令的使用

X000 闭合时可能会经过多个扫描周期，因此增加结果很难确定，故常采用脉冲执行型指令进行加 1 运算。

X000 ── [INCP　D12] (D12)+1→(D12)

图 6-24　BIN 加 1 指令的使用

4. BIN 减 1 运算指令

（1）指令格式

BIN 减 1 运算指令格式如下：

指令名称与功能号	指令符号	指令形式与功能说明	操作　数
			D（16/32 位）
BIN 减 1（FNC25）	(D)DEC(P)	── [DEC　D]　DEC 指令每执行一次，D 值减 1 一次	KnY、KnS、KnM、T、C、D、V、Z、R（仅 FX3G/3U）、变址修饰

（2）使用举例

BIN 减 1 指令的使用举例如图 6-25 所示。当常开触点 X000 闭合时，DECP 指令执行，数据寄存器 D12 中的数据自动减 1。为保证 X000 每闭合一次数据减 1 一次，常采用脉冲执行型指令进行减 1 运算。

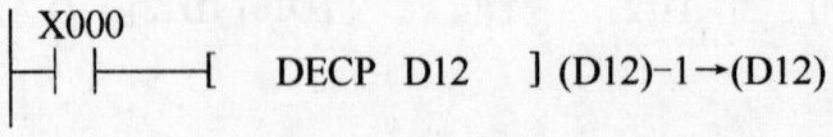

```
    X000
 ─┤ ├───[  DECP  D12    ]（D12）-1→（D12）
```

图 6-25　BIN 减 1 指令的使用

5. 逻辑与指令

（1）指令格式

逻辑与指令格式如下：

指令名称 与功能号	指令符号	指令形式与功能说明	操作数 S1、S2、D（均为 16/32 位）
逻辑与 （FNC26）	(D) WAND (P)	─┤ ├─[WAND | S1 | S2 | D]─ 将 S1 和 S2 的数据逐位进行与运算，结果存入 D	（S1、S2 可用 K、H、KnX，D 不可用） KnY、KnS、KnM、T、C、D、V、Z、R （仅 FX3G/3U）、变址修饰

（2）使用举例

逻辑与指令的使用举例如图 6-26 所示。当常开触点 X000 闭合时，WAND 指令执行，将 D10 与 D12 中的数据逐位进行与运算，结果保存在 D14 中。

与运算规律是"有 0 得 0，全 1 得 1"，具体为 $0 \cdot 0 = 0$，$0 \cdot 1 = 0$，$1 \cdot 0 = 0$，$1 \cdot 1 = 1$。

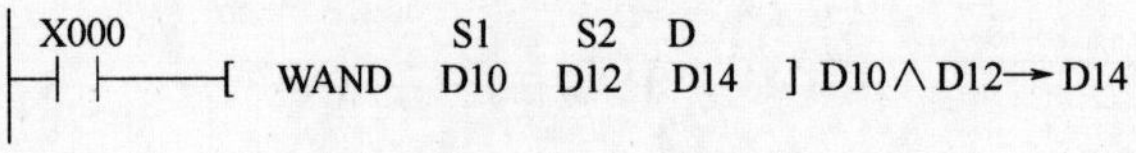

```
    X000             S1    S2   D
 ─┤ ├───[ WAND  D10   D12   D14  ] D10∧D12→D14
```

图 6-26　逻辑与指令的使用

6. 逻辑或指令

（1）指令格式

逻辑或指令格式如下：

指令名称 与功能号	指令符号	指令形式与功能说明	操作数 S1、S2、D（均为 16/32 位）
逻辑或 （FNC27）	(D) WOR (P)	─┤ ├─[WOR | S1 | S2 | D]─ 将 S1 和 S2 的数据逐位进行或运算，结果存入 D	（S1、S2 可用 K、H、KnX，D 不可用） KnY、KnS、KnM、T、C、D、V、Z、R （仅 FX3G/3U）、变址修饰

（2）使用举例

逻辑或指令的使用举例如图 6-27 所示。当常开触点 X000 闭合时，WOR 指令执行，将 D10 与 D12 中的数据逐位进行或运算，结果保存在 D14 中。

```
    X000       S1    S2    D
 ─┤ ├───[ WOR  D10   D12   D14  ] D10∨D12→D14
```

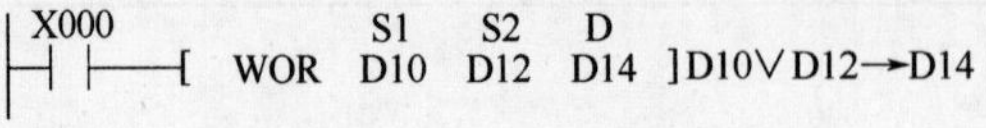

图 6-27　逻辑或指令的使用

或运算规律是"有 1 得 1，全 0 得 0"，具体为 0 + 0 = 0，0 + 1 = 1，1 + 0 = 1，1 + 1 = 1。

6.2.4 循环与移位类指令

1. 循环右移（环形右移）指令

（1）指令格式

循环右移指令格式如下：

指令名称 与功能号	指令符号	指令形式与功能说明	操 作 数	
			D（16/32 位）	n（16/32 位）
循环右移 （FNC30）	(D) ROR (P)	┤├───[ROR | D | n] 将 D 的数据环形右移 n 位	KnY、KnS、KnM、T、C、 D、V、Z、R、变址修饰	K、H、D、R n≤16（16 位） n≤32（32 位）

（2）使用举例

循环右移指令的使用举例如图 6-28 所示。

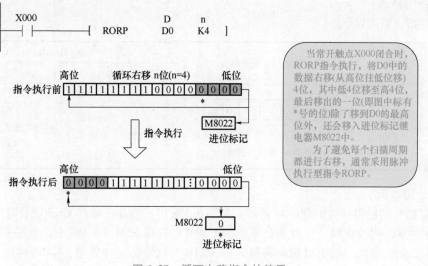

图 6-28 循环右移指令的使用

2. 循环左移（环形左移）指令

（1）指令格式

循环左移指令格式如下：

指令名称 与功能号	指令符号	指令形式与功能说明	操 作 数	
			D（16/32 位）	n（16/32 位）
循环左移 （FNC31）	(D) ROL (P)	┤├───[ROL | D | n] 将 D 的数据环形左移 n 位	KnY、KnS、KnM、T、C、 D、V、Z、R、变址修饰	K、H、D、R n≤16（16 位） n≤32（32 位）

（2）使用举例

循环左移指令的使用举例如图6-29所示。

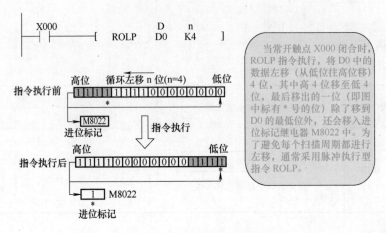

图 6-29　循环左移指令的使用

3. 位右移指令

（1）指令格式

位右移指令格式如下：

指令名称 与功能号	指令符号	指令形式与功能说明	操 作 数	
			S（位型）、D（位）	n1（16位）、n2（16位）
位右移 （FNC34）	SFTR （P）	SFTR　S　D　n1　n2 将 S 为起始的 n2 个位元件值右移到 D 为起始元件的 n1 个位元件中	Y、M、S、变址修饰 S 还支持 X、D□.b	K、H n2 还支持 D、R n2≤n1≤1024

（2）使用举例

位右移指令的使用举例如图6-30所示。在图6-30a中，当常开触点 X010 闭合时，SFTRP 指令执行，将 X003～X000 四个元件的位状态（1 或 0）右移入 M15～M0 中，如图6-30b所示。X000 为源起始位元件，M0 为目标起始位元件，K16 为目标位元件数量，K4 为移位量。SFTRP 指令执行后，M3～M0 移出丢失，M15～M4 移到原 M11～M0，X003～X000 则移入原 M15～M12。

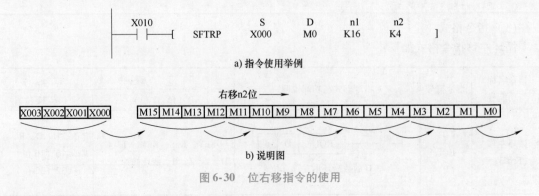

a) 指令使用举例

b) 说明图

图 6-30　位右移指令的使用

为了避免每个扫描周期都移动，通常采用脉冲执行型指令 SFTRP。

4. 位左移指令

（1）指令格式

位左移指令格式如下：

指令名称 与功能号	指令符号	指令形式与功能说明	操 作 数	
			S（位型）、D（位）	n1（16 位）、n2（16 位）
位左移 （FNC35）	SFTL （P）	┤├─[SFTL │ S │ D │ n1 │ n2] 将 S 为起始的 n2 个位元件的值左移 到 D 为起始元件的 n1 个位元件中	Y、M、S、变址修饰 S 还支持 X、D□. b	K、H n2 还支持 D、R n2 ≤ n1 ≤ 1024

（2）使用举例

位左移指令的使用举例如图 6-31 所示。在图 6-31a 中，当常开触点 X010 闭合时，SFTLP 指令执行，将 X003 ~ X000 四个元件的位状态（1 或 0）左移入 M15 ~ M0 中，如图 6-31b 所示。X000 为源起始位元件，M0 为目标起始位元件，K16 为目标位元件数量，K4 为移位量。SFTLP 指令执行后，M15 ~ M12 移出丢失，M11 ~ M0 移到原 M15 ~ M4，X003 ~ X000 则移入原 M3 ~ M0。

为了避免每个扫描周期都移动，通常采用脉冲执行型指令 SFTLP。

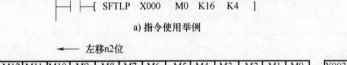

a）指令使用举例

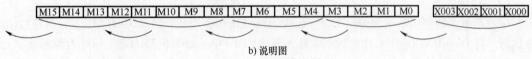

b）说明图

图 6-31 位左移指令的使用

5. 字右移指令

（1）指令格式

字右移指令格式如下：

指令名称 与功能号	指令符号	指令形式与功能说明	操 作 数	
			S（16 位）、D（16 位）	n1（16 位）、n2（16 位）
字右移 （FNC36）	WSFR （P）	┤├─[WSFR │ S │ D │ n1 │ n2] 将 S 为起始的 n2 个字元件的值右移 到 D 为起始元件的 n1 个字元件中	KnY、KnS、KnM T、C、D、R、变址修饰 S 还支持 KnX	K、H n2 还支持 D、R n2 ≤ n1 ≤ 1024

（2）使用举例

字右移指令的使用举例如图 6-32 所示。在图 6-32a 中，当常开触点 X000 闭合时，WSFRP 指令执行，将 D3 ~ D0 四个字元件的数据右移入 D25 ~ D10 中，如图 6-32b 所示。D0 为源起始字元件，D10 为目标起始字元件，K16 为目标字元件数量，K4 为移位量。WSFRP 指令执行后，D13 ~ D10 的数据移出丢失，D25 ~ D14 的数据移入原 D21 ~ D10，D3 ~ D0 则移入原 D25 ~ D22。

为了避免每个扫描周期都移动，通常采用脉冲执行型指令 WSFRP。

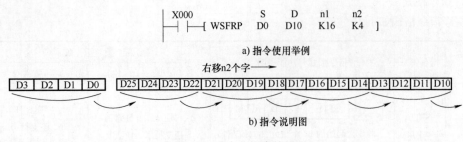

a) 指令使用举例

b) 指令说明图

图 6-32　字右移指令的使用

6. 字左移指令

（1）指令格式

字左移指令格式如下：

指令名称 与功能号	指令 符号	指令形式与功能说明	操　作　数	
			S（16 位）、D（16 位）	n1（16 位）、n2（16 位）
字左移 （FNC37）	WSFL （P）	WSFL S D n1 n2 将 S 为起始的 n2 个字元件的值左移 到 D 为起始元件的 n1 个字元件中	KnY、KnS、KnM T、C、D、R、变址修饰 S 还支持 KnX	K、H n2 还支持 D、R n2≤n1≤1024

（2）使用举例

字左移指令的使用举例如图 6-33 所示。在图 6-33a 中，当常开触点 X000 闭合时，WSFLP 指令执行，将 D3～D0 四个字元件的数据左移入 D25～D10 中，如图 6-33b 所示。D0 为源起始字元件，D10 为目标起始字元件，K16 为目标字元件数量，K4 为移位量。WSFLP 指令执行后，D25～D22 的数据移出丢失，D21～D10 的数据移入原 D25～D14，D3～D0 则移入原 D13～D10。

为了避免每个扫描周期都移动，通常采用脉冲执行型指令 WSFLP。

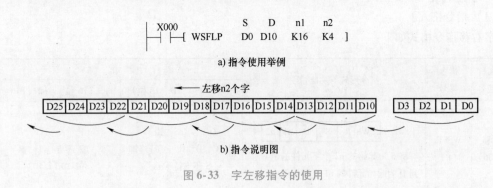

a) 指令使用举例

b) 指令说明图

图 6-33　字左移指令的使用

6.2.5　数据处理类指令

1. 成批复位指令

（1）指令格式

成批复位指令格式如下：

指令名称 与功能号	指令符号	指令形式与功能说明	操 作 数 D1（16位）、D2（16位）
成批复位 （FNC40）	ZRST （P）	┤├──[ZRST | D1 | D2]── 将 D1~D2 所有的元件复位	Y、M、S、T、C、D、R、变址修饰 （D1≤D2，且为同一类型元件）

（2）使用举例

成批复位指令的使用举例如图 6-34 所示。

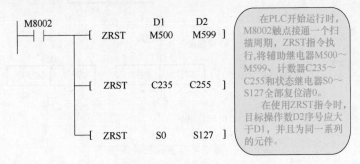

图 6-34　成批复位指令的使用

2. 平均值指令

（1）指令格式

平均值指令格式如下：

指令名称 与功能号	指令符号	指令形式与功能说明	操 作 数		
			S（16/32 位）	D（16/32 位）	n（16/32 位）
平均值 （FNC45）	(D) MEAN (P)	┤├──[MEAN | S | D | n]── 计算 S 为起始的 n 个元件的数据平均值，再将平均值存入 D	KnX、KnY、KnM、KnS、T、C、D、R、变址修饰	KnY、KnM、KnS、T、C、D、R、V、Z、变址修饰	K、H、D、R n = 1~64

（2）使用举例

平均值指令的使用举例如图 6-35 所示。当常开触点 X000 闭合时，MEAN 指令执行，计算 D0~D2 中数据的平均值，平均值

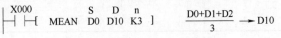

图 6-35　平均值指令的使用

存入目标元件 D10 中。D0 为源起始元件，D10 为目标元件，n = 3 为源元件的个数。

3. 高低字节互换指令

（1）指令格式

高低字节互换指令格式如下：

指令名称 与功能号	指令符号	功 能 号	操 作 数 S
高低字节互换 （FNC147）	(D) SWAP (P)	┤├──[SWAP | S]── 将 S 的高 8 位与低 8 位互换	KnY、KnM、KnS、 T、C、D、R、V、Z、变址修饰

（2）使用举例

高低字节互换指令的使用举例如图 6-36 所示。图 6-36a 中的 SWAPP 为 16 位指令，当常开触点 X000 闭合时，SWAPP 指令执行，D10 中的高 8 位和低 8 位数据互换；图 6-36b 中的 DSWAPP 为 32 位指令，当常开触点 X001 闭合时，DSWAPP 指令执行，D10 中的高 8 位和低 8 位数据互换，D11 中的高 8 位和低 8 位数据也互换。

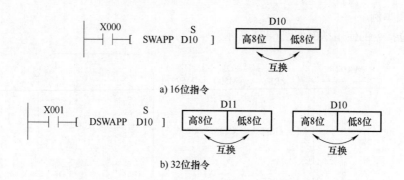

图 6-36　高低字节互换指令的使用

6.2.6　高速处理类指令

1. 输入输出刷新指令

（1）指令格式

输入输出刷新指令格式如下：

指令名称 与功能号	指令符号	指令形式与功能说明	操 作 数	
			D（位型）	N（16 位）
输入输出刷新 （FNC50）	REF （P）	REF D n 将 D 为起始的 n 个元件的状态立即输入或输出	X、Y	K、H

（2）使用举例

在 PLC 运行程序时，若通过输入端子输入信号，PLC 通常不会马上处理输入信号，要等到下一个扫描周期才处理输入信号，这样从输入到处理有一段时间差。另外，PLC 在运行程序产生输出信号时，也不是马上从输出端子输出，而是等程序运行到 END 时，才将输出信号从输出端子输出，这样从产生输出信号到信号从输出端子输出也有一段时间差。如果希望 PLC 在运行时能即刻接收输入信号或即刻输出信号，可采用输入/输出刷新指令。

输入输出刷新指令的使用举例如图 6-37 所示。REF 指令指定的首元件编号应为 X000、X010、X020…，Y000、Y010、Y020…，刷新的点数 n 就应是 8 的整数（如 8、16、24 等）。

2. 脉冲输出指令

（1）指令格式

脉冲输出指令格式如下：

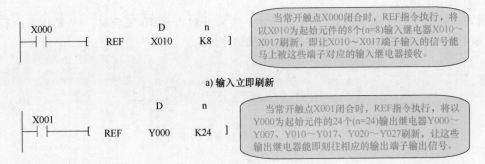

a) 输入立即刷新

b) 输出立即刷新

图 6-37　输入输出刷新指令的使用

指令名称 与功能号	指令符号	指令形式与功能说明	操 作 数	
			S1、S2（均为 16/32 位）	D（位型）
脉冲输出 （FNC57）	(D) PLSY	PLSY S1 S2 D 让 D 端输出频率为 S1、占空比为 50% 的 脉冲信号，脉冲个数由 S2 指定	K、H、KnX、KnY、 KnM、KnS、T、C、D、 R、V、Z、变址修饰	Y0 或 Y1 （晶体管输出型 基本单元）

（2）使用举例

脉冲输出指令的使用举例如图 6-38 所示。当常开触点 X010 闭合时，PLSY 指令执行，让 Y000 端子输出占空比为 50% 的 1000Hz 脉冲信号，产生脉冲个数由 D0 指定。

脉冲输出指令使用要点如下：

1）[S1] 为输出脉冲的频率，对于 FX2N 系列 PLC，频率范围为 10～20kHz；[S2] 为要求输出脉冲的个数，对于 16 位操作元件，可指定的个数为 1～32767，对于 32 位操作元件，可指定的个数为 1～2147483647，如指定个数为 0，则持续输出

```
      X010              S1   S2   D
  ─┤ ├─────[PLSY  K1000  D0  Y000 ]
```

图 6-38　脉冲输出指令的使用

脉冲；[D] 为脉冲输出端子，要求为输出端子为晶体管输出型，只能选择 Y000 或 Y001。

2）脉冲输出结束后，完成标记继电器 M8029 置 1，输出脉冲总数保存在 D8037（高位）和 D8036（低位）。

3）若选择产生连续脉冲，在 X010 断开后 Y000 停止脉冲输出，X010 再闭合时重新开始。

4）[S1] 中的内容在该指令执行过程中可以改变，[S2] 在指令执行时不能改变。

3. 脉冲调制指令

（1）指令格式

脉冲调制指令格式如下：

指令名称 与功能号	指令符号	指令形式与功能说明	操 作 数	
			S1、S2（均为 16 位）	D（位型）
脉冲调制 （FNC58）	PWM	PWM S1 S2 D 让 D 端输出脉冲宽度为 S1、周期为 S2 的脉冲信号。S1、S2 单位均为 ms	K、H、KnX、KnY、KnM、 KnS、T、C、D、R、V、Z、 变址修饰	Y0 或 Y1 （晶体管输出 型基本单元）

（2）使用举例

脉冲调制指令的使用举例如图 6-39 所示。当常开触点 X010 闭合时，PWM 指令执行，让 Y000 端子输出脉冲宽度为 D10、周期为 50ms 的脉冲信号。

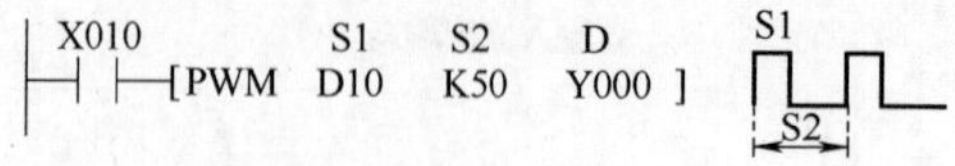

图 6-39　脉冲调制指令的使用

脉冲调制指令使用要点如下：

1）［S1］为输出脉冲的宽度 t，t = 0 ~ 32767ms；［S2］为输出脉冲的周期 T，T = 1 ~ 32767ms，要求［S2］>［S1］，否则会出错；［D］为脉冲输出端子，只能选择 Y000 或 Y001。

2）当 X010 断开后，Y000 端子停止脉冲输出。

6.2.7　外部 I/O 设备类指令

1. 数字键输入指令

（1）指令格式

数字键输入指令格式如下：

指令名称 与功能号	指令 符号	指令形式与功能说明	操　作　数		
			S（位型）	D1（16/32 位）	D2（位型）
数字键输入 （FNC70）	（D） TKY	将 S 为起始的 10 个连号元件的值送入 D1，同时将 D2 为起始的 10 个连号元件中相应元件置位（也称置 ON 或置 1）	X、Y、M、S、D□.b、变址修饰（10 个连号元件）	KnY、KnM、KnS、T、C、D、R、V、Z、变址修饰	Y、M、S、D□.b、变址修饰（11 个连号元件）

（2）使用举例

数字键输入（TKY）指令的使用举例如图 6-40 所示。当 X030 触点闭合时，TKY 指令执行，将 X000 为起始的 X000 ~ X011 十个端子输入的数据送入 D0 中，同时将 M10 为起始的 M10 ~ M19 中相应的位元件置位。

使用 TKY 指令时，可在 PLC 的 X000 ~ X011 十个端子外接代表 0 ~ 9 的 10 个按键，当常开触点 X030 闭合时，TKY 指令执行，如果依次操作 X002、X001、X003、X000，就往 D0 中输入数据 2130，同时与按键对应的位元件 M12、M11、M13、M10 也依次被置 ON，当某一按键松开后，相应的位元件还会维持 ON，直到下一个按键被按下才变为 OFF。该指令还会自动用到 M20，当依次操作按键时，M20 会依次被置 ON，ON 的保持时间与按键的按下时间相同。

数字键输入指令的使用要点如下：

1）若多个按键都按下，先按下的键有效。

2）当常开触点 X030 断开时，M10 ~ M20 都变为 OFF，但 D0 中的数据不变。

3）在 16 位操作时，输入数据范围是 0 ~ 9999，当输入数据超过 4 位，最高位数（千位数）会溢出，低位补入；在做 32 位操作时，输入数据范围是 0 ~ 99999999。

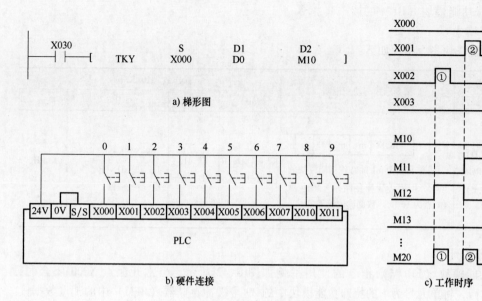

图 6-40 数字键输入指令使用

2. ASCII 数据输入（ASCII 码转换）指令

（1）指令格式

ASCII 数据输入指令格式如下：

指令名称 与功能号	指令符号	指令形式与功能说明	操 作 数	
			S（字符串型）	D（16 位）
ASCII 数据输入 （FNC76）	ASC	ASC S D 将 S 字符转换成 ASCII 码，存入 D	不超过 8 个字母或 数字	T、C、D、R、 变址修饰

（2）使用举例

ASCII 数据输入（ASC）指令的使用举例如图 6-41 所示。

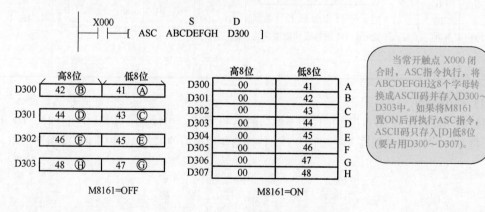

图 6-41 ASCII 数据输入指令的使用

125

3. 读特殊功能模块（BFM 的读出）指令

（1）指令格式

读特殊功能模块指令格式如下：

指令名称 与功能号	指令 符号	指令形式与功能说明	操作数（16/32 位）			
			m1	m2	D	n
读特殊功能 模块 （FNC78）	（D） FROM （P）	┤├─[FROM m1 m2 D n]─ 将单元号为 m1 的特殊功能模块的 m2 号 BMF（缓冲存储器）的 n 点 （1 点为 16 位）数据读出给 D	K、H、D、R m1 = 0 ~ 7	K、H、 D、R	KnY、KnM、KnS、 T、C、D、R、V、 Z、变址修饰	K、H、 D、R

（2）使用举例

读特殊功能模块（FROM）指令的使用举例如图 6-42 所示。当常开触点 X000 闭合时，FROM 指令执行，将单元号为 1 的特殊功能模块中的 29 号缓冲存储器（BFM）中的 1 点数据读入 K4M0（M0 ~ M16）。

```
X000      m1    m2    D     n
─┤├─[ FROM  K1    K29   K4M0   K1 ]
         单元号  BFM#   传送  传送
         传送源  地点   点数
```

图 6-42　FROM 指令的使用

4. 写特殊功能模块（BFM 的写入）指令

（1）指令格式

写特殊功能模块指令格式如下：

指令名称 与功能号	指令 符号	指令形式与功能说明	操作数（16/32 位）			
			m1	m2	D	n
写特殊功能 模块 （FNC79）	（D） TO （P）	┤├─[TO m1 m2 S n]─ 将 S 的 n 点（1 点为 16 位）数据 写入单元号为 m1 的特殊功能模块的 m2 号 BMF	K、H、 D、R m1 = 0 ~ 7	K、H、 D、R	KnY、 KnM、 KnS、T、C、D、 R、V、Z、变 址 修饰	K、H、D、R

（2）使用举例

写特殊功能模块（TO）指令的使用举例如图 6-43 所示。当常开触点 X000 闭合时，TO 指令执行，将 D0 中的 1 点数据写入单元号为 1 的特殊功能模块中的 12 号缓冲存储器（BFM）中。

```
X000      m1    m2    s     n
─┤├─[ TO   K1    K12   D0    K1 ]
```

图 6-43　TO 指令的使用

6.2.8　时钟运算指令

1. 时钟数据比较指令

（1）指令格式

时钟数据比较指令格式如下：

指令名称 与功能号	指令 符号	指令形式与功能说明	操作数		
			S1、S2、S3（均为 16 位）	S（16 位）	D（位型）
时钟数据 比较 （FNC160）	TCMP （P）	┤├─[TCMP │ S1 │ S2 │ S3 │ S │ D]─ 将 S1（时值）、S2（分值）、S3 （秒值）与 S、S + 1、S + 2 值比较， ＞、＝、＜时分别将 D、D + 1、D + 2 置位（置 1）	K、H、KnX、KnY、 KnM、KnS、T、C、D、 R、V、Z、变址修饰	T、C、D、R、 变址修饰 （占用 3 点）	Y、M、S、 D□.b、变址 修饰 （占用 3 点）

（2）使用举例

时钟数据比较（TCMP）指令的使用举例如图 6-44 所示。

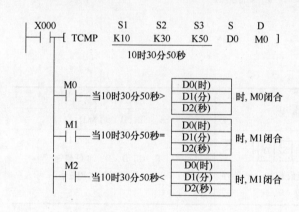

S1 为指定基准时间的小时值（0～23），S2 为指定基准时间的分钟值（0～59），S3 为指定基准时间的秒钟值（0～59），S 指定待比较的时间值，其中 S、S+1、S+2 分别为待比较的小时、分、秒值，[D] 为比较输出元件，其中 D、D+1、D+2 分别为＞、＝、＜时的输出元件。

当常开触点 X000 闭合时，TCMP 指令执行，将时间值 "10 时 30 分 50 秒" 与 D0、D1、D2 中存储的小时、分、秒值进行比较，根据比较结果驱动 M0～M2，具体如下：

若 "10 时 30 分 50 秒" 大于 "D0、D1、D2 存储的小时、分、秒值"，M0 被驱动，M0 常开触点闭合。

若 "10 时 30 分 50 秒" 等于 "D0、D1、D2 存储的小时、分、秒值"，M1 驱动，M1 开触点闭合。

若 "10 时 30 分 50 秒" 小于 "D0、D1、D2 存储的小时、分、秒值"，M2 驱动，M2 开触点闭合。

当常开触点 X000 = OFF 时，TCMP 指令停止执行，但 M0～M2 仍保持 X000 为 OFF 前时的状态。

图 6-44　TCMP 指令的使用

2. 时钟数据区间比较指令

（1）指令格式

时钟数据区间比较指令格式如下：

指令名称 与功能号	指令符号	指令形式与功能说明	操作数	
			S1、S2、S（均为 16 位）	D（位型）
时钟数据 区间比较 （FNC161）	TZCP （P）	┤├─[TZCP │ S1 │ S2 │ S │ D]─ 将 S1、S2 时间值与 S 时间值比较， S＜S1 时将 D 置位，S1≤S≤S2 时将 D + 1 置位，S＞S2 时将 D + 2 置位	T、C、D、R、变址修饰 （S1≤S2） （S1、S2、S 均占用 3 点）	Y、M、S、D□.b、 变址修饰 （占用 3 点）

（2）使用举例

时钟数据区间比较（TZCP）指令的使用举例如图 6-45 所示。

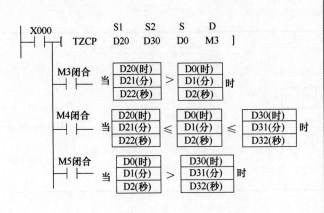

图 6-45　TZCP 指令的使用

3. 时钟数据加法指令

（1）指令格式

时钟数据加法指令格式如下：

指令名称 与功能号	指令符号	指令形式与功能说明	操　作　数
			S1、S2、D（均为 16 位）
时钟数据加法 （FNC162）	TADD （P）	┤├──[TADD │ S1 │ S2 │ D] 将 S1 时间值与 S2 时间值相加，结果存入 D	T、C、D、R、变址修饰 （S1、S2、D 均占用 3 点）

（2）使用举例

时钟数据加法（TADD）指令的使用举例如图 6-46 所示。S1 指定第一时间值（小时、分、秒值），S2 指定第二时间值（小时、分、秒值），D 保存［S1］+［S2］的和值，S1、S2、D 都需占用 3 个连号元件。

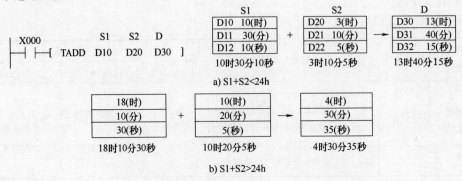

图 6-46　TADD 指令的使用

当常开触点 X000 闭合时，TADD 指令执行，将"D10、D11、D12"中的时间值与"D20、D21、D22"中的时间值相加，结果保存在"D30、D31、D32"中。

如果运算结果超过 24h，进位标志会置 ON，将加法结果减去 24h 再保存在 D 中，如图 6-46b 所示。如果运算结果为 0，零标志会置 ON。

4. 时钟数据减法指令

（1）指令格式

时钟数据减法指令格式如下：

指令名称 与功能号	指令符号	指令形式与功能说明	操 作 数
			S1、S2、D（均为 16 位）
时钟数据减法 （FNC163）	TSUB （P）	TSUB S1 S2 D 将 S1 时间值与 S2 时间值相减，结果存 入 D	T、C、D、R、变址修饰 （S1、S2、D 均占用 3 点）

（2）使用举例

时钟数据减法（TSUB）指令的使用举例如图 6-47 所示。S1 指定第一时间值（小时、分、秒值），S2 指定第二时间值（小时、分、秒值），D 保存 S1-S2 的差值，S1、S2、D 都需占用 3 个连号元件。

当常开触点 X000 闭合时，TSUB 指令执行，将"D10、D11、D12"中的时间值与"D20、D21、D22"中的时间值相减，结果保存在"D30、D31、D32"中。

如果运算结果小于 0h，借位标志会置 ON，将减法结果加 24h 再保存在 D 中，如图 6-47b 所示。

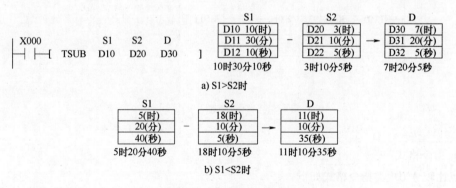

图 6-47　TSUB 指令的使用

6.2.9　触点比较类指令

触点比较类指令有 18 条，分为 LD* 类指令、AND* 类指令和 OR* 类指令。触点比较类各指令的功能号、符号、形式、名称和支持的 PLC 系列如下：

1. 触点比较 LD* 类指令

（1）指令格式

触点比较 LD* 类指令格式如下：

指令符号 （LD*类指令）	功能号	指 令 形 式	指 令 功 能	操 作 数 S1、S2（均为16/32位）
LD（D）=	FNC224	─┤ LD= │ S1 │ S2 ├──○	S1 = S2 时，触点闭合，即指令输出 ON	
LD（D）>	FNC225	─┤ LD> │ S1 │ S2 ├──○	S1 > S2 时，触点闭合，即指令输出 ON	K、H、KnX、KnY、KnM、KnS、T、C、D、R、V、Z、变址修饰
LD（D）<	FNC226	─┤ LD< │ S1 │ S2 ├──○	S1 < S2 时，触点闭合，即指令输出 ON	
LD（D）<>	FNC228	─┤ LD<> │ S1 │ S2 ├──○	S1 ≠ S2 时，触点闭合，即指令输出 ON	
LD（D）≤	FNC229	─┤ LD<= │ S1 │ S2 ├──○	S1 ≤ S2 时，触点闭合，即指令输出 ON	
LD（D）≥	FNC230	─┤ LD>= │ S1 │ S2 ├──○	S1 ≥ S2 时，触点闭合，即指令输出 ON	

（2）使用举例

LD* 类指令是连接左母线的触点比较指令，其功能是将 [S1]、[S2] 两个源操作数进行比较，若结果满足要求则执行驱动。LD* 类指令的使用举例如图 6-48 所示。

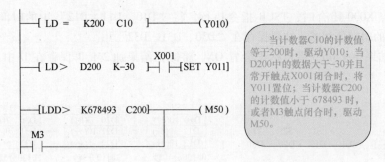

当计数器C10的计数值等于200时，驱动Y010；当D200中的数据大于-30并且常开触点X001闭合时，将Y011置位；当计数器C200的计数值小于 678493 时，或者M3触点闭合时，驱动M50。

图 6-48　LD* 类指令的使用

2. 触点比较 AND* 类指令

（1）指令格式

触点比较 AND* 类指令格式如下：

指令符号 （AND*类指令）	功能号	指 令 形 式	指 令 功 能	操 作 数 S1、S2（均为16/32位）
AND（D）=	FNC232	─┤├─ AND= │ S1 │ S2 ├○	S1 = S2 时，触点闭合，即指令输出 ON	
AND（D）>	FNC233	─┤├─ AND> │ S1 │ S2 ├○	S1 > S2 时，触点闭合，即指令输出 ON	K、H、KnX、KnY、KnM、KnS、T、C、D、R、V、Z、变址修饰
AND（D）<	FNC234	─┤├─ AND< │ S1 │ S2 ├○	S1 < S2 时，触点闭合，即指令输出 ON	

（续）

指令符号 （AND* 类指令）	功能号	指 令 形 式	指 令 功 能	操 作 数 S1、S2（均为 16/32 位）
AND (D) < >	FNC236	⊢ ⊢[AND<> | S1 | S2]○⊣	S1 ≠ S2 时，触点闭合，即指令输出 ON	
AND (D) ≤	FNC237	⊢ ⊢[AND<= | S1 | S2]○⊣	S1 ≤ S2 时，触点闭合，即指令输出 ON	K、H、KnX、KnY、KnM、KnS、T、C、D、R、V、Z、变址修饰
AND (D) ≥	FNC238	⊢ ⊢[AND>= | S1 | S2]○⊣	S1 ≥ S2 时，触点闭合，即指令输出 ON	

（2）使用举例

AND* 类指令是串联型触点比较指令，其功能是将［S1］、［S2］两个源操作数进行比较，若结果满足要求则执行驱动。AND* 类指令的使用举例如图 6-49 所示。

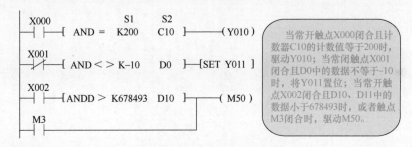

图 6-49　AND* 类指令的使用

3. 触点比较 OR* 类指令

（1）指令格式

触点比较 OR* 类指令格式如下：

指令符号 （AND* 类指令）	功能号	指 令 形 式	指 令 功 能	操 作 数 S1、S2（均为 16/32 位）
OR (D) =	FNC240	⊢ ⊢[AND= | S1 | S2]○	S1 = S2 时，触点闭合，即指令输出 ON	
OR (D) >	FNC241	⊢ ⊢[AND> | S1 | S2]○	S1 > S2 时，触点闭合，即指令输出 ON	
OR (D) <	FNC242	⊢ ⊢[AND< | S1 | S2]○	S1 < S2 时，触点闭合，即指令输出 ON	K、H、KnX、KnY、KnM、KnS、T、C、D、R、V、Z、变址修饰
OR (D) < >	FNC244	⊢ ⊢[AND<> | S1 | S2]○	S1 ≠ S2 时，触点闭合，即指令输出 ON	
OR (D) ≤	FNC245	⊢ ⊢[AND<= | S1 | S2]○	S1 ≤ S2 时，触点闭合，即指令输出 ON	
OR (D) ≥	FNC246	⊢ ⊢[AND>= | S1 | S2]○	S1 ≥ S2 时，触点闭合，即指令输出 ON	

（2）使用举例

OR* 类指令是并联型触点比较指令，其功能是将［S1］、［S2］两个源操作数进行比较，若结果满足要求则执行驱动。OR* 类指令的使用举例如图 6-50 所示。

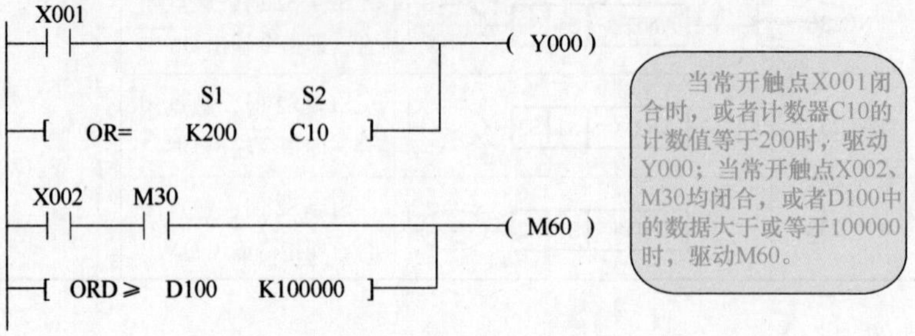

图 6-50　OR* 类指令的使用

第 7 章

PLC 的扩展与模拟量模块的使用

7.1 PLC 的扩展

在使用 PLC 时，基本单元能满足大多数控制要求，如果需要增强 PLC 的控制功能，可以在基本单元基础上进行扩展，比如在基本单元上安装功能扩展板，在基本单元右边连接安装扩展单元（自身带电源电路）、扩展模块和特殊模块，在基本单元左边连接安装特殊适配器等，如图 7-1 所示。

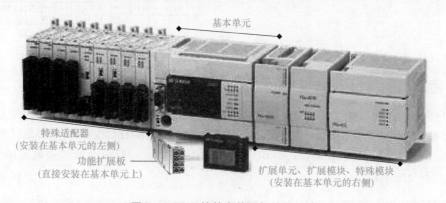

图 7-1 PLC 的基本单元与扩展系统

7.1.1 扩展输入/输出的编号分配

如果基本单元的输入/输出（I/O）端子不够用，可以安装输入/输出型扩展单元（模块），以增加 PLC 输入/输出端子的数量。扩展输入/输出的编号分配举例如图 7-2 所示。

扩展输入/输出的编号分配要点如下：

1）输入/输出（I/O）端子都是按八进制分配编号的，端子编号中的数字只有 0~7，没有 8、9。

2）基本单元右边第一个 I/O 扩展单元的 I/O 编号顺接基本单元的 I/O 编号，之后的 I/O 单元则顺接前面的单元编号。

3）一个 I/O 扩展单元至少要占用 8 个端子编号，无实际端子对应的编号也不能被其他 I/O 单元使用。图 7-2 中的 FX2N-8ER 有 4 个输入端子（分配的编号为 X050 ~ X053）和 4 个输出端子（分配的编号 Y040 ~ Y043），编号 X054 ~ X057 和 Y044 ~ Y057 无实际的端子对应，但仍被该模块占用。

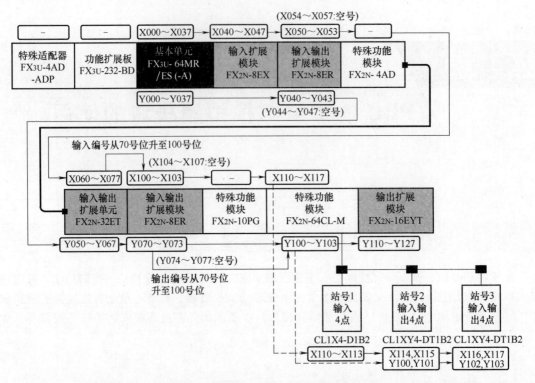

图7-2　扩展输入/输出的编号分配举例

7.1.2　特殊功能单元/模块的单元号分配

在上电时，基本单元会从最近的特殊功能单元/模块开始，依次将单元号0~7分配给各特殊功能单元/模块。输入输出扩展单元/模块、特殊功能模块FX2N-16LNK-M、连接器转换适配器FX2N-CNV-BC、功能扩展板FX3U-232-BD、特殊适配器FX3U-232ADP和扩展电源单元FX3U-1PSU-5V等不分配单元号。

7.2　模拟量输入模块

模拟量输入模块简称AD模块，其功能是将外界输入的模拟量（电压或电流）转换成数字量并存在内部特定的BFM（缓冲存储区）中，PLC可使用FROM指令从AD模块中读取这些BFM中的数字量。三菱FX系列AD模块型号很多，常用的有FX0N-3A、FX2N-2AD、FX2N-4AD、FX2N-8AD、FX3U-4AD、FX3U-4AD-ADP、FX3G-2AD-BD等，本节以FX3U-4AD模块为例来介绍模拟量输入模块。

7.2.1　外形与规格

FX3U-4AD是4通道模拟量输入模块，每个通道都可接收电压输入（DC−10~+10V）或电流输入（DC−20~+20mA或DC4~20mA），接收何种输入由设置来决定。FX3U-4AD可连接FX3GA/FX3G/FX3GE/FX3U系列PLC。若要连接FX3GC或FX3UC，则需要FX2NC-CNV-IF或FX3UC-1PS-5V进行转接。

模拟量输入模块FX3U-4AD的外形与规格如图7-3所示。

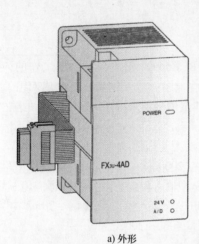

项目	规格	
	电压输入	电流输入
模拟量输入范围	DC −10～+10V （输入电阻200kΩ）	DC −20～+20mA，4～20mA （输入电阻250Ω）
偏置值	−10～+9V	−20～+17mA
增益值	−9～+10V	−17～ +30mA
最大绝对输入	±15V	±30mA
数字量输出	带符号16位　二进制	带符号15位　二进制
分辨率	0.32mV (20V×1/64000) 2.5mV (20V×1/8000)	1.25μA (40mA×1/32000) 5.00μA (40mA×1/8000)
综合精度	• 环境温度25±5℃ 　针对满量程20V(1±0.3%) 　(±60mV) • 环境温度0～55℃ 　针对满量程20V(1±0.5%) 　(±100mV)	• 环境温度25±5℃ 　针对满量程40mA(1±0.5%) 　(±200μA) 　4～20mA输入时也相同 　(±200μA) • 环境温度0～55℃ 　针对满量程40mA(1±1%) 　(±400μA) 　4～20mA输入时也相同 　(±400μA)
A/D转换时间	500μs×使用通道数 (在1个通道以上使用数字滤波器时，5ms ×使用通道数)	
输入输出占用点数	8点(在输入、输出点数中的任意一侧计算点数)	

a) 外形　　　　　　　　　　　　　　　　　　b) 规格

图 7-3　模拟量输入模块 FX₃ᵤ-4AD 的外形与规格

7.2.2　接线端子与接线

FX₃ᵤ-4AD 模块有 4 个模拟量输入通道，可以同时将 4 路模拟量信号转换成数字量，存入模块内部特定的 BFM（缓冲存储区）中，PLC 可使用 FROM 指令读取这些 BFM 中的数字量。FX₃ᵤ-4AD 模块有一条扩展电缆和 18 个接线端子，扩展电缆用于连接 PLC 基本单元或上一个模块，FX₃ᵤ-4AD 模块的接线端子与接线如图 7-4 所示，每个通道内部电路均相同。

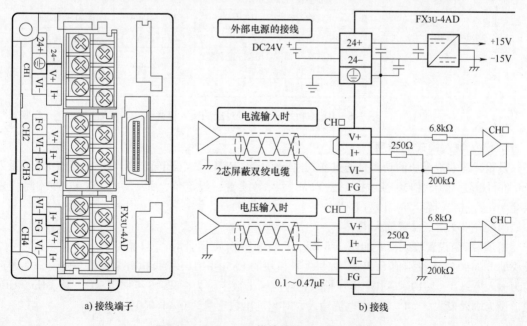

a) 接线端子　　　　　　　　　　　　　　　　　b) 接线

图 7-4　FX₃ᵤ-4AD 模块的接线端子与接线

FX3U-4AD 模块的每个通道均可设为电压型模拟量输入或电流型模拟量输入。当某通道设为电压型模拟量输入时，电压输入线接该通道的 V +、VI − 端子，可接收的电压输入范围为 − 10 ~ + 10V，为增强输入抗干扰性，可在 V +、VI − 端子之间接一个 0.1 ~ 0.47μF 的电容；当某通道设为电流型模拟量输入时，电流输入线接该通道的 I +、VI − 端子，同时将 I +、V + 端子连接起来，可接收 − 20 ~ + 20mA 或 4 ~ 20mA 范围的电流输入。

7.2.3　电压/电流输入模式的设置

1. 输入模式设置

FX3U-4AD 模块是在内部 BFM（缓冲存储区，由 BFM#0 ~ BFM#6999 组成）控制下工作的，其中 BFM#0 用于决定 FX3U-4AD 的输入模式，BFM#0 为 16 位存储器，以 4 位为一组分成四组，每组的设定值为 0 ~ 8、F，不同的值对应不同的输入模式，用四组值分别来设定 CH1 ~ CH4 的输入模式，设定值与对应的输入模式如图 7-5 所示。

比如设置 BFM#0 = H52F0，设置的功能为：①将 CH1 通道设为输入模式 0，即 − 10 ~ + 10V 电压型输入模式，该模式可将 − 10 ~ + 10V 电压转换成数字量 − 32000 ~ + 32000；②不使用 CH2 通道；③将 CH3 通道设为输入模式 2，即 − 10 ~ + 10V 电压直显型输入模式，该模式可将 − 10 ~ + 10V 电压对应转换成数字量 − 10000 ~ + 10000；④将 CH4 通道设为输入模式 5，即 4 ~ 20mA 电流直显型输入模式，该模式可将 4 ~ 20mA 电流对应转换成数字量 4000 ~ 20000。

设定值	输入模式	模拟量输入范围	数字量输出范围
0	电压输入模式	−10~+10V	−32000~+32000
1	电压输入模式	−10~+10V	−4000~+4000
2	电压输入(偏置、增益不能调整)模拟量值直接显示模式	−10~+10V	−10000~+10000
3	电流输入模式	4~20mA	0~16000
4	电流输入模式	4~20mA	0~4000
5	电流输入(偏置、增益不能调整)模拟量值直接显示模式	4~20mA	4000~20000
6	电流输入模式	−20~+20mA	−16000~+16000
7	电流输入模式	−20~+20mA	−4000~+4000
8	电流输入(偏置、增益不能调整)模拟量值直接显示模式	−20~+20mA	−20000~+20000
F	通道不使用		

BFM#0的值：

通道4　通道1
通道3　通道2

图 7-5　BFM#0 的设定值与对应的输入模式

2. 设置输入模式的程序

设置特殊功能模块的功能是通过往其内部相应的 BFM 写入设定值来实现的。所有的 FX 系列 PLC 都可以使用 TO（FROM）指令往 BFM 写入（读出）设定值，而 FX3U、FX3UC 还支持使用 "U□\G□" 格式指定方式读写 BFM。

（1）用 TO 指令设置输入模式

用 TO 指令设置输入模式如图 7-6 所示，当 M10 触点闭合时，TO 指令执行，往单元号为 1 模块的 BFM#0 写入设定值 H3300，如果 1 号模块的 FX3U-4AD，指令执行结果将 CH1、CH2 通道设为输入模式 0（− 10 ~ + 10V 电压输入，对应输出数字量为 − 32000 ~ + 32000），将 CH3、CH4 通道设为输入模式 3（4 ~ 20mA 电流输入，对应输出数字量为 0 ~ 16000）。

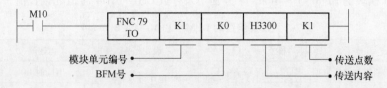

图 7-6　用 TO 指令设置输入模式

（2）用 "U□\G□" 格式指定模块单元号和 BFM 号设置输入模式

FX3U、FX3UC 系列 PLC 支持用 "U□\G□" 格式指定单元号、BFM 号读写 BFM，"U□" 指定模块的单元号，"G□" 指定模块的 BFM 号。用 "U□\G□" 格式指定模块单元号和 BFM 号设置输入模式如图 7-7 所示。当 M10 触点闭合时，MOV 指令执行，将设定值 H3300 写入单元号为 1 的模块的 BFM#0。

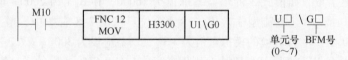

图 7-7　用 "U□\G□" 格式指定模块单元号和 BFM 号设置输入模式

7.2.4　设置偏置和增益改变输入特性

FX3U-4AD 模块有 0 ~ 8 共 9 种输入模式，如果这些模式仍无法满足模拟量转换要求，可以通过设置偏置和增益来解决（模式 2、5、8 不能调整偏置和增益）。

在图 7-8 中，左图为输入模式 0 默认的输入特性，该模式可将模拟量 − 10 ~ + 10V 电压转换成数字量 − 32000 ~ + 32000，右图为希望实现的输入特性，即将模拟量 1 ~ 5V 电压转换成数字量 0 ~ + 32000，该特性直线有两个关键点，其中数字量 0（偏置基准值）对应的 + 1V 为偏置，增益基准值（输入模式 0 时为数字量 + 16000）对应的电压 + 3V 为增益，偏置和增益不同，就可以确定不同的特性直线。

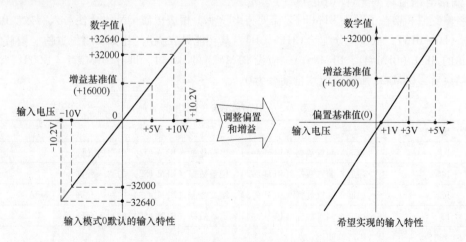

图 7-8　偏置和增益设置举例

1. 偏置（BFM#41 ~ BFM#44）

偏置是指偏置基准值（数字量 0）对应的模拟量值。在电压型输入模式时，以 mV 为单位设定模拟量值，在电流型输入模式时，以 μA 为单位设定模拟量值。

FX3U-4AD 模块的 BFM#41 ~ BFM#44 分别用来存放 CH1 ~ CH4 通道的偏置值，具体见表 7-1。

表 7-1　设置偏置的 BFM（BFM#41 ~ BFM#44）

BFM 编号	功　　能	设定范围	初始值	数据的处理
#41	通道 1 偏置数据［单位：mV 或者 μA］	● 电压输入： −10000 ~ +9000 ● 电流输入： −20000 ~ +17000	出厂时 K0	十进制
#42	通道 2 偏置数据［单位：mV 或者 μA］		出厂时 K0	十进制
#43	通道 3 偏置数据［单位：mV 或者 μA］		出厂时 K0	十进制
#44	通道 4 偏置数据［单位：mV 或者 μA］		出厂时 K0	十进制

2. 增益（BFM#51 ~ BFM#54）

增益是指增益基准值对应的模拟量值。对于电压型输入模式，增益基准值为该模式最大数字量的一半，如模式 0 的增益基准值为 16000，模式 1 为 2000；对于电流型输入模式，增益基准值为该模式最大数字量，如模式 3 的增益基准值为 16000，模式 4 为 2000。增益设定值以 mV（电压型输入模式）或 μA（电流型输入模式）为单位。在图 7-8 右图中，增益基准值 +16000（最大数字量 32000 的一半）对应的模拟量值为 +3V，增益应设为 3000。

FX3U-4AD 模块的 BFM#51 ~ BFM#54 分别用来存放 CH1 ~ CH4 通道的增益值，具体见表 7-2。

表 7-2　设置增益的 BFM（BFM#51 ~ BFM#54）

BFM 编号	功　　能	设定范围	初始值	数据的处理
#51	通道 1 增益数据［单位：mV 或者 μA］	● 电压输入： −9000 ~ +10000 ● 电流输入： −17000 ~ +30000	出厂时 K5000	十进制
#52	通道 2 增益数据［单位：mV 或者 μA］		出厂时 K5000	十进制
#53	通道 3 增益数据［单位：mV 或者 μA］		出厂时 K5000	十进制
#54	通道 4 增益数据［单位：mV 或者 μA］		出厂时 K5000	十进制

在设置偏置和增益值时，对于电压型输入模式，要求增益值 − 偏置值≥1000，对于电流型输入模式，要求 30000≥增益值 − 偏置值≥3000。

3. 偏置与增益写入允许（BFM#21）

在将偏置值和增益值写入 BFM 时，需要将 BFM#21 相应位置 ON 才会使写入有效。BFM#21 有 16 位（b0 ~ b15），低 4 位分配给 CH1 ~ CH4，其功能见表 7-3。比如要将偏置值、增益值写入 CH1 通道的 BFM（BFM#41、BFM#51），应设 BFM#21 的 b0 = 1，即让 BFM#21 = H0001，偏置增益写入结束后，BFM#21 所有位值均自动变为 0。

表 7-3　BFM#21 各位的功能

位　编　号	功　　能
b0	通道 1 偏置数据（BFM #41）、增益数据（BFM #51）的写入允许
b1	通道 2 偏置数据（BFM #42）、增益数据（BFM #52）的写入允许
b2	通道 3 偏置数据（BFM #43）、增益数据（BFM #53）的写入允许
b3	通道 4 偏置数据（BFM #44）、增益数据（BFM #54）的写入允许
b4 ~ b15	不可以使用

4. 偏置与增益的设置程序

图 7-9 是偏置与增益的设置程序，其功能是先将 FX3U-4AD 模块的 CH1、CH2 通道输入模式设为 0（−10 ~ +10V），然后往 BFM#41、BFM#42 写入偏置值 1000（1V），往 BFM#51、

BFM#52写入增益值 3000（3V），从而将 CH1、CH2 通道的输入特性由 −10 ~ +10V 改成 1 ~ 5V。

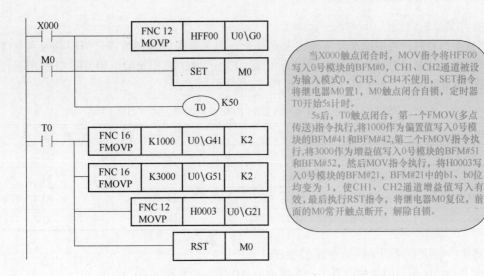

当X000触点闭合时，MOV指令将HFF00写入0号模块的BFM#0，CH1、CH2通道被设为输入模式0，CH3、CH4不使用，SET指令将继电器M0置1，M0触点闭合自锁，定时器T0开始5s计时。

5s后，T0触点闭合，第一个FMOV(多点传送)指令执行，将1000作为偏置值写入0号模块的BFM#41和BFM#42，第二个FMOV指令执行，将3000作为增益值写入0号模块的BFM#51和BFM#52，然后MOV指令执行，将H0003写入0号模块的BFM#21，BFM#21中的b1、b0位均变为1，使CH1、CH2通道增益值写入有效，最后执行RST指令，将继电器M0复位，前面的M0常开触点断开，解除自锁。

图 7-9　FX3U-4AD 模块的偏置与增益设置程序

7.2.5　读取 AD 转换成的数字量

FX3U-4AD 模块将 CH1 ~ CH4 通道输入模拟量转换成数字量后，分别保存在 BFM#10 ~ BFM#13，可使用 FROM 指令或用"U□\G□"格式指定模块单元号和 BFM 号，将 AD 模块 BFM 中的数字量读入 PLC。

图 7-10 是两种读取 AD 模块数字量的程序。在图 7-10a 所示程序中，当 M10 触点闭合时，FROM 指令执行，将 1 号模块的 BFM#10 中的数字量读入 PLC 的 D10，这种采用 FROM 指令读取 BFM 的方式适合所有的 FX 系列 PLC。在图 7-10b 中，PLC 上电后 M8000 闭合，定时器 T0 开始 5s 计时，5s 后 T0 常开触点闭合，BMOV（成批传送）指令执行，将 1 号模块 BFM#10 ~ BFM#13 中的数字量分别读入 PLC 的 D0 ~ D3，采用"U□\G□"格式指定模块单元号和 BFM 号读取 BFM 内容的方式仅 FX3U/FX3UC 系列 PLC 可使用。

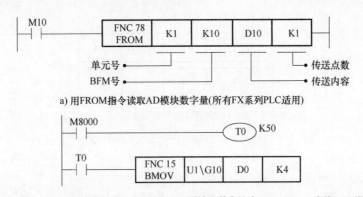

图 7-10　两种读取 AD 模块数字量的程序

7.2.6 测量平均次数的设置

1. 平均次数的设置（BFM#2 ~ BFM#5）

在测量模拟量时，若模拟量经常快速波动变化，为了避免测到高值或低值而导致测量值偏差过大，可多次测量模拟量再取平均值保存下来。FX3U-4AD 的 BFM#2 ~ BFM#5 分别用于设置 CH1 ~ CH4 通道的测量平均次数，具体见表 7-4。

表 7-4 设置测量平均次数的 BFM（BFM#2 ~ BFM#5）

BFM 编号	功　能	设 定 范 围	初　始　值
#2	通道 1 平均次数［单位：次］	1 ~ 4095	K1
#3	通道 2 平均次数［单位：次］	1 ~ 4095	K1
#4	通道 3 平均次数［单位：次］	1 ~ 4095	K1
#5	通道 4 平均次数［单位：次］	1 ~ 4095	K1

2. 设置平均次数读取 AD 数字量的程序

图 7-11 是功能相同的两种设置平均次数读取 AD 数字量的程序。

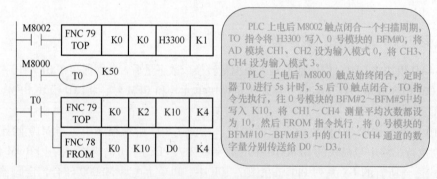

PLC 上电后 M8002 触点闭合一个扫描周期，TO 指令将 H3300 写入 0 号模块的 BFM#0，将 AD 模块 CH1、CH2 设为输入模式 0，将 CH3、CH4 设为输入模式 3。

PLC 上电后 M8000 触点始终闭合，定时器 T0 进行 5s 计时，5s 后 T0 触点闭合，TO 指令先执行，往 0 号模块的 BFM#2~BFM#5中均写入 K10，将 CH1~CH4 测量平均次数都设为 10，然后 FROM 指令执行，将 0 号模块的 BFM#10~BFM#13 中的 CH1~CH4 通道的数字量分别传送给 D0 ~ D3。

a) 适合所有FX3系列PLC使用的程序

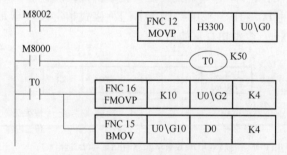

b) 仅限FX3U/3UC系列PLC使用的程序

图 7-11 功能相同的两种设置平均次数读取 AD 数字量的程序

7.2.7 AD 模块初始化（恢复出厂值）的程序

FX3U-4AD 模块的 BFM#20 用于初始化 BFM#0 ~ BFM#6999，当设 BFM#20 = 1 时，可将所有 BFM 的值恢复到出厂值。设置 BFM#20 = 1 将 AD 模块初始化的程序如图 7-12 所示。图 7-12a 所示程序使用 TO 指令往 0 号模块的 BFM#20 写入 1 初始化 AD 模块，图 7-12b 使用 "U□\G□" 格式指定模块单元号和 BFM 号的方式往 0 号模块的 BFM#20 写入 1 初始化 AD 模块。

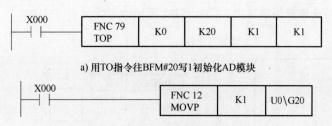

a) 用 TO 指令往 BFM#20 写 1 初始化 AD 模块

b) 用 "U□\G□" 格式往 BFM#20 写 1 初始化 AD 模块

图 7-12　两种 AD 模块初始化（恢复出厂值）的程序

从初始化开始到结束需用时约 5s，在此期间不要设置 BFM，初始化结束后，BFM#20 的值自动变为 0。

7.3　模拟量输出模块

模拟量输出模块简称 DA 模块，其功能是将模块内部特定 BFM（缓冲存储区）中的数字量转换成模拟量输出。三菱 FX 系列常用 DA 模块有 FX2N-2DA、FX2N-4DA 和 FX3U-4DA 等，本节以 FX3U-4DA 模块为例来介绍模拟量输出模块。

7.3.1　外形

FX3U-4DA 是 4 通道模拟量输出模块，每个通道都可以设置为电压输出（DC - 10 ~ + 10V）或电流输出（DC 0 ~ 20mA、DC4 ~ 20mA）。FX3U-4DA 可连接 FX3GA/FX3G/FX3GE/FX3U 系列 PLC。若要连接 FX3GC 或 FX3UC，则需要使用 FX2NC-CNV-IF 或 FX3UC-1PS-5V 转接。

FX3U-4DA 模拟量输出模块的外形与规格如图 7-13 所示。

项目	规格	
	电压输出	电流输出
模拟量输出范围	DC -10~+10V（外部负载1kΩ~1MΩ）	DC0~20mA、4~20mA（外部负载500Ω以下）
偏置值	-10~+9V	0~17mA
增益值	-9~+10V	3~30mA
数字量输入	带符号16位 二进制	15位 二进制
分辨率	0.32mV (20V/64000)	0.63μA(20mA/32000)
综合精度	• 环境温度25±5℃ 针对满量程20V(1±3%)(±60mV) • 环境温度0~55℃ 针对满量程20V(1±0.5%)(±100mV)	• 环境温度25±5℃ 针对满量程20mA(1±3%)(±60μA) • 环境温度0~55℃ 针对满量程20mA(1±0.5%)(±100μA)
D/A 转换时间	1ms(与使用的通道数无关)	
绝缘方式	• 模拟量输出部分和可编程控制器之间，通过光耦隔离 • 模拟量输出部分和电源之间，通过DC/DC转换器隔离 • 各CH(通道)间不隔离	
输入输出占用点数	8点(在输入、输出点数中的任意一侧计算点数)	

a) 外形　　　　　　　　　　　　　　　　　　　　　b) 规格

图 7-13　模拟量输出模块 FX3U-4DA 的外形与规格

7.3.2　接线端子与接线

FX3U-4DA 模块有 CH1 ~ CH4 四个模拟量输出通道，可以将模块内部特定 BFM 中的数字量

（来自 PLC 写入）转换成模拟量输出。FX3U-4DA 模块的接线端子与接线如图 7-14 所示，每个通道内部电路均相同。

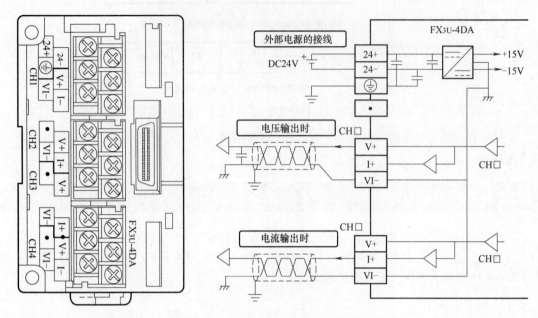

图 7-14　FX3U-4DA 模块的接线端子与接线

FX3U-4DA 模块的每个通道都可设为电压型模拟量输出或电流型模拟量输出。当某通道设为电压型模拟量输出时，该通道的 V +、VI − 端子可输出 DC − 10 ~ 10V 范围的电压；当某通道设为电流型模拟量输出时，该通道的 I +、VI − 端子可输出 DC − 20 ~ 20mA 或 DC4 ~ 20mA 范围的电流。

7.3.3　电压/电流输出模式的设置

1. 设置输出模式 BFM#0

FX3U-4DA 模块在内部 BFM（缓冲存储区，由 BFM#0 ~ BFM#3098 组成）控制下工作，其中 BFM#0 用于设定 FX3U-4DA 的输出模式，BFM#0 为 16 位存储器，以 4 位为一组分成四组，每组设定值为 0 ~ 4、F，不同的值对应不同的输出模式，用四组值分别来设定 CH1 ~ CH4 的输出模式，设定值与对应的输出模式如图 7-15 所示。

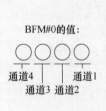

设定值	输出模式	数字量输入范围	模拟量输出范围
0	电压输出模式	−32000~+32000	−10~+10V
1	电压输出模拟量值mV指定模式	−10000~+10000	−10~+10V
2	电流输出模式	0~32000	0~20mA
3	电流输出模式	0~32000	4~20mA
4	电流输出模拟量值μA指定模式	0~20000	0~20mA
F	通道不使用		

图 7-15　BFM#0 的设定值与对应的输出模式

例如设置 BFM#0 = H31F0，设置的功能为：①将 CH1 通道设为输出模式 0（即 − 10 ~ + 10V 电压型输出模式），该模式可将数字量-32000 ~ +32000 转换成 − 10 ~ + 10V 电压；②不使用 CH2 通道；③将 CH3 通道设为输出模式 1（即 − 10 ~ + 10V 电压直显型输出模式），该模式可将数字

量 – 10000 ~ + 10000 转换成 – 10 ~ + 10V 电压；④将 CH4 通道设为输出模式 3（即 4 ~ 20mA 电流型输出模式），该模式可将数字量 0 ~ 32000 对应转换成 4 ~ 20mA 电流。

2. 设置输出模式的程序

设置 FX3U-4DA 模块的输出模式可使用 TO 指令向 BFM 写入设定值，对于 FX3U、FX3UC 系列 PLC，还支持使用"U□\G□"格式指定方式读写 BFM。

（1）用 TO 指令设置输出模式

用 TO 指令设置输出模式如图 7-16 所示，当 M10 触点闭合时，TO 指令执行，往单元号为 0 模块的 BFM#0 写入设定值 H3003，如果 1 号模块的 FX3U-4DA，指令执行结果将 CH2、CH3 通道设为输出模式 0（可将数字

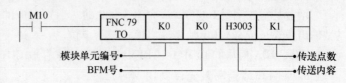

图 7-16　用 TO 指令写 BFM 设定输出模式

量 – 32000 ~ + 32000 转换成 – 10 ~ + 10V 电压输出），将 CH1、CH4 通道设为输出模式 3（可将数字量 0 ~ 32000 转换成 4 ~ 20mA 电流输出）。

（2）用"U□\G□"格式指定模块单元号和 BFM 号设置输出模式

用"U□\G□"格式指定模块单元号和 BFM 号设置输出模式如图 7-17 所示，当 M10 触点闭合时，MOV 指令执行，将设定值 H3003 写入 0 号模块的 BFM#0。

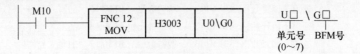

图 7-17　用"U□\G□"格式指定模块单元号和 BFM 号设置输出模式

7.3.4　设置偏置和增益改变输出特性

FX3U-4DA 模块有 0 ~ 4 共 5 种输出模式，如果这些模式仍无法满足模拟量转换要求，可以通过设置偏置和增益来解决（模式 1、4 不能调整偏置和增益）。

在图 7-18 中，左图为输出模式 0 默认的输出特性，该模式可将数字量 – 32000 ~ + 32000 转换成模拟量 – 10 ~ + 10V 电压输出，右图为希望实现的输出特性，即将数字量 0 ~ + 32000 转换成模拟量 + 1 ~ + 5V 电压输出。该特性直线有两个关键点，其中数字量 0 对应的输出电压 + 1V 为偏置值，最大数字量 32000（输出模式 0 时）对应的输出电压 + 5V 为增益值。

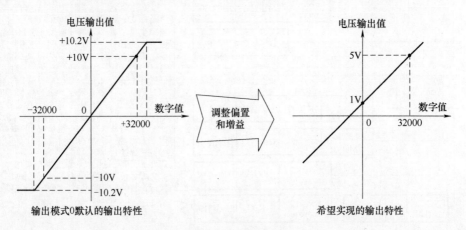

图 7-18　偏置和增益设置举例

1. 偏置（BFM#10 ~ BFM#13）

偏置是指数字量 0 对应的模拟量值。在电压型输出模式时，以 mV 为单位设定模拟量值，在电流型输出模式时，以 μA 为单位设定模拟量值，比如模拟量值 +3V 时对应偏置设为 3000，模拟量值 8mA 时偏置设为 8000。在图 7-18 右图中，数字量 0 对应的模拟量值为 +1V，偏置应设为 1000。

FX3U-4DA 模块的 BFM#10 ~ BFM#13 分别用来存放 CH1 ~ CH4 通道的偏置值。

2. 增益（BFM#14 ~ BFM#17）

增益是指数字量 16000（最大值 32000 的一半）对应的模拟量值。增益设定值以 mV（电压型输出模式）或 μA（电流型输出模式）为单位。

FX3U-4DA 模块的 BFM#14 ~ BFM#17 分别用来存放 CH1 ~ CH4 通道的增益值。

3. 偏置与增益写入允许（BFM#9）

在将偏置值和增益值写入 BFM 时，需要将 BFM#9 相应位置 ON 才会使写入有效。BFM#9 有 16 位（b0 ~ b15），低 4 位分配给 CH1 ~ CH4，其功能见表 7-5，比如要将偏置值和增益值写入 CH1 通道的 BFM（BFM#10、BFM#14），须设 BFM#9 的 b0 = 1，即让 BFM#9 = H0001，偏置增益写入结束后，BFM#9 所有位值均自动变为 0。

表 7-5　BFM#9 各位的功能

位　编　号	功　　能
b0	通道 1 偏置数据（BFM#10）、增益数据（BFM#14）的写入允许
b1	通道 2 偏置数据（BFM#11）、增益数据（BFM#15）的写入允许
b2	通道 3 偏置数据（BFM#12）、增益数据（BFM#16）的写入允许
b3	通道 4 偏置数据（BFM#13）、增益数据（BFM#17）的写入允许
b4 ~ b15	不可以使用

4. 偏置与增益的设置程序

图 7-19 是偏置与增益的设置程序，其功能是先将 FX3U-4DA 模块的 CH1、CH2 通道输出模式设为 0（-10 ~ +10V），然后往 BFM#10、BFM#11 写入偏置值 1000（1V），往 BFM#14、BFM#15 写入增益值 3000（3V），从而将 CH1、CH2 通道的输出特性由 -10 ~ +10V 改成 1 ~ 5V。BFM#19 用作设定变更禁止，当 BFM#19 = K3030 时，解除设定变更禁止，BFM#19 为其他值时，禁止设定变更，无法往一些功能设置类的 BFM 写入设定值。

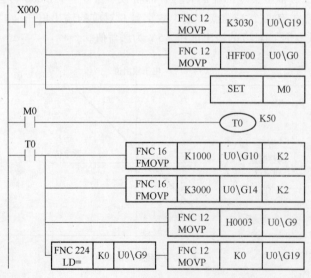

当 X000 触点闭合时，第一个 MOV 指令将 K3030 写入 0 号模块的 BFM#19，允许设定变更，第二个 MOV 指令将 HFF00 写入 0 号模块的 BFM#0，CH1、CH2 通道被设为输出模式 0，CH3、CH4 不使用，SET 指令将继电器 M0 置 1，M0 触点闭合，定时器 T0 开始 5s 计时。

5s 后，T0 触点闭合，第一个 FMOV（多点传送）指令将 1000 作为偏置值写入 0 号模块的 BFM#10 和 BFM#11，第二个 FMOV 指令将 3000 作为增益值写入 0 号模块的 BFM#14 和 BFM#15，然后 MOV 指令执行，将 H0003 写入 0 号模块的 BFM#9，BFM#9 值的 b1、b0 均为 1，CH1、CH2 通道偏置、增益值写入有效，写入完成后，BFM#9 值自动变为 0，MOV 指令执行，将 0 写入 BFM#19，禁止设定变更。

图 7-19　FX3U-4DA 模块的偏置与增益设置程序

7.3.5　两种向 DA 模块写入数字量的程序

FX3U-4DA 模块的功能是将数字量转换成模拟量输出，CH1～CH4 通道的数字量分别保存在 BFM#1～BFM#4 中，这些数字量由 PLC 写入。DA 模块数字量的写入可使用 TO 指令写入（适合所有 FX 系列 PLC），或者用"U□\G□"格式指定模块单元号和 BFM 号来写入（仅适合 FX3U、FX3UC 系列 PLC）。

图 7-20 是两种设置 DA 模块输出模式和写入数字量的程序。图 7-20a 所示程序先用 TO 指令写 BFM#0 设置 DA 模块 CH1～CH4 通道的输出模式，然后将 4 个数字量分别存放到 D0～D3，再用 TO 指令将 D0～D3 中的数字量分别传送给 DA 模块 BFM#1～BFM#4，DA 模块马上将这些数字量按设定的输出模式转换成模拟量输出；图 7-20b 所示程序采用"U□\G□"格式指定模块单元号和 BFM 号来设置 DA 模块的输出模式，并用该方式往 DA 模块写入数字量。

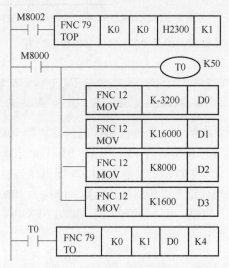

a）用 TO 指令设置 DA 模块的输出模式和写入数字量

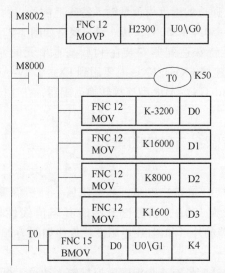

b）用"U□\G□"格式设置 DA 模块的输出模式和写入数字量

图 7-20　功能相同的两种设置 DA 模块输出模式和写入数字量的程序

7.3.6 DA 模块初始化（恢复出厂值）的程序

FX3U-4DA 模块的 BFM#20 用于初始化 BFM#0 ~ BFM#3098，当设 BFM#20 = 1 时，可将所有 BFM 的值恢复到出厂值。图 7-21 是两种设置 BFM#20 = 1 将 DA 模块初始化的程序。图 7-21a 所示程序使用 TO 指令往 0 号模块的 BFM#20 写入 1 初始化 DA 模块，图 7-21b 使用 "U□\G□" 格式指定模块单元号和 BFM 号的方式往 0 号模块的 BFM#20 写入 1 初始化 DA 模块。

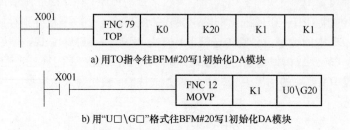

a) 用 TO 指令往 BFM#20 写 1 初始化 DA 模块

b) 用 "U□\G□" 格式往 BFM#20 写 1 初始化 DA 模块

图 7-21 功能相同的两种 DA 模块初始化（恢复出厂值）程序

7.4 温度模拟量输入模块

温度模拟量输入模块的功能是将温度传感器送来的反映温度高低的模拟量转换成数字量。三菱 FX3 系列温度模拟量输入模块主要有 FX3U-4AD-PT-ADP（连接 PT100 型温度传感器，测温 –50 ~ +250℃）、FX3U-4AD-PTW-ADP（连接 PT100 型温度传感器，测温 –100 ~ +600℃）、FX3U-4AD-TC-ADP（连接热电偶型温度传感器，测温 –100 ~ +1000℃）和 FX3U-4AD-PNK-ADP（连接 PT1000 型温度传感器，测温 –50 ~ +250℃）。本节以 FX3U-4AD-PT-ADP 型模块为例来介绍温度模拟量输入模块。

7.4.1 外形和规格

FX3U-4AD-PT-ADP 是 4 通道的温度模拟量输入特殊适配器，测温时连接 3 线式 PT100 铂电阻温度传感器，测温范围为 –50 ~ +250℃，其外形与规格如图 7-22 所示。

FX3U-4AD-PT-ADP 温度特殊适配器安装在 PLC 基本单元的左侧，可以直接连接 FX3GC、FX3GE、FX3UC 系列 PLC，在连接 FX3SA/FX3S 时要用到 FX3S-CNV-ADP 型连接转换适配器，在连接 FX3GA/FX3G 时要用到 FX3G-CNV-ADP 型连接转换适配器，在连接 FX3U 系列 PLC 时要用到功能扩展板。

7.4.2 PT100 型温度传感器与模块的接线

1. PT100 型温度传感器

PT100 型温度传感器的核心是铂热电阻，其电阻值会随着温度的变化而变化。PT 后面的 "100" 表示其阻值在 0℃ 时为 100Ω，当温度升高时其阻值线性增大，在 100℃ 时阻值约为 138.5Ω。PT100 型温度传感器的外形和温度/电阻变化规律如图 7-23 所示。

2. 接线端子与接线

FX3U-4AD-PT-ADP 特殊适配器有 4 个温度模拟量输入通道，可以同时将 4 路 PT100 型温度传感器送来的模拟量转换成数字量，存入 PLC 特定的数据寄存器中。FX3U-4AD-PT-ADP 特殊适配器的接线如图 7-24 所示，每个通道内部电路均相同。

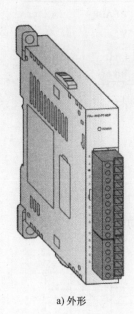

项目	规格	
输入信号	Pt100铂电阻3线式	
额定温度范围	−50～+250℃	−58～+482°F
数字量输出	−500～+2500	−580～+4820
分辨率	0.1℃	0.18°F
综合精度	•环境温度25±5℃时，针对满量程±0.5% •环境温度0±55℃时，针对满量程±1.0%	
A/D转换时间	•FX3U/FX3UC可编程控制器: 200μs(每个运算周期更新数据) •FX3S/FX3G/FX3GC可编程控制器: 250μs(每个运算周期更新数据)	
输入特性	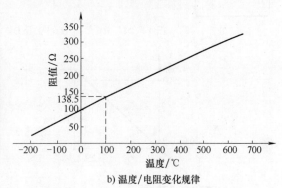	

a) 外形　　　　　　　　　　　　　　　　b) 规格

图 7-22　FX3U-4AD-PT-ADP 温度模拟量输入特殊适配器

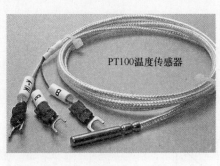

a) 外形　　　　　　　　　　　　　　b) 温度/电阻变化规律

图 7-23　PT100 型温度传感器

7.4.3　不同温度单位的输入特性与设置

FX3U-4AD-PT-ADP 特殊适配器的温度单位有摄氏度（℃）和华氏度（°F）两种。对于摄氏温度，水的冰点温度定为 0℃，沸点为 100℃，对于华氏温度，水的冰点温度定为 32°F，沸点为 212°F，摄氏温度与华氏温度的换算关系式为

$$华氏温度值 = 9/5 × 摄氏温度值 + 32$$

1. 摄氏和华氏温度的输入特性

FX3U-4AD-PT-ADP 特殊适配器设置不同的温度单位时，其输入特性不同，具体如图 7-25 所示。图 a 为摄氏温度的输入特性，当测量的温度为 −50℃ 时，转换得到的数字量为 −500，当测量的温度为 +250℃ 时，转换得到的数字量为 +2500；图 b 为华氏温度的输入特性，当测量的温度为 −58°F 时，转换得到的数字量为 −580，当测量的温度为 +482°F 时，转换得到的数字量为 +4820。

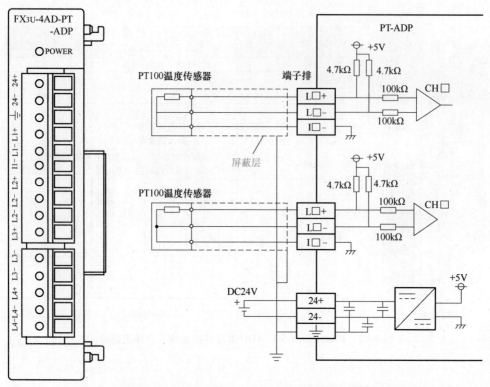

图 7-24 FX₃ᵤ-4AD-PT-ADP 特殊适配器的接线

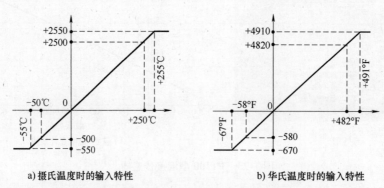

a) 摄氏温度时的输入特性　　　　　b) 华氏温度时的输入特性

图 7-25 FX₃ᵤ-4AD-PT-ADP 特殊适配器的输入特性

2. 温度单位的设置

FX₃ᵤ-4AD-PT-ADP 特殊适配器的温度单位由 PLC 特定的特殊辅助继电器设定。PLC 设置 FX₃ᵤ-4AD-PT-ADP 温度单位的特殊辅助继电器见表 7-6。比如 FX₃ᵤ 系列 PLC 连接 2 台 FX₃ᵤ-4AD-PT-ADP 时，第 1 台用 M8260 设置温度单位，M8260 = 0 时为摄氏温度，M8260 = 1 时为华氏温度，第 2 台用 M8270 设置温度单位。

表 7-6 PLC 设置 FX₃ᵤ-4AD-PT-ADP 温度单位的特殊辅助继电器

FX₃ₛ	FX₃G、FX₃GC		FX₃ᵤ、FX₃ᵤC				说　　明
只能连接 1 台	第 1 台	第 2 台	第 1 台	第 2 台	第 3 台	第 4 台	
M8280	M8280	M8290	M8260	M8270	M8280	M8290	温度单位的选择 OFF：摄氏（℃） ON：华氏（℉）

3. 温度单位设置程序

图 7-26 是 FX3U、FX3UC 型 PLC 连接两台 FX3U-4AD-PT-ADP 特殊适配器的温度单位设置程序。PLC 通电后，M8001 触点始终处于断开，M8000 触点始终处于闭合，特殊辅助继电器 M8260 = 0、M8270 = 1，第 1 台 FX3U-4AD-PT-ADP 的温度单位被设为摄氏度，第 2 台 FX3U-4AD-PT-ADP 的温度单位被设为华氏度。

图 7-26　FX3U、FX3UC 型 PLC 连接两台 FX3U-4AD-PT-ADP 的温度单位设置程序

7.4.4　温度值的存放与读取

1. 温度值存放的特殊数据寄存器

在测量温度时，FX3U-4AD-PT-ADP 特殊适配器将 PT100 温度传感器送来的温度模拟量转换成温度数字量，存放在 PLC 特定的特殊数据寄存器中。PLC 存放 FX3U-4AD-PT-ADP 温度值的特殊数据寄存器见表 7-7。比如 FX3U 系列 PLC 连接 2 台 FX3U-4AD-PT-ADP 时，第 1 台 CH1 通道的温度值存放在 D8260 中，第 2 台 CH2 通道的温度值存放在 D8271 中。

表 7-7　PLC 存放 FX3U-4AD-PT-ADP 温度值的特殊数据寄存器

FX3S	FX3G、FX3GC		FX3U、FX3UC				说　明
仅可连接 1 台	第 1 台	第 2 台	第 1 台	第 2 台	第 3 台	第 4 台	
D8280	D8280	D8290	D8260	D8270	D8280	D8290	通道 1 测定温度
D8281	D8281	D8291	D8261	D8271	D8281	D8291	通道 2 测定温度
D8282	D8282	D8292	D8262	D8272	D8282	D8292	通道 3 测定温度
D8283	D8283	D8293	D8263	D8273	D8283	D8293	通道 4 测定温度

2. 温度的读取程序

在测量温度时，FX3U-4AD-PT-ADP 特殊适配器会自动将转换得到的温度值（数字量温度）存放到与之连接的 PLC 特定数据寄存器中，为了避免被后面的温度值覆盖，应使用程序从这些特定数据寄存器中读出温度值，传送给其他普通的数据寄存器。

图 7-27 是 FX3U、FX3UC 型 PLC 连接一台 FX3U-4AD-PT-ADP 特殊适配器的温度值读取程序，PLC 通电后，M8000 触点始终闭合，两个 MOV 指令先后执行，第 1 个 MOV 指令将 FX3U-4AD-PT-ADP 的 CH1 通道的温度值（存放在 D8260 中）传送给 D100，第 2 个 MOV 指令将 CH2 通道的温度值（存放在 D8261 中）传送给 D101。

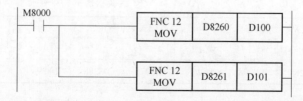

图 7-27　FX3U、FX3UC 型 PLC 连接一台 FX3U-4AD-PT-ADP 的温度值读取程序

7.4.5 测量平均次数的设置

1. 平均次数设置的特殊数据寄存器

在测量温度时，若温度经常快速波动变化，为了避免测量到高值或低值而导致测量值偏差过大，可多次测量温度再取平均值保存到指定特殊数据寄存器中。FX3U-4AD-PT-ADP 特殊适配器的测量平均次数由 PLC 特定的特殊数据寄存器设定，具体见表 7-8。比如 FX3U 系列 PLC 连接 2 台 FX3U-4AD-PT-ADP 时，第 1 台 CH1 通道测量平均次数的特殊数据寄存器为 D8264，第 2 台 CH2 通道的测量平均次数由 D8275 设定。

表 7-8　PLC 设置 FX3U-4AD-PT-ADP 测量平均次数的特殊数据寄存器

FX3S	FX3G、FX3GC		FX3U、FX3UC				说　　明
仅可连接 1 台	第 1 台	第 2 台	第 1 台	第 2 台	第 3 台	第 4 台	
D8284	D8284	D8294	D8264	D8274	D8284	D8294	通道 1 平均次数（1~4095）
D8285	D8285	D8295	D8265	D8275	D8285	D8295	通道 2 平均次数（1~4095）
D8286	D8286	D8296	D8266	D8276	D8286	D8296	通道 3 平均次数（1~4095）
D8287	D8287	D8297	D8267	D8277	D8287	D8297	通道 4 平均次数（1~4095）

2. 测量平均次数的设置程序

图 7-28 是 FX3U、FX3UC 型 PLC 连接一台 FX3U-4AD-PT-ADP 特殊适配器的测量平均次数设置程序。PLC 通电后，M8000 触点始终闭合，两个 MOV 指令先后执行，第 1 个 MOV 指令将 FX3U-4AD-PT-ADP 的 CH1 通道平均测量次数设为 1 次（测量一次即保存），第 2 个 MOV 指令将 CH2 通道的平均测量次数设为 5 次（测量 5 次后取平均值保存）。

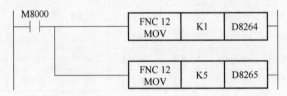

图 7-28　FX3U、FX3UC 型 PLC 连接一台 FX3U-4AD-PT-ADP 的测量平均次数设置程序

7.4.6 错误状态的读取与清除

1. 错误状态的特殊数据寄存器

如果 FX3U-4AD-PT-ADP 特殊适配器工作时发生错误，会将错误状态保存在 PLC 特定的特殊数据寄存器，具体见表 7-9。比如 FX3U 系列 PLC 连接 2 台 FX3U-4AD-PT-ADP 时，第 1 台 CH1 通道的错误状态保存在 D8268，第 2 台 CH2 通道的错误状态保存在 D8278。

表 7-9　PLC 保存 FX3U-4AD-PT-ADP 错误状态的特殊数据寄存器

FX3S	FX3G、FX3GC		FX3U、FX3UC				说　　明
仅可连接 1 台	第 1 台	第 2 台	第 1 台	第 2 台	第 3 台	第 4 台	
D8288	D8288	D8298	D8268	D8278	D8288	D8298	错误状态

FX3U-4AD-PT-ADP 的错误状态寄存器有 16 位，b0~b7 位分别表示不同的错误信息，b8~15

位不使用，具体见表 7-10。

表 7-10　FX₃U-4AD-PT-ADP 的错误状态寄存器各位的错误含义

位	说　明	位	说　明
b0	通道 1 测定温度范围外或者检测出断线	b5	平均次数的设定错误
b1	通道 2 测定温度范围外或者检测出断线	b6	PT-ADP 硬件错误
b2	通道 3 测定温度范围外或者检测出断线	b7	PT-ADP 通信数据错误
b3	通道 4 测定温度范围外或者检测出断线	b8 ~ b15	未使用
b4	EEPROM 错误	—	—

2. 错误状态的读取程序

当使用 FX₃U-4AD-PT-ADP 特殊适配器出现错误时，可通过读取其错误状态寄存器的值来了解错误情况。

图 7-29 是两种功能相同的读取 FX₃U-4AD-PT-ADP 错误状态寄存器的程序。图 7-29a 所示程序适合 FX₃ 系列所有 PLC，PLC 通电后，M8000 触点始终闭合，MOV 指令将 D8288（FX₃S、FX₃G 的第 1 台或 FX₃U 的第 3 台特殊适配器的错误状态寄存器）的 b0 ~ b15 位值传送给 M0 ~ M15，如果 M0 值（来自 D8288 的 b0 位）为 1，表明特殊适配器 CH1 通道测量的温度超出范围或测量出现断线，M0 触点闭合，Y000 线圈得电，通过 Y0 端子输出错误指示，如果 M1 值（来自 D8288 的 b1 位）为 1，表明特殊适配器 CH2 通道测量的温度超出范围或测量出现断线，M1 触点闭合，Y001 线圈得电，通过 Y1 端子输出错误指示。图 7-29a 中的程序与图 7-29b 程序的功能相同，但仅 FX₃U、FX₃UC 系列 PLC 可使用这种形式的程序。

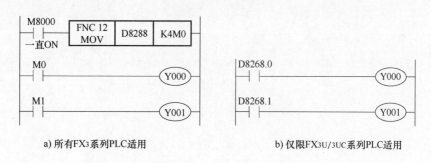

a) 所有FX₃系列PLC适用　　　　b) 仅限FX₃U/₃UC系列PLC适用

图 7-29　两种功能相同的读取 FX₃U-4AD-PT-ADP 错误状态寄存器的程序

3. 错误状态的清除程序

当 FX₃U-4AD-PT-ADP 特殊适配器出现硬件错误时，会使错误状态寄存器的 b6 位置 1，出现通信数据错误时，会使 b7 位置 1，故障排除 PLC 重新上电后，需要用程序将这些位的错误状态值清 0。

图 7-30 是两种功能相同的 FX₃U-4AD-PT-ADP 错误状态寄存器 b6、b7 位清 0 的程序。图 7-30a 所示程序适合所有 FX₃ 系列 PLC 适用，图 7-30b 程序仅限 FX₃U/₃UC 系列 PLC 使用。以图 7-30a 程序为例，PLC 通电后，M8000 触点始终闭合，将 D8288 的 16 位值分别传送给 M0 ~ M15，M8002 触点闭合，先后用 RST 指令将 M6、M7 位复位为 0，再将 M0 ~ M15 的值传送给 D8288，这样 D8288 的 b6、b7 位就变为 0。

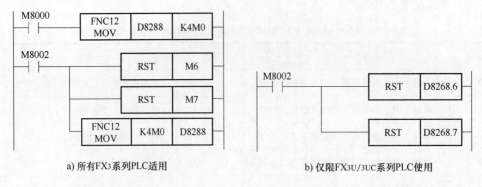

a) 所有FX₃系列PLC适用　　　　　　　　　　b) 仅限FX₃U/₃UC系列PLC使用

图 7-30　两种功能相同的 FX₃U-4AD-PT-ADP 错误状态寄存器 b6、b7 位清 0 的程序

第8章

三菱变频器的使用

8.1 变频器的基本结构原理

8.1.1 异步电动机的两种调速方式

当三相异步电动机定子绕组通入三相交流电后，定子绕组会产生旋转磁场，旋转磁场的转速（又称同步转速）n_0 与交流电源的频率 f 和电动机的磁极对数 p 有如下关系：

$$n_0 = 60f/p$$

电动机转子的旋转速度 n（即电动机的转速）略低于旋转磁场的旋转速度 n_0，两者的转速差与同步转速之比称为转差率 s，电动机的转速为

$$n = (1-s)60f/p$$

由于转差率 s 很小，一般为 $0.01 \sim 0.05$，为了计算方便，可认为电动机的转速近似为

$$n = 60f/p$$

从上面的近似公式可以看出，三相异步电动机的转速 n 与交流电源的频率 f 和电动机的磁极对数 p 有关，当交流电源的频率 f 发生改变时，电动机的转速会发生变化。通过改变交流电源的频率来调节电动机转速的方法称为变频调速；通过改变电动机的磁极对数来调节电动机转速的方法称为变极调速。

变极调速只适用于笼型异步电动机（不适用于绕线转子异步电动机），它是通过改变电动机定子绕组的连接方式来改变电动机的磁极对数，从而实现变极调速。适合变极调速的电动机称为多速电动机，常见的多速电动机有双速电动机、三速电动机和四速电动机等。

变极调速方式只适用于结构特殊的多速电动机调速，而且由一种速度转变为另一种速度时，速度变化较大，采用变频调速则可解决这些问题。如果对异步电动机进行变频调速，需要用到专门的电气设备——变频器。变频器将工频（50Hz 或 60Hz）交流电源转换成频率可变的交流电源并提供给电动机，只要改变输出交流电源的频率，就能改变电动机的转速。由于变频器输出电源的频率可连接变化，故电动机的转速也可连续变化，从而实现电动机无级变速调节。图 8-1 为几种变频器的外形。

8.1.2 两种类型的变频器结构与原理

变频器种类很多，主要可分为交-直-交型变频器和交-交型变频器。

1. 交-直-交型变频器的结构与原理

交-直-交型变频器利用电路先将工频交流电转换成直流电，再将直流电转换成频率可变的交

图 8-1　几种变频器的外形

流电，然后提供给电动机，通过调节输出电源的频率来改变电动机的转速。交-直-交型变频器的典型结构如图 8-2 所示。

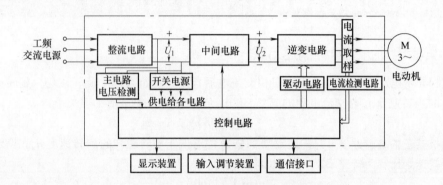

图 8-2　交-直-交型变频器的典型结构

下面对照图 8-2 说明交-直-交型变频器工作原理。

三相或单相工频交流电源经整流电路转换成脉动的直流电，直流电再经中间电路进行滤波平滑，然后送到逆变电路，与此同时，控制系统会产生驱动脉冲，经驱动电路放大后送到逆变电路，在驱动脉冲的控制下，逆变电路将直流电转换成频率可变的交流电并送给电动机，驱动电动机运转。改变逆变电路输出交流电的频率，电动机转速就会发生相应的变化。

整流电路、中间电路和逆变电路构成变频器的主电路，用来完成交-直-交的转换。由于主电路工作在高电压大电流状态，为了保护主电路，变频器通常设有主电路电压检测和输出电流检测电路，当主电路电压过高或过低时，电压检测电路则将该情况反映给控制电路；当变频器输出电流过大（如电动机负荷大）时，电流取样元件或电路会产生过电流信号，经电流检测电路处理后也送到控制电路。当主电路出现电压不正常或输出电流过大时，控制电路通过检测电路获得该情况后，会根据设定的程序进行相应的控制，如让变频器主电路停止工作，并发出相应的报警指示。

控制电路是变频器的控制中心，当它接收到输入调节装置或通信接口送来的指令信号后，会发出相应的控制信号去控制主电路，使主电路按设定的要求工作，同时控制电路还会将有关的设置和机器状态信息送到显示装置，以显示有关信息，便于用户操作或了解变频器的工作情况。

变频器的显示装置一般采用显示屏和指示灯；输入调节装置主要包括按钮、开关和旋钮等；通信接口用来与其他设备（如 PLC）进行通信，接收它们发送过来的信息，同时还将变频器有关信息反馈给这些设备。

2. 交-交型变频器的结构与原理

交-交型变频器利用电路直接将工频交流电转换成频率可变的交流电提供给电动机，通过调节输出电源的频率来改变电动机的转速。交-交型变频器的结构如图8-3所示。从图中可以看出，交-交型变频器与交-直-交型变频器的主电路不同，它采用交-交变频电路直接将工频电源转换成频率可调的交流电源的方式进行变频调速。

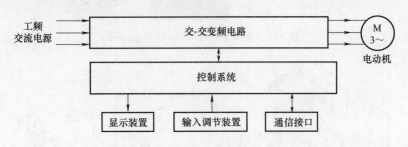

图8-3 交-交型变频器的结构

交-交变频电路一般只能将输入交流电频率降低后输出，而工频电源频率本来就低，所以交-交型变频器的调速范围较窄。另外，这种变频器要采用大量的晶闸管等电力电子器件，导致装置体积大、成本高，故交-交型变频器使用远没有交-直-交型变频器广泛，因此本书主要介绍交-直-交型变频器。

8.2 三菱 FR-A740 型变频器的面板组件介绍

变频器生产厂商很多，主要有三菱、西门子、富士、施耐德、ABB、安川和台达等。虽然变频器种类繁多，但由于基本功能是一致的，所以使用方法大同小异。三菱 FR-700 系列变频器在我国使用非常广泛，该系列变频器包括 FR-A700、FR-L700、FR-F700、FR-E700 和 FR-D700 子系列，本章以功能强大的通用型 FR-A740 型变频器为例来介绍变频器的使用，三菱 FR-700 系列变频器的型号含义如图 8-4 所示（以 FR-A740 型为例）。

FR-A7 4 0 - 0.4K -CHT

符号	电压等级
2	200V
4	400V

符号	变频器功率
0.4K～500K	变频器功率(kW)

图8-4 三菱 FR-700 系列变频器的型号含义

8.2.1 外形

三菱 FR-A740 型变频器外形如图8-5所示，面板上的"A700"表示该变频器属于 A700 系列，在左下方有一个标签标注"FR-A740-3.7K-CHT"为具体型号。

8.2.2 面板的拆卸与安装

三菱 FR-A740 型变频器操作面板的拆卸如图8-6所示，先拧松操作面板的固定螺钉，然后按住操作面板两边的卡扣，将其从机体上拉出来。安装时按相反的顺序操作即可。

8.2.3 变频器面板及内部组件说明

三菱 FR-A740 型变频器的面板及内部组件说明如图8-7所示。

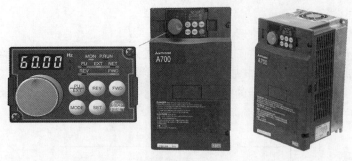

图 8-5   三菱 FR-A740 型变频器外形

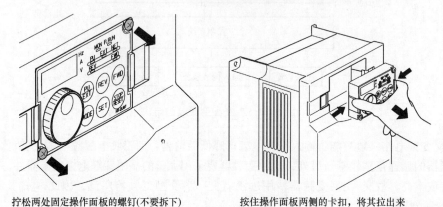

拧松两处固定操作面板的螺钉(不要拆下)　　　　按住操作面板两侧的卡扣，将其拉出来

图 8-6   操作面板的拆卸

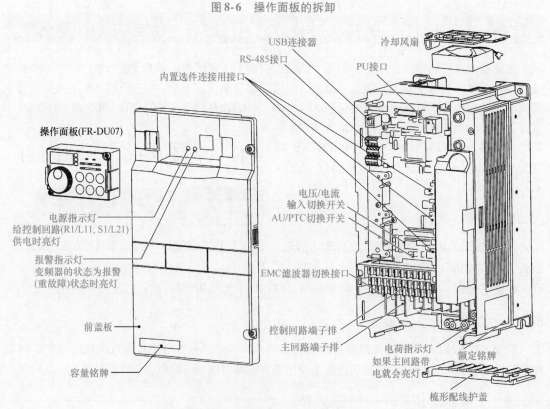

图 8-7   变频器的面板及内部组件

8.3 变频器的端子功能与接线

8.3.1 总接线图

三菱 FR- A740 型变频器的端子可分为主回路端子、输入端子、输出端子和通信接口，其总接线如图 8-8 所示。

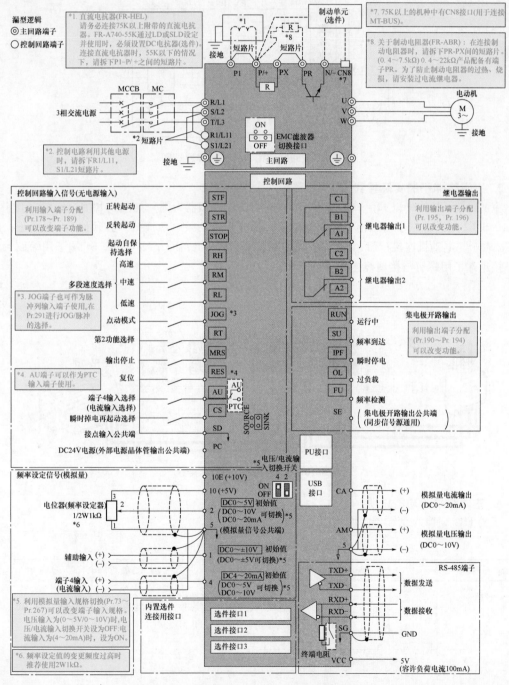

图 8-8 三菱 FR- A740 型变频器的总接线图

8.3.2 主回路端子接线及说明

1. 主回路结构与外部接线原理图

主回路结构与外部接线原理图如图 8-9 所示。

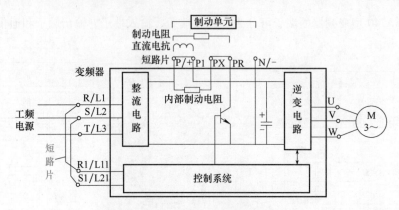

图 8-9 主回路结构与外部接线原理图

2. 主回路端子的实际接线

主回路端子接线（以 FR- A740-0.4K～3.7K-CHT 型变频器为例）如图 8-10 所示。端子排上的 R/L1、S/L2、T/L3 端子与三相工频电源连接，若与单相工频电源连接，必须接 R、S 端子；U、V、W 端子与电动机连接；P1、P/＋端子，PR、PX 端子，R、R1 端子和 S、S1 端子用短路片连接；接地端子用螺钉与接地线连接固定。

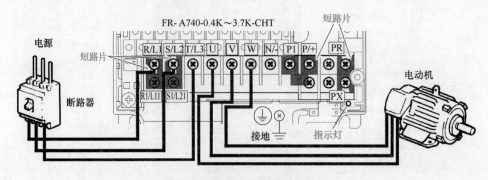

图 8-10 主回路端子的实际接线

3. 主回路端子功能说明

三菱 FR- A740 型变频器主回路端子功能说明见表 8-1。

表 8-1 主回路端子功能说明

端子符号	名　称	说　　明
R/L1, S/L2, T/L3	交流电源输入	连接工频电源。当使用高功率因数变流器（FR- HC，MT- HC）及共直流母线变流器（FR- CV）时不要连接任何东西
U，V，W	变频器输出	接三相笼型电动机

（续）

端子符号	名　称	说　明
R1/L11，S1/L21	控制回路用电源	与交流电源端子 R/L1，S/L2 相连，在保持异常显示或异常输出时，以及使用高功率因数变流器（FR-HC，MT-HC），电源再生共通变流器（FR-CV）等时，请拆下端子 R/L1-R1/L11，S/L2-S1/L21 间的短路片，从外部对该端子输入电源。在主回路电源（R/L1，S/L2，T/L3）设为 ON 的状态下请勿将控制回路用电源（R1/L11，S1/L21）设为 OFF。可能造成变频器损坏。控制回路用电源（R1/L11，S1/L21）为 OFF 的情况下，请在回路设计上保证主回路电源（R/L1，S/L2，T/L3）同时也为 OFF。 表格：变频器容量 / 15K 以下 / 18.5K 以上；电源容量 / 60VA / 80VA
P/+，PR	制动电阻器连接（22K 以下）	拆下端子 PR-PX 间的短路片（7.5K 以下），连接在端子 P/+-PR 间连接作为任选件的制动电阻器（FR-ABR）。22K 以下的产品通过连接制动电阻，可以得到更大的再生制动力
P/+，N/-	连接制动单元	连接制动单元（FR-BU2，FR-BU，BU，MT-BU5），共直流母线变流器（FR-CV）电源再生转换器（MT-RC）及高功率因数变流器（FR-HC，MT-HC）
P/+，P1	连接改善功率因数直流电抗器	对于 55K 以下的产品请拆下端子 P/+-P1 间的短路片，连接上 DC 电抗器［75K 以上的产品已标准配备有 DC 电抗器，必须连接。FR-A740-55K 通过 LD 或 SLD 设定并使用时，必须设置 DC 电抗器（选件）］
PR，PX	内置制动器回路连接	端子 PX-PR 间连接有短路片（初始状态）的状态下，内置的制动器回路为有效（7.5K 以下的产品已配备）
⏚	接地	变频器外壳接地用。必须接大地

8.3.3　输入/输出端子功能说明

1. 控制逻辑的设置

（1）设置操作方法

三菱 **FR-A740** 型变频器有漏型和源型两种控制逻辑，出厂时设置为漏型逻辑。若要将变频器的控制逻辑改为源型逻辑，可按图 8-11 所示进行操作。先将变频器前盖板拆下，然后松开控制回路端子排螺钉，取下端子排，在控制回路端子排的背面，将 SINK（漏型）跳线上的短路片取下，安装到旁边的 SOURCE（源型）跳线上，这样就将变频器的控制逻辑由漏型控制转设成源型控制。

（2）漏型控制逻辑

变频器工作在漏型控制逻辑时有以下特点：

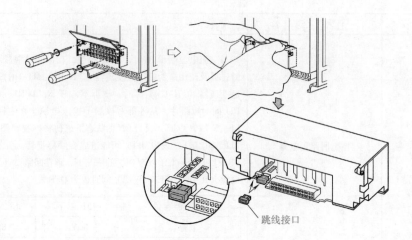

图 8-11　变频器控制逻辑的设置

1）输出信号从输出端子流入，输入信号由输入端子流出。

2）SD 端子是输入端子的公共端，SE 端子是输出端子的公共端。

3）PC、SD 端子内接 24V 电源，PC 接电源正极，SD 接电源负极。

图 8-12 是变频器工作在漏型控制逻辑时的接线图及信号流向。正转按钮接在 STF 端子与 SD 端子之间，当按下正转按钮时，变频器内部电源产生电流从 STF 端子流出，电流流途径为 24V 正极→二极管→电阻 R→光电耦合器的发光管→二极管→STF 端子→正转按钮→SD 端子→24V 负极，光电耦合器的发光管有电流流过而发光，光电耦合器的光敏晶体管（图中未画出）受光导通，从而为变频器内部电路送入一个输入信号。当变频器需要从输出端子（图中为 RUN 端子）输出信号时，内部电路会控制晶体管导通，有电流流入输出端子，电流流途径为 24V 正极→功能扩展模块→输出端子（RUN 端子）→二极管→晶体管→二极管→SE 端子→24V 负极。图中虚线连接的二极管在漏型控制逻辑下不会导通。

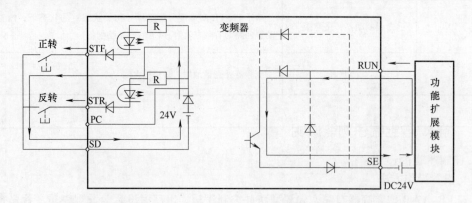

图 8-12　变频器工作在漏型控制逻辑时的接线图及信号流向

（3）源型控制逻辑

变频器工作在源型控制逻辑时有以下特点：

1）输入信号从输入端子流入，输出信号由输出端子流出。

2）PC 端子是输入端子的公共端，SE 端子是输出端子的公共端。

3）PC、SD 端子内接 24V 电源，PC 接电源正极，SD 接电源负极。

图 8-13 是变频器工作在源型控制逻辑时的接线图及信号流向。图中的正转按钮需接在 STF 端子与 PC 端子之间，当按下正转按钮时，变频器内部电源产生电流从 PC 端子流出，经正转按钮从 STF 端子流入，回到内部电源的负极。在变频器输出端子外接电路时，须以 SE 端作为输出端子的公共端，当变频器输出信号时，内部晶体管导通，有电流从 SE 端子流入，经内部有关的二极管和晶体管后从输出端子（图中为 RUN 端子）流出，电流的途径如图箭头所示，图中虚线连接的二极管在源型控制逻辑下不会导通。

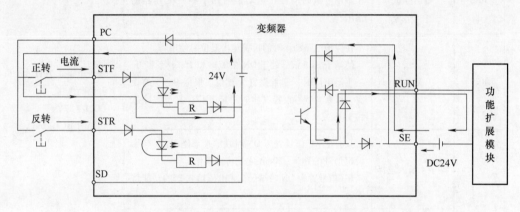

图 8-13 变频器工作在源型控制逻辑时的接线图及信号流向

2. 输入端子功能说明

变频器的输入信号类型有开关信号和模拟信号，开关信号又称接点（触点）信号，用于给变频器输入 ON/OFF 信号，模拟信号是指连续变化的电压或电流信号，用于设置变频器的频率。三菱 FR- A740 型变频器输入端子功能说明见表 8-2。

表 8-2 输入端子功能说明

种类	端子记号	端子名称	端子功能说明		额定规格
接点输入	STF	正转起动	STF 信号处于 ON 便正转，处于 OFF 便停止	STF，STR 信号同时 ON 时变成停止指令	输入电阻 4.7kΩ 开路时电压 DC21 ~ 27V 短路时 DC4 ~ 6mA
	STR	反转起动	STR 信号 ON 为逆转，OFF 为停止		
	STOP	起动自保持选择	使 STOP 信号处于 ON，可以选择起动信号自保持		
	RH、RM、RL	多段速选择	用 RH，RM 和 RL 信号的组合可以选择多段速度		
	JOG	点动模式选择	JOG 信号 ON 时选择点动运行（初始设定），用起动信号 STF 或 STR）可以点动运行		
		脉冲列输入	JOG 端子也可作为脉冲列输入端子使用。作为脉冲列输入端子使用时，有必要对 Pr. 291 进行变更。（最大输入脉冲数：100k 脉冲/s）		输入电阻 2kΩ 短路时 DC8 ~ 13mA

（续）

种类	端子记号	端子名称	端子功能说明	额定规格
接点输入	RT	第2功能选择	RT信号ON时，第2功能被选择。设定了［第2转矩提升］［第2V/F（基准频率）］时也可以用RT信号处于ON时选择这些功能	
	MRS	输出停止	MRS信号为ON（20ms以上）时，变频器输出停止。用电磁制动停止电动机时用于断开变频器的输出	
	RES	复位	在保护电路动作时的报警输出复位时使用 使端子RES信号处于ON在0.1s以上，然后断开 工厂出厂时，通常设置为复位。根据Pr.75的设定，仅在变频器报警发生时可能复位。复位解除后约1s恢复	输入电阻4.7kΩ 开路时电压 DC21~27V 短路时DC4~6mA
	AU	端子4输入选择	只有把AU信号置为ON时端子4才能用。（频率设定信号在DC4~20mA之间可以操作） AU信号置为ON时端子2（电压输入）的功能将无效	
		PTC输入	AU端子也可以作为PTC输入端子使用（电机的热继电器保护）。用作PTC输入端子时要把AU/PTC切换开关切换到PTC侧	
	CS	瞬停再起动选择	CS信号预先处于ON，瞬时停电再恢复时变频器便可自动起动。但用这种运行必须设定有关参数，因为出厂设定为不能再起动	
	SD	接点输入公共端（漏型）（初始设定）	接点输入端子（漏型逻辑）和端子FM的公共端子	
		外部晶体管公共端（源型）	在源型逻辑时连接可编程控制器等的晶体管输出（开放式集电器输出）时，将晶体管输出用的外部电源公共端连接到该端子上，可防止因漏电而造成的误动作	—
		DC24V电源公共端	DC24V 0.1A电源（端子PC）的公共输出端子。端子5和端子SE绝缘	
	PC	外部晶体管公共端（漏型）（初始设定）	在漏型逻辑时连接可编程控制器等的晶体管输出（开放式集电器输出）时，将晶体管输出用的外部电源公共端连接到该端子上，可防止因漏电而造成的误动作	电源电压范围 DC19.2~28.8V 容许负载电流100mA
		接点输入公共端（源型）	接点输入端子（源型逻辑）的公共端子	
		DC24V电源	可以作为DC24V、0.1A的电源使用	

（续）

种类	端子记号	端子名称	端子功能说明	额定规格
频率设定	10E	频率设定用电源	按出厂状态连接频率设定电位器时，与端子 10 连接。当连接到端子 10E 时，请改变端子 2 的输入规格	DC10V ±0.4V 容许负载电流 10mA
	10			DC5.2V ±0.2V 容许负载电流 10mA
	2	频率设定（电压）	输入 DC0～5V（或者 0～10V、4～20mA）时，最大输出频率 5V（10V、20mA），输出输入成正比。DC0～5V（出厂值）与 DC0～10V，0～20mA 的输入切换用 Pr.73 进行控制。电流输入为（0～20mA）时，电流/电压输入切换开关设为 ON①	电压输入的情况下：输入电阻 10kΩ ± 1kΩ，最大许可电压 DC20V。电流输入的情况下：输入电阻 245Ω ±5Ω 最大许可电流为 30mA
	4	频率设定（电流）	如果输入 DC4～20mA（或 0～5V，0～10V），当 20mA 时成最大输出频率，输出频率与输入成正比。只有 AU 信号置为 ON 时此输入信号才会有效（端子 2 的输入将无效）。4～20mA（出厂值），DC0～5V，DC0～10V 的输入切换用 Pr.267 进行控制。电压输入为（0～5V/0～10V）时，电流/电压输入切换开关设为 OFF。端子功能的切换通过 Pr.858 进行设定①	电压/电流输入切换开关 开关1 开关2
	1	辅助频率设定	输入 DC0～±5 或 DC0～±10V 时，端子 2 或 4 的频率设定信号与这个信号相加，用参数单元 Pr.73 进行输入 DC0～±5V 和 DC0～±10V（初始设定）的切换。端子功能的切换通过 Pr.868 进行设定	输入电阻 10kΩ ± 1kΩ，最大许可电压 DC ±20V
	5	频率设定公共端	频率设定信号（端子 2，1 或 4）和模拟输出端子 CA，AM 的公共端子，不要接大地	—

① 请正确设置 Pr.73，Pr.267 和电压/电流输入切换开关后，输入符合设置的模拟信号。打开电压/电流输入切换开关开关输入电压（电流输入规格）时和关闭开关输入电流（电压输入规格）时，换流器和外围机器的模拟回路会发生故障。

3. 输出端子功能说明

变频器的输出信号的类型有接点信号、晶体管集电极开路输出信号和模拟量信号。接点信号是输出端子内部的继电器触点通断产生的，晶体管集电极开路输出信号是由输出端子内部的晶体管导通截止产生的，模拟量信号是输出端子输出的连续变化的电压或电流。三菱 FR-A740 型变频器输出端子功能说明见表 8-3。

表 8-3　输出端子功能说明

种类	端子记号	端子名称	端子功能说明	额定规格
接点	A1，B1，C1	继电器输出 1（异常输出）	指示变频器因保护功能动作时输出停止的 1c 转换接点。故障时：B-C 间不导通（A-C 间导通），正常时：B-C 间导通（A-C 间不导通）	接点容量 AC230V 0.3A（功率 = 0.4）DC30V 0.3A
	A2，B2，C2	继电器输出 2	1 个继电器输出（常开/常闭）	

（续）

种类	端子记号	端子名称	端子功能说明		额定规格
集电极开路	RUN	变频器正在运行	变频器输出频率为启动频率（初始值0.5Hz）以上时为低电平，正在停止或正在直流制动时为高电平①		容许负载为DC24V（最大DC27V），0.1A（打开的时候最大电压下降2.8V）
	SU	频率到达	输出频率达到设定频率的±10%（初始值）时为低电平，正在加/减速或停止时为高电平①	报警代码（4位）输出	
	OL	过负载报警	当失速保护功能动作时为低电平，失速保护解除时为高电平①		
	IPF	瞬时停电	瞬时停电，电压不足保护动作时为低电平①		
	FU	频率检测	输出频率为任意设定的检测频率以上时为低电平，未达到时为高电平①		
	SE	集电极开路输出公共端	端子RUN，SU，OL，IPF，FU的公共端子		—
模拟	CA	模拟电流输出	可以从输出频率等多种监示项目中选一种作为输出②输出信号与监示项目的大小成比例	输出项目：输出频率（初始值设定）	容许负载阻抗200~450Ω 输出信号DC0~20mA
	AM	模拟电压输出			输出信号DC0~10V 许可负载电流1mA（负载阻抗10kΩ以上）分辨率8位

① 低电平表示集电极开路输出用的晶体管处于ON（导通状态），高电平为OFF（不导通状态）。
② 变频器复位中不被输出。

8.4 变频器操作面板的使用

8.4.1 操作面板说明

　　三菱FR-A740变频器安装有操作面板（FR-DU07），用户可以使用操作面板操作、监视变频器，还可以设置变频器的参数。FR-DU07型操作面板外形及组成部分说明如图8-14所示。

8.4.2 运行模式切换

　　变频器有外部、PU和JOG（点动）三种运行模式。当变频器处于外部运行模式时，可通过操作变频器输入端子外接的开关和电位器来控制电动机运行和调速；当处于PU运行模式时，可通过操作面板上的按键和旋钮来控制电动机运行和调速；当处于JOG（点动）运行模式时，可通过操作面板上的按键来控制电动机点动运行。在操作面板上进行运行模式切换的操作如图8-15所示。

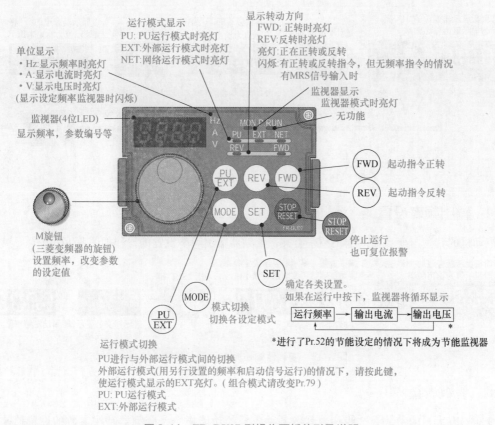

图 8-14　FR-DU07 型操作面板外形及说明

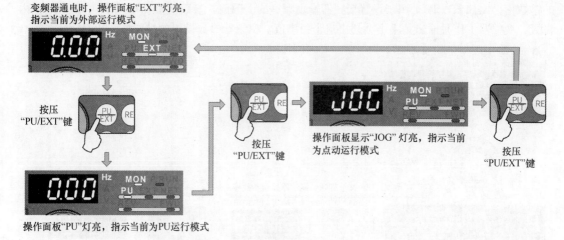

图 8-15　运行模式切换的操作

8.4.3　输出频率、电流和电压监视

在操作面板的显示器上可查看变频器当前的输出频率、输出电流和输出电压。频率、电流和电压监视的操作如图 8-16 所示。显示器默认优先显示输出频率，如果要优先显示输出电流，可在 "A" 灯亮时，按下 "SET" 键持续时间超过 1s；在 "V" 灯亮时，按下 "SET" 键超过 1s，即可将输出电压设为优先显示。

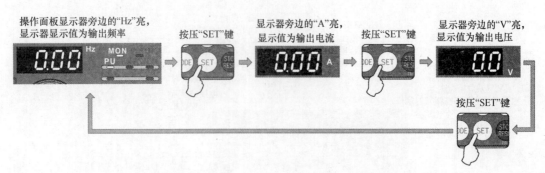

图 8-16 输出频率、电流和电压监视的操作

8.4.4 输出频率设置

电动机的转速与变频器的输出频率有关，变频器输出频率设置的操作如图 8-17 所示。

图 8-17 变频器输出频率设置的操作

8.4.5 参数设置

变频器有大量的参数，这些参数就像各种各样的功能指令，变频器是按参数的设置值来工作的。由于参数很多，为了区分各个参数，每个参数都有一个参数号，用户可根据需要设置参数的参数值，比如参数 Pr.1 用于设置变频器输出频率的上限值，参数值可在 0～120（Hz）范围内设置，变频器工作时输出频率不会超出这个频率值。变频器参数设置的操作如图 8-18 所示。

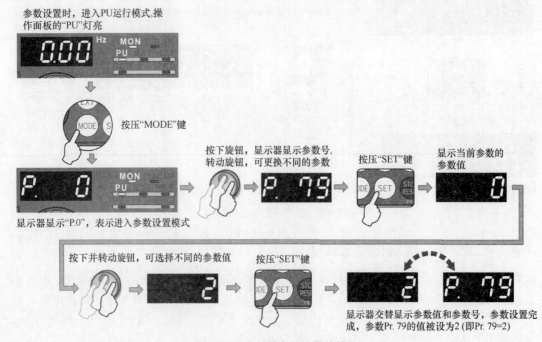

图 8-18 变频器参数设置的操作

8.4.6　参数清除

如果要清除变频器参数的设置值，可用操作面板将 Pr. CL（或 ALCC）的值设为 1，就可以将所有参数的参数值恢复到初始值。变频器参数清除的操作如图 8-19 所示。如果参数 Pr. 77 的值先前已被设为 1，则无法执行参数清除。

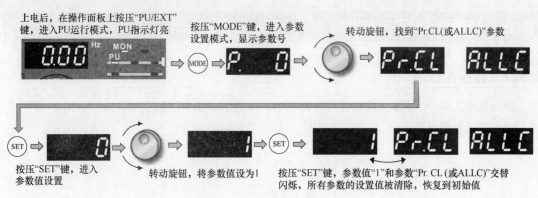

图 8-19　变频器参数清除的操作

8.4.7　变频器之间参数复制

参数的复制是指将一台变频器的参数设置值复制给其他同系列（如 FR-A700 系列）的变频器。在参数复制时，先将源变频器的参数值读入操作面板，然后取下操作面板安装到目标变频器，再将操作面板中的参数值写入目标变频器。变频器之间参数复制的操作如图 8-20 所示。

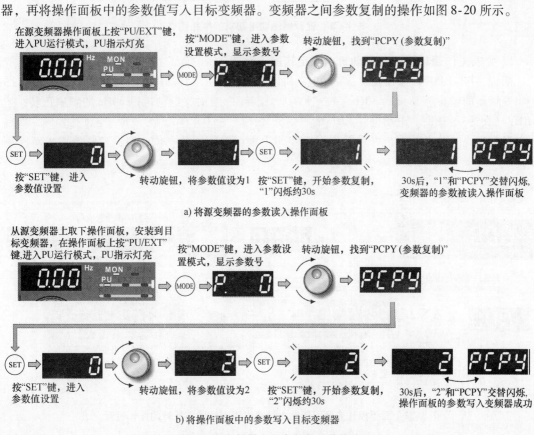

图 8-20　变频器之间参数复制的操作

8.4.8 面板锁定

在变频器运行时，为避免误操作面板上的按键和旋钮引起意外，可对面板进行锁定（将参数 Pr161 的值设为 10），面板锁定后，按键和旋钮操作无效。在面板锁定时，"STOP/RESET"键的停止和复位控制功能仍有效。

8.5 变频器的运行操作

8.5.1 面板操作

面板操作又称 PU 操作，是通过操作面板上的按键和旋钮来控制变频器运行。图 8-21 是变频器驱动电动机的电路图。

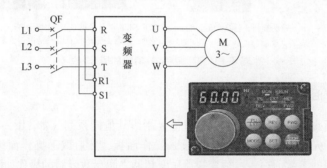

图 8-21 变频器驱动电动机的电路图

1. 面板操作变频器驱动电动机以固定转速正反转

面板（FR-DU07）操作变频器驱动电动机以固定转速正反转的操作过程如图 8-22 所示。图中将变频器的输出频率设为 30Hz，按"FWD（正转）"键时，电动机以 30Hz 的频率正转；按"REV（反转）"键时，电动机以 30Hz 的频率反转；按"STOP/RESET"键，电动机停转。如果要更改变频器的输出频率，可重新用旋钮和 SET 键设置新的频率值，然后变频器输出新的频率值。

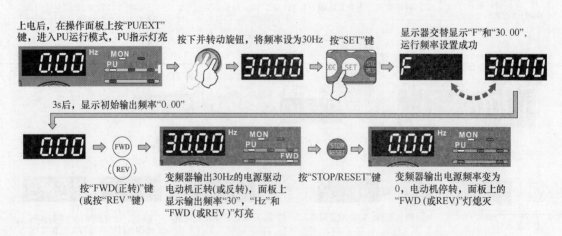

图 8-22 面板操作变频器驱动电动机以固定转速正反转的操作过程

2. 用面板旋钮（电位器）直接调速

用面板旋钮（电位器）直接调速可以很方便地改变变频器的输出频率，在使用这种方式调速时，需要将参数 Pr. 161 的值设为 1（M 旋钮旋转调节模式）。在该模式下，在变频器运行或停止时，均可用旋钮（电位器）设定输出频率。

用面板旋钮（电位器）直接调速的操作过程如下：

1）变频器上电后，按面板上的"PU/EXT"键，切换到 PU 运行模式。

2）在面板上操作，将参数 Pr. 161 的值设为 1（M 旋钮旋转调节模式）。

3）按"FWD"键或"REV"，起动变频器正转或反转。

4）转动旋钮（电位器）将变频器输出频率调到需要的频率，待该频率值闪烁 5s 后，变频器即输出该频率的电源驱动电动机运转。如果设定的频率值闪烁 5 秒后变为 0，一般是因为 Pr. 161 的值不为 1。

8.5.2　外部操作

外部操作是通过给变频器的输入端子输入 ON/OFF 信号和模拟量信号来控制变频器运行。变频器用于调速（设定频率）的模拟量可分为电压信号和电流信号。在进行外部操作时，需要让变频器进入外部运行模式。

1. 电压输入调速电路与操作

图 8-23 是变频器电压输入调速电路，当 SA1 开关闭合时，STF 端子输入为 ON，变频器输出正转电源，当 SA2 开关闭合时，STR 端子输入为 ON，变频器输出反转电源，调节调速电位器 RP，端子 2 的输入电压发生变化，变频器输出电源频率也会发生变化，电动机转速随之变化，电压越高，频率越高，电动机转速就越快。变频器电压输入调速的操作过程见表 8-4。

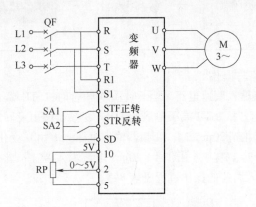

图 8-23　变频器电压输入调速电路

表 8-4　变频器电压输入调速的操作过程

序号	操作说明	操作图
1	将电源开关闭合，给变频器通电，面板上的"EXT"灯亮，变频器处于外部运行模式，如果"EXT"灯未亮，可按"PU/EXT"键，使变频器进入外部运行模式	

（续）

序号	操作说明	操作图
2	将正转开关闭合，面板上的"FWD"灯亮，变频器输出正转电源	正转 反转 ON → 0.00 Hz MON EXT FWD 闪烁
3	顺时针转动旋钮（电位器）时，变频器输出频率上升，电动机转速变快	→ 50.00 Hz MON EXT FWD
4	逆时针转动旋钮（电位器）时，变频器输出频率下降，电动机转速变慢，输出频率调到0时，FWD（正转）指示灯闪烁	→ 0.00 Hz MON EXT FWD 闪烁
5	将正转和反转开关都断开，变频器停止输出电源，电动机停转	正转 反转 OFF → 0.00 Hz MON PU EXT

2. 电流输入调速电路与操作

图8-24是变频器电流输入调速电路。当SA1开关闭合时，STF端子输入为ON，变频器输出正转电源；当SA2开关闭合时，STR端子输入为ON，变频器输出反转电源，端子4为电流输入调速端；当电流从4mA变化到20mA时，变频器输出电源频率由0变化到50Hz，AU端为端子4功能选择，AU输入为ON时，端子4用作4～20mA电流输入调速，此时端子2的电压输入调速功能无效。变频器电流输入调速的操作过程见表8-5。

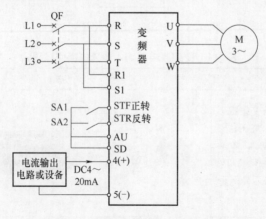

图8-24　变频器电流输入调速电路

表 8-5　变频器电流输入调速的操作过程

序号	操　作　说　明	操　作　图
1	将电源开关闭合，给变频器通电，面板上的"EXT"灯亮，变频器处于外部运行模式，如果"EXT"灯未亮，可按"PU/EXT"键，使变频器进入外部运行模式。如果无法进入外部运行模式，应将参数 Pr. 79 设为 2（外部运行模式）	ON
2	将正转开关闭合，面板上的"FWD"灯亮，变频器输出正转电源	正转　反转　ON
3	让输入变频器端子 4 的电流增大，变频器输出频率上升，电动机转速变快，输入电流为 20mA 时，输出频率为 50Hz	4mA→20mA
4	让输入变频器端子 4 的电流减小，变频器输出频率下降，电动机转速变慢，输入电流为 4mA 时，输出频率为 0Hz，电动机停转，FWD 灯闪烁	20mA→4mA
5	将正转和反转开关都断开，变频器停止输出电源，电动机停转	正转　反转　OFF

8.5.3　组合操作

组合操作又称外部/PU 操作，是将外部操作和面板操作组合起来使用。这种操作方式使用灵活，既可以用面板上的按键控制正反转，用外部端子输入电压或电流来调速，也可以用外部端子连接的开关控制正反转，用面板上的旋钮来调速。

1. 面板起动运行外部电压调速的电路与操作

面板起动运行外部电压调速的电路如图 8-25 所示，操作时将运行模式参数 Pr. 79 的值设为 4

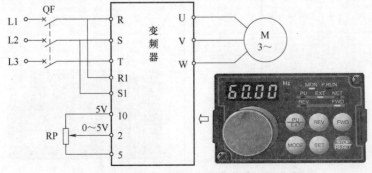

图 8-25　面板起动运行外部电压调速的电路

（外部/PU 运行模式 2），然后按面板上的"FWD"或"REV"起动正转或反转，再调节电位器 RP，端子 2 输入电压在 0 ~ 5V 范围内变化，变频器输出频率则在 0 ~ 50Hz 范围内变化。面板起动运行外部电压调速的操作过程见表 8-6。

表 8-6　面板起动运行外部电压调速的操作过程

序号	操作说明	操作图
1	将电源开关闭合，给变频器通电，将参数 Pr.79 的值设为 4，使变频器进入外部/PU 运行模式 2	ON　⇒　0.00 Hz MON EXT
2	在面板上按"FWD"键，"FWD"灯闪烁，起动正转。如果同时按"FWD"键和"REV"键，无法起动，运行时同时按两键，会减速至停止	(FWD) ((REV))　⇒　0.00 Hz MON PU EXT FWD 闪烁
3	顺时针转动旋钮（电位器）时，变频器输出频率上升，电动机转速变快	⇒　50.00 Hz MON EXT FWD
4	逆时针转动旋钮（电位器）时，变频器输出频率下降，电动机转速变慢，输出频率为 0 时，"FWD"灯闪烁	⇒　0.00 Hz MON EXT FWD 闪烁
5	按面板上的"STOP/RESET"键，变频器停止输出电源，电动机停转，"FWD"灯熄灭	STOP RESET　⇒　0.00 Hz MON PU EXT

2. 面板起动运行外部电流调速的电路与操作

面板起动运行外部电流调速的电路如图 8-26 所示。操作时将运行模式参数 Pr.79 的值设为 4

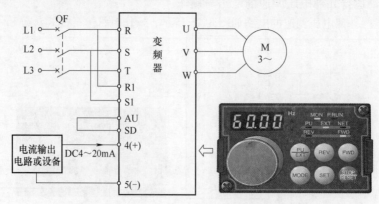

图 8-26　面板起动运行外部电流调速的电路

（外部/PU 运行模式 2），为了将端子 4 用作电流调速输入，需要 AU 端子输入为 ON，故将 AU 端子与 SD 端接在一起，然后按面板上的"FWD"或"REV"起动正转或反转，再让电流输出电路或设备输出电流，端子 4 输入直流电流在 4 ~ 20mA 范围内变化，变频器输出频率则在 0 ~ 50Hz 范围内变化。

3. 外部起动运行面板旋钮调速的电路与操作

外部起动运行面板旋钮调速的电路如图 8-27 所示，操作时将运行模式参数 Pr. 79 的值设为 3（外部/PU 运行模式 1），将变频器 STF 或 STR 端子外接开关闭合起动正转或反转，然后调节面板上的旋钮，变频器输出频率则在 0 ~ 50Hz 范围内变化，电动机转速也随之变化。

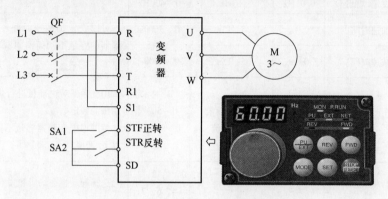

图 8-27　外部起动运行面板旋钮调速的电路

8.6　常用参数说明

变频器在工作时要受到参数的控制，在出厂时，这些参数已设置了初始值，对于一些要求不高的场合，可不进行设置，让变频器各参数值保持初始值工作，但对于情况特殊要求高的场合，为了发挥变频器的最佳性能，必须对一些参数按实际情况进行设置。

变频器的参数可分为简单参数（也称基本参数）和扩展参数。简单参数是一些最常用的参数，数量少、设置频繁，用户应掌握，简单参数及说明见表 8-7。扩展参数数量很多，通过设置扩展参数可让变频器能在各种场合下发挥良好的性能，扩展参数的功能说明可查看相应型号的变频器使用手册。

表 8-7　简单参数及说明

参数编号	名　　称	单位	初　始　值	范　围	说　　明
0	转矩提升	0.1%	6%、4%、3%、2%、1%	0 ~ 30%	V/F 控制时，想进一步提高起动时的转矩，在负载后电动机不转，输出报警（OL），在（OC1）发生跳闸的情况下使用初始值因变频器的容量不同而不同（0.4K，0.75K/1.5K ~ 3.7K/5.5K，7.5K/11K ~ 55K/75K 以上）
1	上限频率	0.01Hz	120/60Hz	0 ~ 120Hz	想设置输出频率的上限的情况下进行设定 初始值根据变频器容量不同而不同（55K 以下/75K 以上）

（续）

参数编号	名　称	单位	初始值	范　围	说　明
2	下限频率	0.01Hz	0Hz	0～120Hz	想设置输出频率的下限的情况下进行设定
3	基底频率	0.01Hz	50Hz	0～400Hz	请看电机的额定铭牌进行确认
4	3速设定（高速）	0.01Hz	50Hz	0～400Hz	想用参数设定运转速度，用端子切换速度的时候进行设定
5	3速设定（中速）	0.01Hz	30Hz	0～400Hz	
6	3速设定（低速）	0.01Hz	10Hz	0～400Hz	
7	加速时间	0.1s	5s/15s	0～3600s	可以设定加减速时间。初始值根据变频器的容量不同而不同（7.5K以下/11K以上）
8	减速时间	0.1s	5s/15s	0～3600s	
9	电子过电流保护器	0.01/0.1A	变频器额定输出电流	0～500/0～3600A	用变频器对电动机进行热保护。设定电动机的额定电流 范围根据变频器容量不同而不同（55K以下/75K以上）
79	运行模式选择	1	0	0, 1, 2, 3, 4, 6, 7	选择起动指令场所和频率设定场所
125	端子2频率设定增益频率	0.01Hz	50Hz	0～400Hz	电位器最大值（5V初始值）对应的频率
126	端子4频率设定增益频率	0.01Hz	50Hz	0～400Hz	电流最大输入（20mA初始值）对应的频率
160	用户参数组读取选择	1	0	0, 1, 9999	可以限制通过操作面板或参数单元读取的参数

8.6.1　用户参数组读出选择参数

三菱 FR-A740 型变频器有几百个参数，为了设置时查找参数快速方便，可用 Pr.160 参数来设置操作面板显示器能显示出来的参数，比如设置 Pr.160 = 9999，面板显示器只会显示简单参数，无法查看到扩展参数。

Pr.160 参数说明如下：

参数号	名　称	初始值	设定值	说　明
160	用户参数组读出选择	0	9999	仅能够显示简单模式参数
			0	能够显示简单模式参数 + 扩展模式参数
			1	仅能够显示在用户参数组登记的参数

8.6.2　运行模式选择参数

操作变频器主要有 PU（面板）操作、外部（端子）操作和 PU/外部操作，在使用不同的操作方式时，需要让变频器进入相应的运行模式。参数 Pr.79 用于设置变频器的运行模式，比如设置 Pr.79 = 1，变频器进入固定 PU 运行模式，无法通过面板"PU/EXT"键切换到外部运行模式。

Pr. 79 参数说明如下：

参数编号	名　称	初始值	设定值	说　明
79	运行模式选择	0	0	外部/PU 切换模式中，通过 PU/EXT 键可以切换 PU 与外部运行模式。电源投入时为外部运行模式
			1	PU 运行模式固定
			2	外部运行模式固定。可以切换外部和网络运行模式
			3	外部/PU 组合运行模式 1 <table><tr><td>运行频率</td><td>起动信号</td></tr><tr><td>用 PU（FR-DU07/FR-PU04-CH）设定或外部信号输入［多段速设定，端子 4-5 间（AU 信号 ON 时有效）］</td><td>外部信号输入（端子 STF，STR）</td></tr></table>
			4	外部/PU 组合运行模式 2 <table><tr><td>运行频率</td><td>起动信号</td></tr><tr><td>外部信号输入（端子 2，4，1，JOG，多段速选择等）</td><td>在 PU（FR-DU07/FR-PU04-CH）输入（FWD），（REV））</td></tr></table>
			6	切换模式 可以一边继续运行状态，一边实施 PU 运行，外部运行，网络运行的切换
			7	外部运行模式（PU 操作互锁） X12 信号 ON[①] 可切换到 PU 运行模式（正在外部运行时输出停止）X12 信号 OFF[①] 禁止切换到 PU 运行模式

① 对于 X12 信号（PU 运行互锁信号）输入所使用的端子，通过将 Pr. 178～Pr. 189（输入端子功能选择）设定为 "12" 来进行功能的分配。未分配 X12 信号时，MRS 信号的功能从 MRS（输出停止）切换为 PU 运行互锁信号。

8.6.3　转矩提升参数

如果电动机施加负载后不转动或变频器出现 **OL**（过载）、**OC**（过电流）而跳闸等情况下，可设置参数 **Pr. 0** 来提升转矩（转力）。Pr. 0 参数说明如图 8-28 所示，提升转矩是在变频器输出频率低时提高输出电压，提供给电动机的电压升高，能产生较大的转矩带动负载。在设置参数时，带上负载观察电动机的动作，每次把 Pr. 0 值提高 1%（最多每次增加 10% 左右）。Pr. 46、Pr. 112 分别为第 2、3 转矩提升参数。

8.6.4　频率相关参数

变频器常用频率名称有设定（给定）频率、输出频率、基准频率、最高频率、上限频率、下限频率和回避频率等。

参数编号	名称	初始值		设定范围	说明
0	转矩提升	0.4K～0.75K	6%	0～30%	可以根据负载的情况，提高低频时电动机的起动转矩
		1.5K～3.7K	4%		
		5.5K～7.5K	3%		
		11K～55K	2%		
		75K以上	1%		

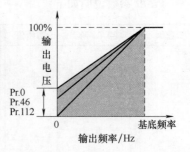

图 8-28　转矩提升参数（Pr.0）说明

1. 设定频率

设定频率是指给变频器设定的运行频率。设定频率可由操作面板设定，也可由外部方式设定，其中外部方式又分为电压设定和电流设定。

（1）操作面板设定频率

操作面板设定频率是指操作变频器面板上的旋钮来设置设定频率。

（2）电压设定频率

电压设定频率是指给变频器有关端子输入电压来设置设定频率，输入电压越高，设置的设定频率越高。电压设定可分为电位器设定、直接电压设定和辅助设定，如图 8-29 所示。

图 8-29a 为电位器设定方式。给变频器 10、2、5 端子按图示方法接一个 1/2W 1kΩ 的电位器，通电后变频器 10 脚会输出 5V 或 10V 电压，调节电位器会使 2 脚电压在 0～5V 或 0～10V 范围内变化，设定频率就在 0～50Hz 之间变化。端子 2 输入电压由 Pr.73 参数决定，当 Pr.73 = 1 时，端子 2 允许输入 0～5V；当 Pr.73 = 0 时，端子允许输入 0～10V。

图 8-29b 为直接电压设定方式。该方式是在 2、5 端子之间直接输入 0～5V 或 0～10V 电压，设定频率就在 0～50Hz 之间变化。

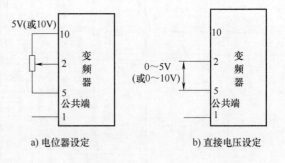

图 8-29　电压设定频率方式

端子 1 为辅助频率设定端，该端输入信号与主设定端输入信号（端子 2 或 4 输入的信号）叠加进行频率设定。

（3）电流设定频率

电流设定频率是指给变频器有关端子输入电流来设置设定频率，输入电流越大，设置的设定频率越高。电流设定频率方式如图 8-30 所示。要选择电流设定频率方式，需要将电流选择端子 AU 与 SD 端接通，然后给变频器端子 4 输入 4～20mA 的电流，设定频率就在 0～50Hz 之间变化。

2. 输出频率

变频器实际输出的频率称为输出频率。在给变频器设置设定频率后，为了改善电动机的运行性能，变频器会根据一些参数自动对设定频率进行调整而得到输出频率，因此输出频率不一定等于设定频率。

3. 基准频率

变频器最大输出电压所对应的频率称为基准频率，又称基底频率或基本频率，如图 8-31 所示。参数 Pr.3 用于设置基准频率，初始值为 50Hz，设置范围为 0～400Hz，基准频率一般设置与电动机的额定频率相同。

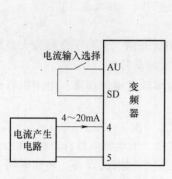

图 8-30　电流设定频率方式

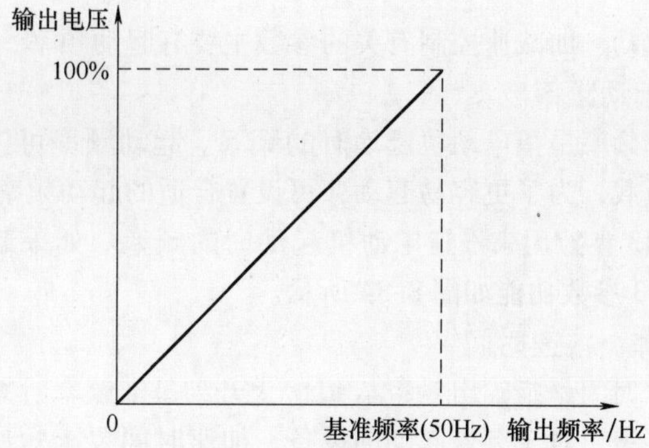

图 8-31　基准频率

4. 上限频率和下限频率

上限频率是指不允许超过的最高输出频率；下限频率是指不允许超过的最低输出频率。

Pr.1 参数用来设置输出频率的上限频率（最大频率），如果运行频率设定值高于该值，输出频率会钳在上限频率上。**Pr.2** 参数用来设置输出频率的下限频率（最小频率），如果运行频率设定值低于该值，输出频率会钳在下限频率上。这两个参数值设定后，输出频率只能在这两个频率之间变化，如图 8-32 所示。

在设置上限频率时，一般不要超过变频器的最大频率，若超出最大频率，自动会以最大频率作为上限频率。

5. 回避频率

回避避率又称跳变频率，是指变频器禁止输出的频率。

任何机械都有自己的固有频率（由机械结构、质量等因素决定），当机械运行的振动频率与固有频率相同时，将会引起机械共振，使机械振荡幅度增大，可能导致机械磨损和损坏。为了防止共振给机械带来的危害，可给变频器设置禁止输出的频率，避免这些频率在驱动电动机时引起机械共振。

回避频率设置参数有 **Pr.31**、**Pr.32**、**Pr.33**、**Pr.34**、**Pr.35**、**Pr.36**，这些参数可设置 3 个可跳变的频率区域，每两个参数设定一个跳变区域，如图 8-33 所示。变频器工作时不会输出跳变区内的频率，当设定频率在跳变区频率范围内时，变频器会输出低参数号设置的频率。例如当设置 Pr.33 = 35Hz、Pr.34 = 30Hz 时，变频器不会输出 30 ~ 35Hz 范围内的频率，若设定的频率在这个范围内，变频器会输出低号参数 Pr.33 设置的频率（35Hz）。

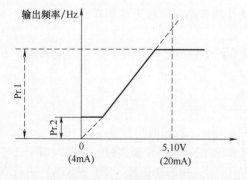

图 8-32　上限频率与下限频率参数功能

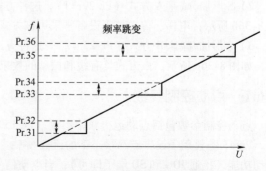

图 8-33　回避频率参数功能

8.6.5　起动、加减速控制参数

与起动、加减速控制有关的参数主要有起动频率、加减速时间、加减速方式。

1. 起动频率

起动频率是指电动机起动时的频率。起动频率可以从 0Hz 开始，但对于惯性较大或摩擦力较大的负载，为了更容易起动，可设置合适的起动频率以增大起动转矩。

Pr. 13 参数用来设置电动机起动时的频率。如果起动频率较设定频率高，电动机将无法起动。Pr. 13 参数功能如图 8-34 所示。

2. 加、减速时间

加速时间是指输出频率从 0Hz 上升到基准频率所需的时间。加速时间越长，起动电流越小，起动越平缓，对于频繁起动的设备，加速时间要求短些，对惯性较大的设备，加速时间要求长些。Pr. 7 参数用于设置电动机加速时间，Pr. 7 的值设置越大，加速时间越长。

减速时间是指从输出频率由基准频率下降到 0Hz 所需的时间。Pr. 8 参数用于设置电动机减速时间，Pr. 8 的值设置越大，减速时间越长。

Pr. 20 参数用于设置加、减速基准频率。Pr. 7 设置的时间是指从 0Hz 变化到 Pr. 20 设定的频率所需的时间，如图 8-35 所示，Pr. 8 设置的时间是指从 Pr. 20 设定的频率变化到 0Hz 所需的时间。

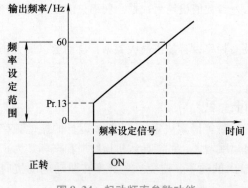

图 8-34　起动频率参数功能

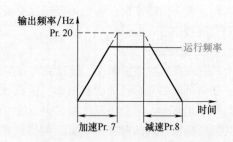

图 8-35　加、减速基准频率参数功能

3. 加、减速方式

为了适应不同机械的起动停止要求，可给变频器设置不同的加、减速方式。加、减速方式主要有三种，由 Pr. 29 参数设定。

1）直线加/减速方式（Pr. 29 = 0）。这种方式的加、减速时间与输出频率变化正比关系，如图 8-36a 所示，大多数负载采用这种方式，出厂设定为该方式。

2）S 形加/减速 A 方式（Pr. 29 = 1）。这种方式是开始和结束阶段升速和降速比较缓慢，如图 8-36b 所示，电梯、传送带等设备常采用该方式。

3）S 形加/减速 B 方式（Pr. 29 = 2）。这种方式是在两个频率之间提供一个 S 形加/减速 A 方式，如图 8-36c 所示，该方式具有缓和振动的效果。

8.6.6　点动控制参数

点动控制参数包括点动运行频率参数（Pr. 15）和点动加、减速时间参数（Pr. 16）。

Pr. 15 参数用于设置点动状态下的运行频率。当变频器在外部操作模式时，用输入端子选择点动功能（接通 JOG 和 SD 端子即可）；当点动信号为 ON 时，用起动信号（STF 或 STR）进行点动运行；在 PU 操作模式时用操作面板上的 FWD 或 REV 键进行点动操作。

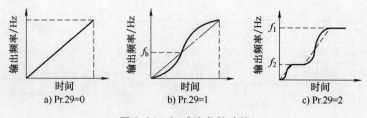

图 8-36 加减速参数功能

Pr. 16 参数用来设置点动状态下的加、减速时间，如图 8-37 所示。

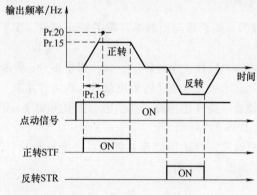

图 8-37 点动控制参数功能

8.6.7 瞬时停电再起动参数

该功能的作用是当电动机由工频切换到变频供电或瞬时停电再恢复供电时，保持一段自由运行时间，然后变频器再自动起动进入运行状态，从而避免重新复位再起动操作，保证系统连续运行。

当需要起用瞬时停电再起动功能时，须将 CS 端子与 SD 端子短接。设定瞬时停电再起动功能后，变频器的 IPF 端子在发生瞬时停电时不动作。瞬时停电再起动功能参数见表 8-8。

表 8-8 瞬时停电再起动功能参数

参数	功　能	出厂设定	设置范围	说　明
Pr. 57	再起动自由运行时间	9999s	0	0.5s（0.4K ~ 1.5K），1.0s（2.2K ~ 7.5K），3.0s（11K 以上）
			0.1 ~ 5s	瞬时停电再恢复后变频器再起动前的等待时间。根据负荷的转动惯量和转矩，该时间可设定在0.1 ~ 5s
			9999s	无法起动
Pr. 58	再起动上升时间	1.0s	0 ~ 60s	通常可用出厂设定运行，也可根据负荷（转动惯量，转矩）调整这些值
Pr. 162	瞬停再起动动作选择	0	0	频率搜索开始。检测瞬时掉电后开始频率搜索
			1	没有频率搜索。电动机以自由速度独立运行，输出电压逐渐升高，而频率保持为预测值

（续）

参数	功　能	出厂设定	设置范围	说　明
Pr. 163	再起动第一缓冲时间	0s	0~20s	通常可用出厂设定运行，也可根据负荷（转动惯量，转矩）调整这些值
Pr. 164	再起动第一缓冲电压	0%	0~100%	
Pr. 165	再起动失速防止动作水平	150%	0~200%	

8.6.8　负载类型选择参数

当变频器配接不同负载时，要选择与负载相匹配的输出特性（V/f 特性）。Pr. 14 参数用来设置适合负载的类型。

当 Pr. 14 = 0 时，变频器输出特性适用恒转矩负载，如图 8-38a 所示。

当 Pr. 14 = 1 时，变频器输出特性适用变转矩负载（二次方律负载），如图 8-38b 所示。

当 Pr. 14 = 2 时，变频器输出特性适用提升类负载（势能负载），正转时按 Pr. 0 提升转矩设定值，反转时不提升转矩，如图 8-38c 所示。

当 Pr. 14 = 3 时，变频器输出特性适用提升类负载（势能负载），反转时按 Pr. 0 提升转矩设定值，正转时不提升转矩，如图 8-38d 所示。

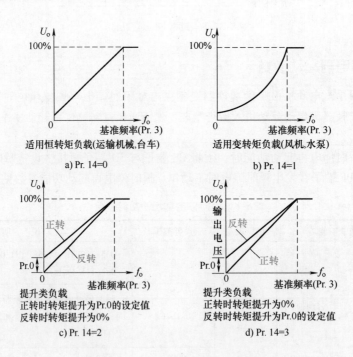

图 8-38　负载类型选择参数功能

8.6.9　MRS 端子输入选择参数

Pr. 17 参数用来选择 MRS 端子的逻辑。当 Pr. 17 = 0 时，MRS 端子外接常开触点闭合后变频器停止输出；在 Pr. 17 = 2 时，MRS 端子外接常闭触点断开后变频器停止输出。Pr. 17 参数功能如图 8-39 所示。

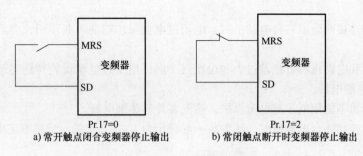

a) 常开触点闭合变频器停止输出   b) 常闭触点断开时变频器停止输出

图 8-39 Pr. 17 参数功能

8.6.10 禁止写入和逆转防止参数

Pr. 77 参数用于设置参数写入允许或禁止，可以防止参数被意外改写。Pr. 78 参数用来设置禁止电动机反转，如泵类设备。Pr. 77 和 Pr. 78 参数说明如下：

参 数 号	名　　称	初始值	设定值	说　　明
77	参数写入选择	0	0	仅限于停止中可以写入
			1	不可写入参数
			2	在所有的运行模式下，不管状态如何都能够写入
78	反转防止选择		0	正转、反转都允许
			1	不允许反转
			2	不允许正转

8.6.11 高、中、低速设置参数

Pr. 4（高速）、Pr. 5（中速）、Pr. 6（低速）分别用于设置 RH、RM、RL 端子输入为 ON 时的输出频率。Pr. 4、Pr. 5、Pr. 6 参数说明如下：

参数号	名　　称	初始值	设定范围	说　　明
4	多段速度设定（高速）	50Hz	0~400Hz	设定仅 RH 为 ON 时的频率
5	多段速度设定（中速）	30Hz	0~400Hz	设定仅 RM 为 ON 时的频率
6	多段速度设定（低速）	10Hz	0~400Hz	设定仅 RL 为 ON 时的频率

8.6.12 电子过电流保护参数

Pr. 9 用于设定变频器的额定输出电流，防止电动机因电流大而过热。Pr. 9 参数说明如下：

参数号	名　　称	初始值	设定范围		说　　明
9	电子过电流保护	变频器额定电流①	55K 以下	0~500A	设定电动机额定电流
			75K 以上	0~3600A	

① 0.4K, 0.75K 应设定为变频器额定电流的 85%。

在设置电子过电流保护参数时要注意以下几点：

1）当参数值设定为 0 时，电子过电流保护（电动机保护功能）无效，但变频器输出晶体管

保护功能有效。

2）当变频器连接两台或三台电动机时，电子过电流保护功能不起作用，应给每台电动机安装外部热继电器。

3）当变频器和电动机容量相差过大和设定过小时，电子过电流保护特性将恶化，在此情况下，应安装外部热继电器。

4）特殊电动机不能用电子过电流保护，应安装外部热继电器。

5）当变频器连接一台电动机时，该参数一般设定为 1～1.2 倍的电动机额定电流。

8.6.13　端子 2、4 设定增益频率参数

Pr. 125 用于设置变频器端子 2 最高输入电压对应的频率，Pr. 126 用于设置变频器端子 4 最大输入电流对应的频率。Pr. 125、Pr. 126 参数说明如下：

参数编号	名　　称	单位	初始值	范　　围	说　　明
125	端子 2 频率设定增益频率	0.01Hz	50Hz	0～400Hz	电位器最大值（5V 初始值）对应的频率
126	端子 4 频率设定增益频率	0.01Hz	50Hz	0～400Hz	电流最大输入（20mA 初始值）对应的频率

Pr. 125 默认值为 50Hz 表示当端子 2 输入最高电压（5V 或 10V）时，变频器输出频率为 50Hz，Pr. 126 默认值为 50Hz 表示当端子 4 输入最大电流（20mA）时，变频器输出频率为 50Hz。若将 Pr. 125 值设为 40，那么端子 2 输入 0～5V 时，变频器输出频率为 0～40Hz。

第9章

变频器应用电路

9.1 电动机正转控制电路与参数设置

变频器控制电动机正转是变频器最基本的功能。正转控制既可采用开关操作方式，也可采用继电器操作方式。在控制电动机正转时需要给变频器设置一些基本参数，具体见表9-1。

表9-1 变频器控制电动机正转的参数及设置值

参 数 名 称	参 数 号	设 置 值
加速时间	Pr. 7	5s
减速时间	Pr. 8	3s
加减速基准频率	Pr. 20	50Hz
基底频率	Pr. 3	50Hz
上限频率	Pr. 1	50Hz
下限频率	Pr. 2	0Hz
运行模式	Pr. 79	2

9.1.1 开关操作式正转控制电路

开关操作式正转控制电路如图9-1所示，它是依靠手动操作变频器STF端子外接开关SA，来对电动机进行正转控制。

9.1.2 继电器操作式正转控制电路

继电器操作式正转控制电路如图9-2所示。

9.2 电动机正反转控制电路与参数设置

变频器不但轻易就能实现变频器控制电动机正转，控制电动机正反转也很方便。正反转控制也有开关操作方式和继电器操作方式。在控制电动机正反转时也要给变频器设置一些基本参数，具体见表9-2。

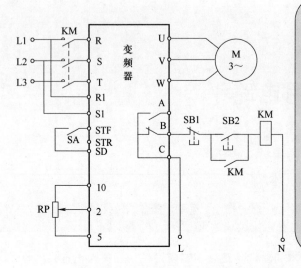

① 起动准备。按下按钮SB2→接触器KM线圈得电→KM常开辅助触点和主触点均闭合→KM常开辅助触点闭合锁定KM线圈得电(自锁)，KM主触点闭合为变频器接通主电源。

② 正转控制。按下变频器STF端子外接开关SA，STF、SD端子接通，相当于STF端子输入正转控制信号，变频器U、V、W端子输出正转电源电压，驱动电动机正向运转。调节端子10、2、5外接电位器RP，变频器输出电源频率会发生改变，电动机转速也随之变化。

③ 变频器异常保护。若变频器运行期间出现异常或故障，变频器B、C端子间内部等效的常闭开关断开，接触器KM线圈失电，KM主触点断开，切断变频器输入电源，对变频器进行保护。

④ 停转控制。在变频器正常工作时，将开关SA断开，STF、SD端子断开，变频器停止输出电源，电动机停转。

若要切断变频器输入主电源，可按下按钮SB1，接触器KM线圈失电，KM主触点断开，变频器输入电源被切断。

图 9-1　开关操作式正转控制电路

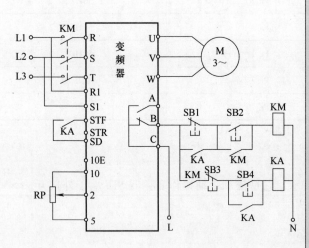

① 起动准备。按下按钮SB2→接触器KM线圈得电→KM主触点和两个常开辅助触点均闭合→KM主触点闭合为变频器接通主电源，一个KM常开辅助触点闭合锁定KM线圈得电，另一个KM常开辅助触点闭合为中间继电器KA线圈得电做准备。

② 正转控制。按下按钮SB4→继电器KA线圈得电→3个KA常开触点均闭合，一个常开触点闭合锁定KA线圈得电，一个常开触点闭合将按钮SB1短接，还有一个常开触点闭合将STF、SD端子接通，相当于STF端子输入正转控制信号，变频器U、V、W端子输出正转电源电压，驱动电动机正向运转。调节端子10、2、5外接电位器RP，变频器输出电源频率会发生改变，电动机转速也随之变化。

③ 变频器异常保护。若变频器运行期间出现异常或故障，变频器B、C端子间内部等效的常闭开关断开，接触器KM线圈失电，KM主触点断开，切断变频器输入电源，对变频器进行保护。同时继电器KA线圈也失电，3个KA常开触点均断开。

④ 停转控制。在变频器正常工作时，按下按钮SB3，KA线圈失电，KA 3个常开触点均断开，其中一个KA常开触点断开使STF、SD端子连接切断，变频器停止输出电源，电动机停转。

在变频器运行时，若要切断变频器输入主电源，应先对变频器进行停转控制，再按下按钮SB1，接触器KM线圈失电，KM主触点断开，变频器输入电源被切断。如果没有对变频器进行停转控制，而直接去按SB1，是无法切断变频器输入主电源的，这是因为变频器正常工作时KA常开触点已将SB1短接，断开SB1无效，这样做可以防止在变频器工作时误操作SB1切断主电源。

图 9-2　继电器操作式正转控制电路

表 9-2　变频器控制电动机正反转的参数及设置值

参 数 名 称	参 数 号	设 置 值
加速时间	Pr. 7	5s
减速时间	Pr. 8	3s
加减速基准频率	Pr. 20	50Hz
基底频率	Pr. 3	50Hz
上限频率	Pr. 1	50Hz
下限频率	Pr. 2	0Hz
运行模式	Pr. 79	2

9.2.1　开关操作式正反转控制电路

开关操作式正反转控制电路如图 9-3 所示，它采用了一个三位开关 SA，SA 有 "正转"、"停止" 和 "反转" 3 个位置。

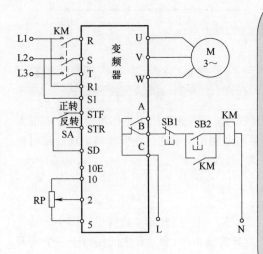

① 起动准备。按下按钮 SB2→接触器 KM 线圈得电→KM 常开辅助触点和主触点均闭合→KM 常开辅助触点闭合锁定 KM 线圈得电（自锁），KM 主触点闭合为变频器接通主电源。

② 正转控制。将开关 SA 拨至 "正转" 位置，STF、SD 端子接通，相当于 STF 端子输入正转控制信号，变频器 U、V、W 端子输出正转电源电压，驱动电动机正向运转。调节端子 10、2、5 外接电位器 RP，变频器输出电源频率会发生改变，电动机转速也随之变化。

③ 停转控制。将开关 SA 拨至 "停转" 位置（悬空位置），STF、SD 端子连接切断，变频器停止输出电源，电动机停转。

④ 反转控制。将开关 SA 拨至 "反转" 位置，STR、SD 端子接通，相当于 STR 端子输入反转控制信号，变频器 U、V、W 端子输出反转电源电压，驱动电动机反向运转。调节电位器 RP，变频器输出电源频率会发生改变，电动机转速也随之变化。

⑤ 变频器异常保护。若变频器运行期间出现异常或故障，变频器 B、C 端子间内部等效的常闭触点断开，接触器 KM 线圈失电，KM 主触点断开，切断变频器输入电源，对变频器进行保护。

若要切断变频器输入主电源，须先将开关 SA 拨至 "停止" 位置，让变频器停止工作，再按下按钮 SB1，接触器 KM 线圈失电，KM 主触点断开，变频器输入电源被切断。该电路结构简单，缺点是在变频器正常工作时操作 SB1 可切断输入主电源，这样易损坏变频器。

图 9-3　开关操作式正反转控制电路

9.2.2　继电器操作式正反转控制电路

继电器操作式正反转控制电路如图 9-4 所示，该电路采用了 KA1、KA2 继电器分别进行正转和反转控制。

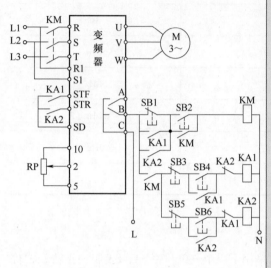

① 起动准备。按下按钮SB2→接触器KM线圈得电→KM主触点和两个常开辅助触点均闭合→KM主触点闭合为变频器接通主电源，一个KM常开辅助触点闭合锁定KM线圈得电，另一个KM常开辅助触点闭合为中间继电器KA1、KA2线圈得电作准备。

② 正转控制。按下按钮SB4→继电器KA1线圈得电→KA1的1个常闭触点断开，3个常开触点闭合→KA1的常闭触点断开使KA2线圈无法得电，KA1的3个常开触点闭合分别锁定KA1线圈得电、短接按钮SB1和接通STF、SD端子→STF、SD端子接通，相当于STF端子输入正转控制信号，变频器U、V、W端子输出正转电源电压，驱动电动机正向运转。调节端子10、2、5外接的电位器RP，变频器输出电源频率会发生改变，电动机转速也随之变化。

③ 停转控制。按下按钮SB3→继电器KA1线圈失电→3个KA常开触点均断开，其中1个常开触点断开切断STF、SD端子的连接，变频器U、V、W端子停止输出电源电压，电动机停转。

④ 反转控制。按下按钮SB6→继电器KA2线圈得电→KA2的1个常闭触点断开，3个常开触点闭合→KA2的常闭触点断开使KA1线圈无法得电，KA2的3个常开触点闭合分别锁定KA2线圈得电、短接按钮SB1和接通STR、SD端子→STR、SD端子接通，相当于STR端子输入反转控制信号，变频器U、V、W端子输出反转电源电压，驱动电动机反向运转。

⑤ 变频器异常保护。若变频器运行期间出现异常或故障，变频器B、C端子间内部等效的常闭开关断开，接触器KM线圈失电，KM主触点断开，切断变频器输入电源，对变频器进行保护。

若要切断变频器输入主电源，可在变频器停止工作时按下按钮SB1，接触器KM线圈失电，KM主触点断开，变频器输入电源被切断。由于在变频器正常工作期间(正转或反转)，KA1或KA2常开触点闭合将SB1短接，断开SB1无效，这样做可以避免在变频器工作时切断主电源。

图 9-4　继电器操作式正反转控制电路

9.3　工频/变频切换电路与参数设置

在变频调速系统运行过程中，如果变频器突然出现故障，让负载停止工作可能会造成很大损失。为了解决这个问题，可给变频调速系统增设工频与变频切换功能，在变频器出现故障时自动将工频电源切换给电动机，以让系统继续工作。

9.3.1　变频器跳闸保护电路

变频器跳闸保护是指在变频器工作出现异常时切断电源，保护变频器不被损坏。图 9-5 是一种常见的变频器跳闸保护电路。变频器 A、B、C 端子为异常输出端，A、C 之间相当于一个常开触点，B、C 之间相当一个常闭触点，在变频器工作出现异常时，A、C 接通，B、C 断开。

9.3.2　工频与变频切换电路

图 9-6 是一个典型的工频与变频切换控制电路。该电路在工作前需要先对一些参数进行设置。

电路的工作过程说明如下：

（1）变频运行控制

① 起动准备。将开关 SA2 闭合，接通 MRS 端子，允许进行工频-变频切换。由于已设置 Pr. 135 = 1 使切换有效，IPF、FU 端子输出低电平，中间继电器 KA1、KA3 线圈得电。KA3 线圈

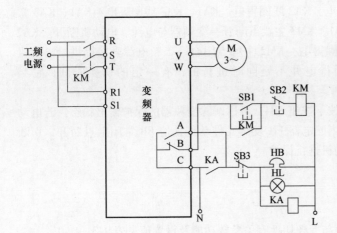

(1) 供电控制
按下按钮SB1，接触器KM线圈得电，KM主触点闭合，工频电源经KM主触点为变频器提供电源，同时KM常开辅助触点闭合，锁定KM线圈供电；A、C之间断开使接触器KM线圈失电，KM主触点断开，切断变频器电源。
(2) 异常跳闸保护
若变频器在运行过程中出现异常，A、C之间闭合，B、C之间断开。B、C之间断开使接触器KM线圈失电，KM主触点断开，切断变频器供电；A、C之间闭合使继电器KA线圈得电，KA触点闭合，振铃HB和报警灯HL得电，发出变频器工作异常声光报警。
按下按钮SB3，继电器KA线圈失电，KA常开触点断开，HB、HL失电，声光报警停止。

图 9-5　一种常见的变频器跳闸保护电路

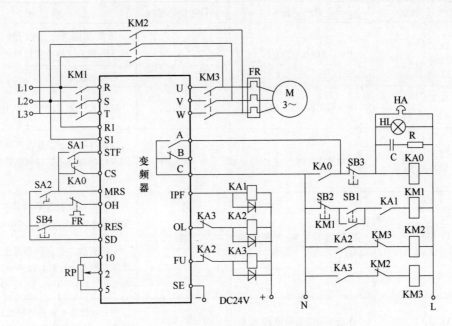

图 9-6　一个典型的工频与变频切换控制电路

得电→KA3 常开触点闭合→接触器 KM3 线圈得电→KM3 主触点闭合，KM3 常闭辅助触点断开→KM3 主触点闭合将电动机与变频器输出端连接；KM3 常闭辅助触点断开使 KM2 线圈无法得电，实现 KM2、KM3 之间的互锁（KM2、KM3 线圈不能同时得电），电动机无法由变频和工频同时供电。KA1 线圈得电→KA1 常开触点闭合，为 KM1 线圈得电作准备→按下按钮 SB1→KM1 线圈得电→KM1 主触点、常开辅助触点均闭合→KM1 主触点闭合，为变频器供电；KM1 常开辅助触点闭合，锁定 KM1 线圈得电。

② 起动运行。将开关 SA1 闭合，STF 端子输入信号（STF 端子经 SA1、SA2 与 SD 端子接通），变频器正转起动，调节电位器 RP 可以对电动机进行调速控制。

（2）变频/工频切换控制

当变频器运行中出现异常，异常输出端子 A、C 接通，中间继电器 KA0 线圈得电，KA0 常开触点闭合，振铃 HA 和报警灯 HL 得电，发出声光报警。与此同时，IPF、FU 端子变为高电平，

OL端子变为低电平，KA1、KA3线圈失电，KA2线圈得电。KA1、KA3线圈失电→KA1、KA3常开触点断开→KM1、KM3线圈失电→KM1、KM3主触点断开→变频器与电源、电动机断开。KA2线圈得电→KA2常开触点闭合→KM2线圈得电→KM2主触点闭合→工频电源直接提供给电动机（注：KA1、KA3线圈失电与KA2线圈得电并不是同时进行的，有一定的切换时间，它与Pr. 136、Pr. 137设置有关）。

按下按钮SB3可以解除声光报警，按下按钮SB4，可以解除变频器的保护输出状态。若电动机在运行时出现过载，与电动机串接的热继电器FR发热元件动作，使FR常闭触点断开，切断OH端子输入，变频器停止输出，对电动机进行保护。

9.3.3 参数设置

参数设置内容包括以下两个：

1）工频与变频切换功能设置。工频与变频切换有关参数功能及设置值见表9-3。

表9-3 工频与变频切换有关参数功能及设置值

参数与设置值	功　能	设置值范围	说　明
Pr. 135 （Pr. 135 = 1）	工频-变频切换选择	0	切换功能无效。Pr. 136、Pr. 137、Pr. 138和Pr. 139参数设置无效
		1	切换功能有效
Pr. 136 （Pr. 136 = 0.3）	继电器切换互锁时间	0 ~ 100.0s	设定KA2和KA3动作的互锁时间
Pr. 137 （Pr. 137 = 0.5）	起动等待时间	0 ~ 100.0s	设定时间应比信号输入到变频器时到KA3实际接通的时间稍微长点（为0.3 ~ 0.5s）
Pr. 138 （Pr. 138 = 1）	报警时的工频-变频切换选择	0	切换无效。当变频器发生故障时，变频器停止输出（KA2和KA3断开）
		1	切换有效。当变频器发生故障时，变频器停止运行并自动切换到工频电源运行（KA2：ON，KA3：OFF）
Pr. 139 （Pr. 139 = 9999）	自动变频-工频电源切换选择	0 ~ 60.0Hz	当变频器输出频率达到或超过设定频率时，会自动切换到工频电源运行
		9999	不能自动切换

2）部分输入/输出端子的功能设置。部分输入/输出端子的功能设置见表9-4。

表9-4 部分输入/输出端子的功能设置

参数与设置值	功　能　说　明
Pr. 185 = 7	将JOG端子功能设置成OH端子，用作过热保护输入端
Pr. 186 = 6	将CS端子设置成自动再起动控制端子
Pr. 192 = 17	将IPF端子设置成KA1控制端子
Pr. 193 = 18	将OL端子设置成KA2控制端子
Pr. 194 = 19	将FU端子设置成KA3控制端子

9.4　多档速度控制电路与参数设置

变频器可以对电动机进行多档转速驱动。在进行多档转速控制时,需要对变频器有关参数进行设置,再操作相应端子外接开关。

9.4.1　多档转速控制说明

变频器的 **RH、RM、RL** 为多档转速控制端,**RH** 为高速档,**RM** 为中速档,**RL** 为低速档。**RH、RM、RL** 3 个端子组合可以进行 7 档转速控制。多档转速控制如图 9-7 所示。

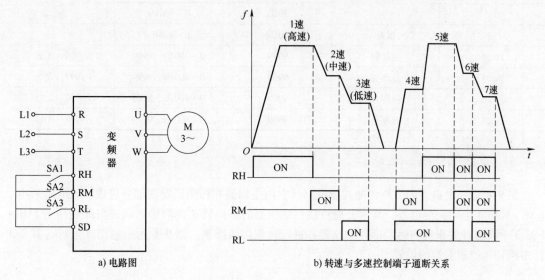

a) 电路图　　　　　　　　　　b) 转速与多速控制端子通断关系

图 9-7　多档转速控制说明

当开关 SA1 闭合时,RH 端与 SD 端接通,相当于给 RH 端输入高速运转指令信号,变频器马上输出频率很高的电源去驱动电动机,电动机迅速起动并高速运转(1 速)。

当开关 SA2 闭合(SA1 断开)时,RM 端与 SD 端接通,变频器输出频率降低,电动机由高速转为中速运转(2 速)。

当开关 SA3 闭合时(SA1、SA2 断开),RL 端与 SD 端接通,变频器输出频率进一步降低,电动机由中速转为低速运转(3 速)。

当 SA1、SA2、SA3 均断开时,变频器输出频率变为 0Hz,电动机由低速转为停转。

SA2、SA3 闭合,电动机 4 速运转;SA1、SA3 闭合,电动机 5 速运转;SA1、SA2 闭合,电动机 6 速运转;SA1、SA2、SA3 闭合,电动机 7 速运转。

图 9-7b 曲线中的斜线表示变频器输出频率由一种频率转变到另一种频率需经历一段时间。在此期间,电动机转速也由一种转速变化到另一种转速;水平线表示输出频率稳定,电动机转速稳定。

9.4.2　多档转速控制参数的设置

多档转速控制参数包括多档转速端子选择参数和多档运行频率参数。

(1)多档转速端子选择参数

在使用 RH、RM、RL 端子进行多速控制时,先要通过设置有关参数使这些端子控制有效。

多档转速端子参数设置如下：Pr. 180 = 0，RL 端子控制有效；Pr. 181 = 1，RM 端子控制有效；Pr. 182 = 2，RH 端子控制有效。

以上某参数若设为 9999，则将该端设为控制无效。

（2）多档运行频率参数

RH、RM、RL 3 个端子组合可以进行 7 档转速控制，各档的具体运行频率需要用相应参数设置。多档运行频率参数设置见表 9-5。

表 9-5　多档运行频率参数设置

参　　数	速　　度	出厂设定	设定范围	备　　注
Pr. 4	高速	60Hz	0～400Hz	
Pr. 5	中速	30Hz	0～400Hz	
Pr. 6	低速	10Hz	0～400Hz	
Pr. 24	速度四	9999	0～400Hz，9999	9999：无效
Pr. 25	速度五	9999	0～400Hz，9999	9999：无效
Pr. 26	速度六	9999	0～400Hz，9999	9999：无效
Pr. 27	速度七	9999	0～400Hz，9999	9999：无效

9.4.3　多档转速控制电路

图 9-8 是一个典型的多档转速控制电路，它由主回路和控制回路两部分组成。该电路采用了 KA0～KA3 4 个中间继电器，其常开触点接在变频器的多档转速控制输入端，电路还用了 SQ1～SQ3 3 个行程开关来检测运动部件的位置并进行转速切换控制。图 9-8 所示电路在运行前需要进行多档转速控制参数的设置。

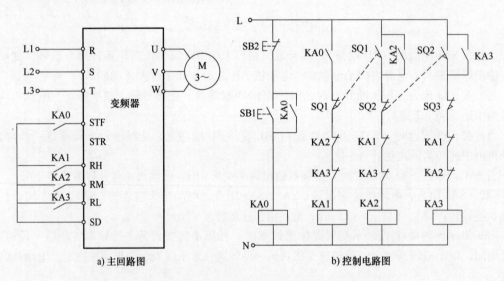

a) 主回路图　　　　　　　　　　b) 控制电路图

图 9-8　一个典型的多档转速控制电路

电路工作过程说明如下：

1）起动并高速运转。按下起动按钮 SB1→中间继电器 KA0 线圈得电→KA0 3 个常开触点均闭合，一个触点锁定 KA0 线圈得电，一个触点闭合使 STF 端与 SD 端接通（即 STF 端输入正转指令信号），还有一个触点闭合使 KA1 线圈得电→KA1 两个常闭触点断开，一个常开触点闭合→

KA1 两个常闭触点断开使 KA2、KA3 线圈无法得电，KA1 常开触点闭合将 RH 端与 SD 端接通（即 RH 端输入高速指令信号）→STF、RH 端子外接触点均闭合，变频器输出频率很高的电源，驱动电动机高速运转。

2）高速转中速运转。高速运转的电动机带动运动部件运行到一定位置时，行程开关 SQ1 动作→SQ1 常闭触点断开，常开触点闭合→SQ1 常闭触点断开使 KA1 线圈失电，RH 端子外接 KA1 触点断开，SQ1 常开触点闭合使继电器 KA2 线圈得电→KA2 两个常闭触点断开，两个常开触点闭合→KA2 两个常闭触点断开分别使 KA1、KA3 线圈无法得电；KA2 两个常开触点闭合，一个触点闭合锁定 KA2 线圈得电，另一个触点闭合使 RM 端与 SD 端接通（即 RM 端输入中速指令信号）→变频器输出频率由高变低，电动机由高速转为中速运转。

3）中速转低速运转。中速运转的电动机带动运动部件运行到一定位置时，行程开关 SQ2 动作→SQ2 常闭触点断开，常开触点闭合→SQ2 常闭触点断开使 KA2 线圈失电，RM 端子外接 KA2 触点断开，SQ2 常开触点闭合使继电器 KA3 线圈得电→KA3 两个常闭触点断开，两个常开触点闭合→KA3 两个常闭触点断开分别使 KA1、KA2 线圈无法得电；KA3 两个常开触点闭合，一个触点闭合锁定 KA3 线圈得电，另一个触点闭合使 RL 端与 SD 端接通（即 RL 端输入低速指令信号）→变频器输出频率进一步降低，电动机由中速转为低速运转。

4）低速转为停转。低速运转的电动机带动运动部件运行到一定位置时，行程开关 SQ3 动作→继电器 KA3 线圈失电→RL 端与 SD 端之间的 KA3 常开触点断开→变频器输出频率降为 0Hz，电动机由低速转为停止。按下按钮 SB2→KA0 线圈失电→STF 端子外接 KA0 常开触点断开，切断 STF 端子的输入。

图 9-8 所示电路中变频器输出频率变化如图 9-9 所示。从图中可以看出，在行程开关动作时输出频率开始转变。

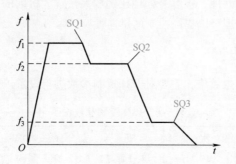

图 9-9　行程开关动作时变频器输出频率变化曲线

9.5 PID 控制电路与参数设置

9.5.1 PID 控制原理

PID 控制又称比例微积分控制，是一种闭环控制。下面以图 9-10 所示的恒压供水系统来说明 PID 控制原理。

电动机驱动水泵将水抽入水池，水池中的水除了经出水口提供用水外，还经阀门送到压力传感器，传感器将水压大小转换成相应的电信号 X_f，X_f 反馈到比较器与给定信号 X_i 进行比较，得到偏差信号 ΔX（$\Delta X = X_i - X_f$）。

若 $\Delta X > 0$，表明水压小于给定值，偏差信号经 PID 处理得到控制信号，控制变频器驱动回

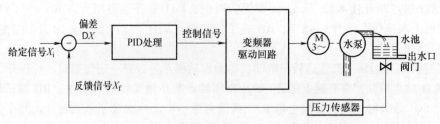

图 9-10　恒压供水系统

路，使输出频率上升，电动机转速加快，水泵抽水量增多，水压增大。

若 $\Delta X < 0$，表明水压大于给定值，偏差信号经 PID 处理得到控制信号，控制变频器驱动回路，使输出频率下降，电动机转速变慢，水泵抽水量减少，水压下降。

若 $\Delta X = 0$，表明水压等于给定值，偏差信号经 PID 处理得到控制信号，控制变频器驱动回路，使输出频率不变，电动机转速不变，水泵抽水量不变，水压不变。

控制回路的滞后性，会使水压值总与给定值有偏差。例如当用水量增多水压下降时，电路需要对相关信号进行处理，再控制电动机转速变快，提高水泵抽水量，从压力传感器检测到水压下降到控制电动机转速加快，提高抽水量，恢复水压需要一定时间。通过提高电动机转速恢复水压后，系统又要将电动机转速调回正常值，这也要一定时间，在这段回调时间内水泵抽水量会偏多，导致水压增大，又需进行反调。这样的结果是水池水压会在给定值上下波动（振荡），即水压不稳定。

采用了 PID 处理可以有效减小控制环路滞后和过调问题（无法彻底消除）。PID 包括 P 处理、I 处理和 D 处理。P（比例）处理是将偏差信号 ΔX 按比例放大，提高控制的灵敏度；I（积分）处理是对偏差信号进行积分处理，缓解 P 处理比例放大量过大引起的超调和振荡；D（微分）处理是对偏差信号进行微分处理，以提高控制的迅速性。

9.5.2　PID 控制参数设置

为了让 PID 控制达到理想效果，需要对 PID 控制参数进行设置。PID 控制参数说明见表 9-6。

表 9-6　PID 控制参数说明

参数	名　称	设　定　值	说　　明	
Pr. 128	选择 PID 控制	10	对于加热、压力等控制	偏差量信号输入（端子 1）	PID 负作用
		11	对于冷却等控制		PID 正作用
		20	对于加热、压力等控制	检测值输入（端子 4）	PID 负作用
		21	对于冷却等控制		PID 正作用
Pr. 129	PID 比例范围常数	0.1 ~ 10	如果比例范围较窄（参数设定值较小），反馈量的微小变化会引起执行量的很大改变。因此，随着比例范围变窄，响应的灵敏性（增益）得到改善，但稳定性变差，例如：发生振荡 增益 $K = 1/$ 比例范围	
		9999	无比例控制	
Pr. 130	PID 积分时间常数	0.1 ~ 3600s	这个时间是指由积分（I）作用时达到与比例（P）作用时相同的执行量所需的时间，随着积分时间的减少，到达设定值就越快，但也容易发生振荡	
		9999	无积分控制	

（续）

参数	名　称	设 定 值	说　　明
Pr. 131	上限值	0~100%	设定上限，如果检测值超过此设定，就输出 FUP 信号（检测值的 4mA 等于 0，20mA 等于 100%）
		9999	功能无效
Pr. 132	下限值	0~100%	设定下限（如果检测值超出设定范围，则输出一个报警。同样，检测值的 4mA 等于 0，20mA 等于 100%）
		9999	功能无效
Pr. 133	用 PU 设定的 PID 控制设定值	0~100%	仅在 PU 操作或 PU/外部组合模式下对于 PU 指令有效 对于外部操作，设定值由端子 2-5 间的电压决定 （Pr. 902 值等于 0 和 Pr. 903 值等于 100%）
Pr. 134	PID 微分时间常数	0.01~10.00s	时间值仅要求向微分作用提供一个与比例作用相同的检测值。随着时间的增加，偏差改变会有较大的响应
		9999	无微分控制

9.5.3　PID 控制应用举例

图 9-11 是一种典型的 PID 控制应用电路。在进行 PID 控制时，先要接好电路，然后设置 PID 控制参数，再设置端子功能参数，最后操作运行。

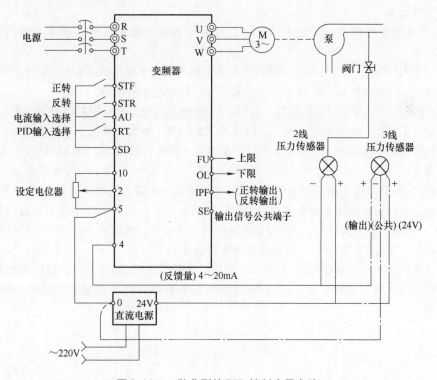

图 9-11　一种典型的 PID 控制应用电路

（1）PID 控制参数设置

图 9-11 所示电路的 PID 控制参数设置见表 9-7。

表 9-7　PID 控制参数设置

参数及设置值	说　明
Pr. 128 = 20	将端子 4 设为 PID 控制的压力检测输入端
Pr. 129 = 30	将 PID 比例调节设为 30%
Pr. 130 = 10	将积分时间常数设为 10s
Pr. 131 = 100%	设定上限值范围为 100%
Pr. 132 = 0	设定下限值范围为 0
Pr. 133 = 50%	设定 PU 操作时的 PID 控制设定值（外部操作时，设定值由 2-5 端子间的电压决定）
Pr. 134 = 3s	将积分时间常数设为 3s

（2）端子功能参数设置

PID 控制时需要通过设置有关参数定义某些端子功能。端子功能参数设置见表 9-8。

表 9-8　端子功能参数设置

参数及设置值	说　明
Pr. 183 = 14	将 RT 端子设为 PID 控制端，用于启动 PID 控制
Pr. 192 = 16	设置 IPF 端子输出正反转信号
Pr. 193 = 14	设置 OL 端子输出下限信号
Pr. 194 = 15	设置 FU 端子输出上限信号

（3）操作运行

1）设置外部操作模式。设定 Pr. 79 = 2，面板"EXT"指示灯亮，指示当前为外部操作模式。

2）启动 PID 控制。将 AU 端子外接开关闭合，选择端子 4 电流输入有效；将 RT 端子外接开关闭合，启动 PID 控制；将 STF 端子外接开关闭合，起动电动机正转。

3）改变给定值。调节设定电位器，2-5 端子间的电压变化，PID 控制的给定值随之变化，电动机转速会发生变化，例如给定值大，正向偏差（$\Delta X > 0$）增大，相当于反馈值减小，PID 控制使电动机转速变快，水压增大，端子 4 的反馈值增大，偏差慢慢减小，当偏差接近 0 时，电动机转速保持稳定。

4）改变反馈值。调节阀门，改变水压大小来调节端子 4 输入的电流（反馈值），PID 控制的反馈值变化，电动机转速就会发生变化。例如阀门调大，水压增大，反馈值大，负向偏差（$\Delta X < 0$）增大，相当于给定值减小，PID 控制使电动机转速变慢，水压减小，端子 4 的反馈值减小，偏差慢慢减小，当偏差接近 0 时，电动机转速保持稳定。

5）PU 操作模式下的 PID 控制。设定 Pr. 79 = 1，面板"PU"指示灯亮，指示当前为 PU 操作模式。按"FWD"或"REV"键，启动 PID 控制，运行在 Pr. 133 设定值上，按下"STOP"键停止 PID 运行。

第 10 章

变频器的选用、安装与维护

10.1 变频器的选用

在选用变频器时，除了要求变频器的容量适合负载外，还要求选用的变频器的控制方式适合负载的特性。

10.1.1 额定值

变频器额定值主要有输入侧额定值和输出侧额定值。

1. 输入侧额定值

变频器输入侧额定值包括输入电源的相数、电压和频率。中小容量变频器的输入侧额定值主要有三种：三相/380V/50Hz、单相/220V/50Hz 和三相/220V/50Hz。

2. 输出侧额定值

变频器输出侧额定值主要有额定输出电压 U_{CN}、额定输出电流 I_{CN} 和额定输出容量 S_{CN}。

（1）额定输出电压 U_{CN}

变频器在工作时除了改变输出频率外，还要改变输出电压。额定输出电压 U_{CN} 是指最大输出电压值，也就是变频器输出频率等于电动机额定频率时的输出电压。

（2）额定输出电流 I_{CN}

额定输出电流 I_{CN} 是指变频器长时间使用允许输出的最大电流。额定输出电流 I_{CN} 主要反映变频器内部电力电子器件的过载能力。

（3）额定输出容量 S_{CN}

额定输出容量 S_{CN} 一般采用下面式子计算

$$S_{CN} = 3U_{CN}I_{CN}$$

10.1.2 选用

在选用变频器时，一般根据负载的性质及负荷大小来确定变频器的容量和控制方式。

1. 容量选择

变频器的过载容量为 125%/60s 或 150%/60s，若超出该数值，必须选用更大容量的变频器。当过载量为 200% 时，可按 $I_{CN} \geqslant (1.05 \sim 1.2) I_N$ 来计算额定电流，再乘 1.33 倍来选取变频器容量，I_N 为电动机额定电流。

2. 控制方式的选择

（1）对于恒定转矩负载

恒转矩负载是指转矩大小只取决于负载的轻重，而与负载转速大小无关的负载。例如挤压机、搅拌机、桥式起重机、提升机和带式输送机等都属于恒转矩类型负载。

对于恒定转矩负载，若调速范围不大，并对机械特性要求不高的场合，可选用 V/f 控制方式或无反馈矢量控制方式的变频器。

若负载转矩波动较大，应考虑采用高性能的矢量控制变频器，对要求有高动态响应的负载，应选用有反馈的矢量控制变频器。

（2）对于恒功率负载

恒功率负载是指转矩大小与转速成反比，而功率基本不变的负载。卷取类机械一般属于恒功率负载，如薄膜卷取机、造纸机械等。

对于恒功率负载，可选用通用性 V/f 控制变频器。对于动态性能和精确度要求高的卷取机械，必须采用有矢量控制功能的变频器。

（3）对于二次方律负载

二次方律负载是指转矩与转速的二次方成正比的负载。如风扇、离心风机和水泵等都属于二次方律负载。对于二次方律负载，一般选用风机、水泵专用变频器。风机、水泵专用变频器有以下特点：

1）由于风机和水泵通常不容易过载，低速时转矩较小，故这类变频器的过载能力低，一般为120%/60s（通用变频器为150%/60s），在功能设置时要注意这一点。由于负载的转矩与转速二次方成正比，当工作频率高于额定频率时，负载的转矩有可能大大超过电动机转矩而使变频器过载，因此在功能设置时最高频率不能高于额定频率。

2）具有多泵切换和换泵控制的转换功能。

3）配置一些专用控制功能，如睡眠唤醒、水位控制、定时开关机和消防控制等。

10.2 变频器外围设备的选用

10.2.1 主电路外围设备的接线

变频器主电路设备直接接触高电压大电流，主电路外围设备选用不当，轻则使变频器不能正常工作，重则会损坏变频器。变频器主电路外围设备和接线如图10-1所示。这是一个较齐全的主电路接线图，在实际中有些设备可不采用。

从图中可以看出，变频器主电路的外围设备有熔断器、断路器、交流接触器（主触点）、交流电抗器、噪声滤波器、制动电阻、直接电抗器和热继电器（发热元件）。为了降低成本，在要求不高的情况下，主电路外围设备大多数可省掉，如仅保留断路器。

10.2.2 熔断器的选用

熔断器用来对变频器进行过电流保护。熔断器的额定电流 I_{UN} 可根据下式选择：

$$I_{UN} > (1.1 \sim 2.0) I_{MN}$$

式中，I_{UN} 为熔断器的额定电流；I_{MN} 为电动机的额定电流。

10.2.3 断路器的选用

断路器又称自动空气开关，断路器的功能主要有：接通和切断变频器电源；对变频器进行过

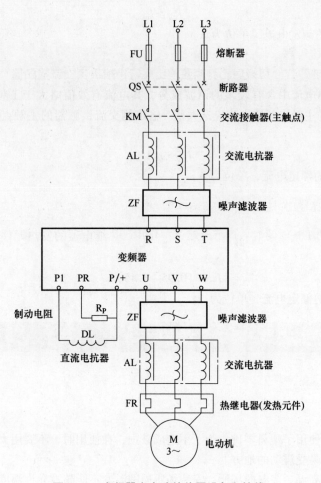

图 10-1　变频器主电路的外围设备和接线

电流、欠电压保护。

由于断路器具有过电流自动掉闸保护功能，为了防止产生误动作，正确选择断路器的额定电流非常重要。断路器的额定电流 I_{QN} 选择分下面两种情况：

1）一般情况下，I_{QN} 可根据下式选择：

$$I_{QN} > (1.3 \sim 1.4)I_{CN}$$

式中，I_{CN} 为变频器的额定电流，单位为 A。

2）在工频和变频切换电路中，I_{QN} 可根据下式选择：

$$I_{QN} > 2.5I_{MN}$$

式中，I_{MN} 为电动机的额定电流，单位为 A。

10.2.4　交流接触器的选用

根据安装位置不同，交流接触器可分为输入侧交流接触器和输出侧交流接触器。

1. 输入侧交流接触器

输入侧交流接触器安装在变频器的输入端，它可以远距离接通和分断三相交流电源，在变频器出现故障时还可以及时切断输入电源。

输入侧交流接触器的主触点接在变频器输入侧，主触点额定电流 I_{KN} 可根据下式选择：

$$I_{KN} \geq I_{CN}$$

式中，I_{CN} 为变频器的额定电流，单位为 A。

2. 输出侧交流接触器

当变频器用于工频/变频切换时，变频器输出端需接输出侧交流接触器。

由于变频器输出电流中含有较多的谐波成分，其电流有效值略大于工频运行的有效值，故输出侧交流接触器的主触点额定电流应选大些。输出侧交流接触器的主触点额定电流 I_{KN} 可根据下式选择：

$$I_{KN} > 1.1 I_{MN}$$

式中，I_{MN} 为电动机的额定电流，单位为 A。

10.2.5　热继电器的选用

热继电器在电动机长时间过载运行时起保护作用。热继电器的发热元件额定电流 I_{RN} 可按下式选择：

$$I_{RN} \geq (0.95 \sim 1.15) I_{MN}$$

式中，I_{MN} 为电动机的额定电流，单位为 A。

10.3　变频器的安装、调试与维护

10.3.1　安装与接线

1. 注意事项

1）由于变频器使用了塑料零件，为了不造成破损，在使用时，不要用太大的力。

2）应安装在不易受震动的地方。

3）避免安装在高温．多湿的场所，安装场所周围温度不能超过允许温度（−10 ~ +50℃）。

4）安装在不可燃的表面上。变频器工作时温度最高可达 150℃，为了安全，应安装在不可燃的表面上，同时为了使热量易于散发，应在其周围留有足够的空间。

5）避免安装在高温、多湿的场所。

6）避免安装在油雾、易燃性气体、棉尘和尘埃等场所。若一定要在这种环境下使用，可将变频器安装在可阻挡任何悬浮物质的封闭型屏板内。

2. 安装

变频器可安装在开放的控制板上，也可以安装在控制柜内。变频器安装在控制板如图 10-2 所示。变频器安装在控制柜内如图 10-3 所示。

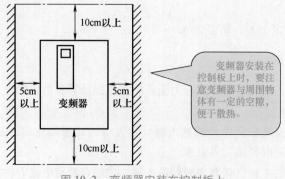

图 10-2　变频器安装在控制板上

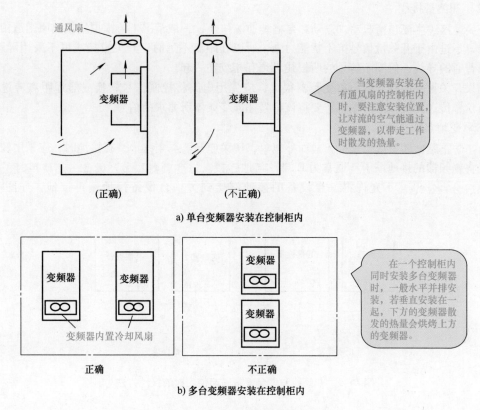

a) 单台变频器安装在控制柜内

b) 多台变频器安装在控制柜内

图 10-3　变频器安装在控制柜内

3. 接线

变频器通过接线与外围设备连接，接线分为主电路接线和控制电路接线。主电路连接导线选择较为简单，由于主电路电压高、电流大，所以选择主电路连接导线时应该遵循"线径宜粗不宜细"原则，具体可按普通电动机选择导线方法来选用。

控制电路的连接导线种类较多，接线时要符合其相应的特点。下面介绍各种控制接线及接线方法。

（1）模拟量接线

模拟量接线主要包括：输入侧的给定信号线和反馈线；输出侧的频率信号线和电流信号线。模拟量接线如图 10-4 所示。

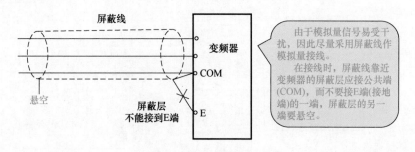

图 10-4　模拟量接线

在进行模拟量接线时还要注意：模拟量导线应远离主电路 100mm 以上；模拟量导线尽量不要和主电路交叉，若必须交叉，应采用垂直交叉方式。

（2）开关量接线

开关量接线主要包括起动、点动和多档转速等接线。一般情况下，模拟量接线原则适用开关量接线，不过由于开关量信号抗干扰能力强，所以在距离不远时，开关量接线可不采用屏蔽线，而使用普通的导线，但同一信号的两根线必须互相绞在一起。

如果开关量控制操作台距离变频器很远，应先用电路将控制信号转换成能远距离转送的信号，当信号传送到变频器一端时，要将该信号还原变频器所要求的信号。

（3）变频器的接地

为了防止漏电和干扰信号侵入或向外辐射，要求变频器必须接地。在接地时，应采用较粗的短导线将变频器的接地端子（通常为 E 端）与地连接。当变频器和多台设备一起使用时，每台设备都应分别接地，不允许将一台设备的接地端接到另一台设备接地端再接地，如图 10-5 所示。

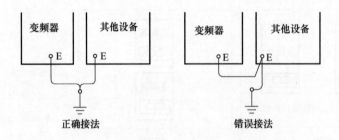

图 10-5　变频器和多台设备一起使用时的接地方法

（4）抑制线圈反峰电压的收电路接线

接触器、继电器或电磁铁线圈在断电的瞬间会产生很高的反峰电压，易损坏电路中的元件或使电路产生误动作，在线圈两端接吸收电路可以有效抑制反峰电压。抑制线圈反峰电压的电路接线如图 10-6 所示。

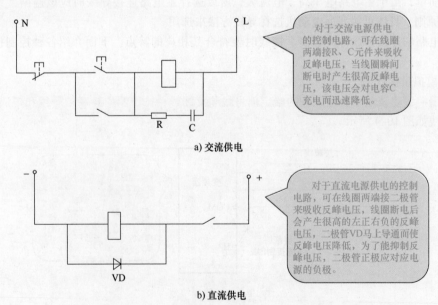

图 10-6　抑制线圈反峰电压的电路接线

10.3.2　调试

变频器安装和接线后需要进行调试，调试时先要对系统进行检查，然后按照"先空载，再轻载，后重载"的原则进行调试。

1. 检查

在变频调速系统试车前，先要对系统进行检查。检查分为断电检查和通电检查。

（1）断电检查

断电检查内容主要有

1）外观、结构的检查。主要检查变频器的型号、安装环境是否符合要求，装置有无损坏和脱落，电缆线径和种类是否合适，电气接线有无松动、错误，接地是否可靠等。

2）绝缘电阻的检查。在测量变频器主电路的绝缘电阻时，要将 R、S、T 端子（输入端子）和 U、V、W 端子（输出端子）都连接起来，再用 500V 的绝缘电阻表测量这些端子与接地端之间的绝缘电阻，正常的绝缘电阻应在 10MΩ 以上。在测量控制电路的绝缘电阻时，应采用万用表 R×10kΩ 档测量各端子与地之间的绝缘电阻，不能使用绝缘电阻表或其他高电压仪表测量，以免损坏控制电路。

3）供电电压的检查。检查主电路的电源电压是否在允许的范围之内，避免变频调速系统在允许电压范围外工作。

（2）通电检查

通电检查内容主要有

1）检查显示是否正常。通电后，变频器显示屏会有显示，不同变频器通电后显示内容会有所不同，应对照变频器操作说明书观察显示内容是否正常。

2）检查变频器内部风机能否正常运行。通电后，变频器内部风机会开始运转（有些变频器需要在工作时达到一定温度风机才运行，可查看变频器说明书），用手在出风口感觉风量是否正常。

2. 熟悉变频器的操作面板

不同品牌的变频器操作面板会有差异，在调试变频调速系统时，先要熟悉变频器操作面板。在操作时，可对照操作说明书对变频器进行一些基本的操作，如测试面板各按键的功能、设置变频器一些参数等。

3. 空载试验

在进行空载试验时，先脱开电动机的负载，再将变频器输出端与电动机连接，然后进行通电试验。试验步骤如下：

1）起动试验。先将频率设为 0Hz，然后慢慢调高频率至 50Hz，观察电动机的升速情况。

2）电动机参数检测。带有矢量控制功能的变频器需要通过电动机空载运行来自动检测电动机的参数，其中有电动机的静态参数，如电阻、电抗，还有动态参数，如空载电流等。

3）基本操作。对变频器进行一些基本操作，如起动、点动、升速和降速等。

4）停车试验。让变频器在设定的频率下运行 10min，然后调频率迅速调到 0Hz，观察电动机的制动情况，如果正常，空载试验结束。

4. 带载试验

空载试验通过后，再接上电动机负载进行试验。带载试验主要有起动试验、停车试验和带载能力试验。

（1）起动试验

起动试验的主要内容有

1）将变频器的工作频率由0Hz开始慢慢调高，观察系统的起动情况，同时观察电动机负载运行是否正常。记下系统开始起动的频率，若在频率较低的情况下电动机不能随频率上升而运转起来，说明起动困难，应进行转矩补偿设置。

2）将显示屏切换至电流显示，再将频率调到最大值，让电动机按设定的升速时间上升到最高转速，在此期间观察电流变化，若在升速过程中变频器出现过流保护而跳闸，说明升速时间不够，应设置延长升速时间。

3）观察系统起动升速过程是否平稳，对于大惯性负载，按预先设定的频率变化率升速或降速时，有可能会出现加速转矩不够，导致电动机转速与变频器输出频率不协调，这时应考虑低速时设置暂停升速功能。

4）对于风机类负载，应观察停机后风叶是否因自然风而反转，若有反转现象，应设置起动前的直流制动功能。

（2）停车试验

停车试验的内容主要有

1）将变频器的工作频率调到最高频率，然后按下停机键，观察系统是否出现过电流或过电压而跳闸现象，若有此现象出现，应延长减速时间。

2）当频率降到0Hz时，观察电动机是否出现"爬行"现象（电动机停不住），若有此现象出现，应考虑设置直流制动。

（3）带载能力试验

带载能力试验的内容主要有

1）在负载要求的最低转速时，给电动机带额定负载长时间运行，观察电动机发热情况，若发热严重，应对电动机进行散热。

2）在负载要求的最高转速时，变频器工作频率高于额定频率，观察电动机是否能驱动这个转速下的负载。

10.3.3 常见故障及原因

变频器常见故障及原因见表10-1。

表10-1 变频器常见故障及原因

故　　障	原　　因
过电流	过电流故障分以下情况： ① 重新起动时，若只要升速变频器就会跳闸，表明过流很严重，一般是负载短路、机械部件卡死、逆变模块损坏或电动机转矩过小等引起 ② 通电后即跳闸，这种现象通常不能复位，主要原因是驱动电路损坏、电流检测电路损坏等 ③ 重新起动时并不马上跳闸，而是加速时跳闸，主要原因可能是加速时间设置太短、电流上限置太小或转矩补偿设定过大等
过电压	过电压报警通常出现在停机时，主要原因可能是减速时间太短或制动电阻及制动单元有问题
欠电压	欠电压是主电路电压太低，主要原因可能是电源缺相、整流电路一个桥臂开路、内部限流切换电路损坏（正常工作时无法短路限流电阻，电阻上产生很大电压降，导致送到逆变电路电压偏低），另外电压检测电路损坏也会出现欠电压问题
过热	过热是变频器一种常见故障，主要原因可能是周围环境温度高、散热风扇停转、温度传感器不良或电动机过热等

（续）

故　　障	原　　因
输出电压不平衡	输出电压不平衡一般表现为电动机转速不稳、有抖动，主要原因可能是驱动电路损坏或电抗器损坏
过载	过载是一种常见的故障，出现过载时应先分析是电动机过载还是变频器过载。一般情况下，由于电动机过载能力强，只要变频器参数设置得当，电动机不易出现过载情况；对于变频器过载报警，应检查变频器输出电压是否正常

第11章

PLC 与变频器综合应用

11.1 PLC 以开关量方式控制变频器的硬件连接与实例

11.1.1 PLC 以开关量方式控制变频器的硬件连接

变频器有很多开关量端子，如正转、反转和多档转速控制端子等，不使用 PLC 时，只要给这些端子接上开关就能对变频器进行正转、反转和多档转速控制。当使用 PLC 控制变频器时，若 PLC 是以开关量方式对变频进行控制，需要将 PLC 的开关量输出端子与变频器的开关量输入端子连接起来，为了检测变频器某些状态，同时可以将变频器的开关量输出端子与 PLC 的开关量输入端子连接起来。PLC 以开关量方式控制变频器的硬件连接如图 11-1 所示。

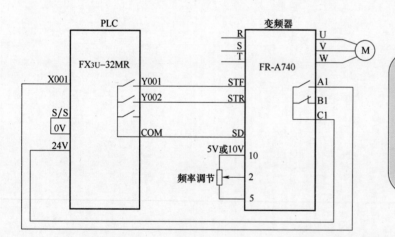

当PLC内部程序运行使Y001端子内部硬触点闭合时，相当于变频器的STF端子外部开关闭合，STF端子输入为ON，变频器起动电动机正转，调节10、2、5端子所接电位器可以改变端子 2 的输入电压，从而改变变频器输出电源的频率，进而改变电动机的转速。

如果变频器内部出现异常时，A1、C1端子之间的内部触点闭合，相当于PLC的X001端子外部开关闭合，X001端子输入为ON。

图 11-1 PLC 以开关量方式控制变频器的硬件连接

11.1.2 PLC 以开关量方式控制变频器实例一

1. 控制电路图

PLC 以开关量方式控制变频器驱动电动机正反转的电路图如图 11-2 所示。

2. 参数设置

在使用 PLC 控制变频器时，需要对变频器进行有关参数设置，具体见表 11-1。

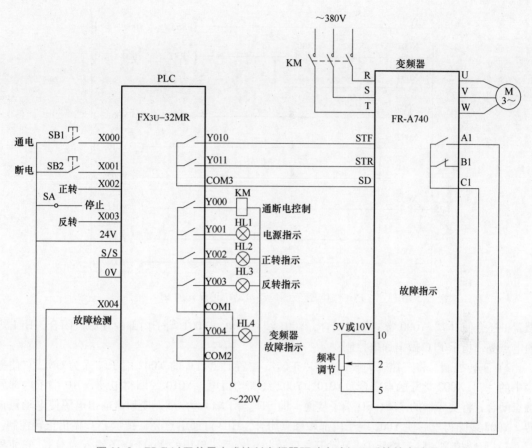

图 11-2　PLC 以开关量方式控制变频器驱动电动机正反转的电路图

表 11-1　变频器的有关参数及设置值

参 数 名 称	参 数 号	设 置 值
加速时间	Pr. 7	5s
减速时间	Pr. 8	3s
加减速基准频率	Pr. 20	50Hz
基底频率	Pr. 3	50Hz
上限频率	Pr. 1	50Hz
下限频率	Pr. 2	0Hz
运行模式	Pr. 79	2

3. 编写程序

变频器有关参数设置好后，还要用编程软件编写相应的控制程序并下载给 PLC。PLC 控制变频器驱动电动机正反转的 PLC 程序如图 11-3 所示。

下面对照图 11-2 电路图和图 11-3 程序来说明 PLC 以开关量方式变频器驱动电动机正反转的工作原理。

1）通电控制。当按下通电按钮 SB1 时，PLC 的 X000 端子输入为 ON，它使程序中的［0］X000 常开触点闭合，"SET Y000"指令执行，线圈 Y000 被置 1，Y000 端子内部的硬触点闭合，接触器 KM 线圈得电，KM 主触点闭合，将 380V 的三相交源送到变频器的 R、S、T 端，Y000 线

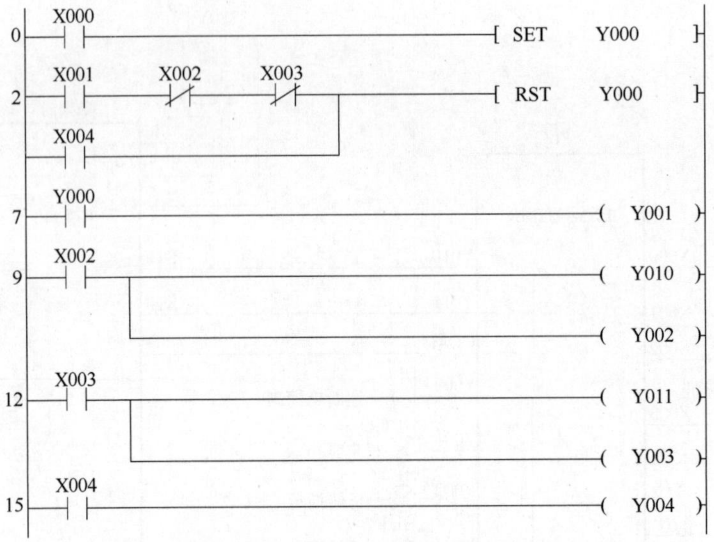

图 11-3　PLC 控制变频器驱动电动机正反转的 PLC 程序

圈置 1 还会使 [7] Y000 常开触点闭合，Y001 线圈得电，Y001 端子内部的硬触点闭合，HL1 灯通电点亮，指示 PLC 做出通电控制。

2）正转控制。将三档开关 SA 置于"正转"位置时，PLC 的 X002 端子输入为 ON，它使程序中的 [9] X002 常开触点闭合，Y010、Y002 线圈均得电，Y010 线圈得电使 Y010 端子内部硬触点闭合，将变频器的 STF、SD 端子接通，即 STF 端子输入为 ON，变频器输出电源使电动机正转，Y002 线圈得电后使 Y002 端子内部硬触点闭合，HL2 灯通电点亮，指示 PLC 做出正转控制。

3）反转控制。将三档开关 SA 置于"反转"位置时，PLC 的 X003 端子输入为 ON，它使程序中的 [12] X003 常开触点闭合，Y011、Y003 线圈均得电，Y011 线圈得电使 Y011 端子内部硬触点闭合，将变频器的 STR、SD 端子接通，即 STR 端子输入为 ON，变频器输出电源使电动机反转，Y003 线圈得电后使 Y003 端子内部硬触点闭合，HL3 灯通电点亮，指示 PLC 做出反转控制。

4）停转控制。在电动机处于正转或反转时，若将 SA 开关置于"停止"位置，X002 或 X003 端子输入为 OFF，程序中的 X002 或 X003 常开触点断开，Y010、Y002 或 Y011、Y003 线圈失电，Y010、Y002 或 Y011、Y003 端子内部硬触点断开，变频器的 STF 或 STR 端子输入为 OFF，变频器停止输出电源，电动机停转，同时 HL2 或 HL3 指示灯熄灭。

5）断电控制。当 SA 置于"停止"位置使电动机停转时，若按下断电按钮 SB2，PLC 的 X001 端子输入为 ON，它使程序中的 [2] X001 常开触点闭合，执行"RST Y000"指令，Y000 线圈被复位失电，Y000 端子内部的硬触点断开，接触器 KM 线圈失电，KM 主触点断开，切断变频器的输入电源。Y000 线圈失电还会使 [7] Y000 常开触点断开，Y001 线圈失电，Y001 端子内部的硬触点断开，HL1 灯熄灭。如果 SA 处于"正转"或"反转"位置时，[2] X002 或 X003 常闭触点断开，无法执行"RST Y000"指令，即电动机在正转或反转时，操作 SB2 按钮无法断开变频器输入电源。

6）故障保护。如果变频器内部保护功能动作，A、C 端子间的内部触点闭合，PLC 的 X004 端子输入为 ON，程序中的 |2| X004 常开触点闭合，执行"RST Y000"指令，Y000 端子内部的硬触点断开，接触器 KM 线圈失电，KM 主触点断开，切断变频器的输入电源，保护变频器。另外，[18] X004 常开触点闭合，Y004 线圈得电，Y004 端子内部硬触点闭合，HL4 灯通电点亮，指示变频器有故障。

11.1.3　PLC 以开关量方式控制变频器实例二

变频器可以连续调速，也可以分档调速，FR-700 系列变频器有 RH（高速）、RM（中速）和 RL（低速）三个控制端子，通过这三个端子的组合输入，可以实现七档转速控制。如果将 PLC 的输出端子与变频器这些端子连接，就可以用 PLC 控制变频器来驱动电动机多档转速运行。

1. 控制电路图

PLC 以开关量方式控制变频器驱动电动机多档转速运行的电路图如图 11-4 所示。

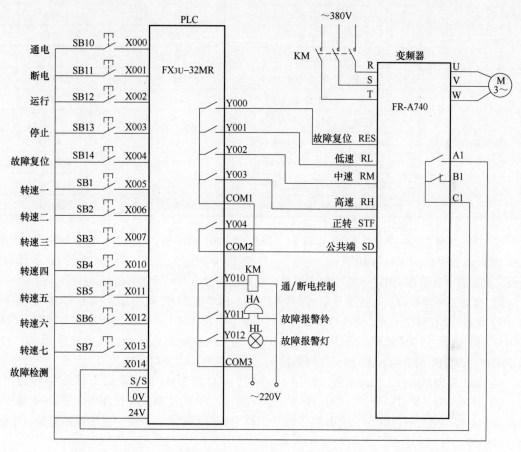

图 11-4　PLC 以开关量方式控制变频器驱动电动机多档转速运行的电路图

2. 参数设置

在用 PLC 对变频器进行多档转速控制时，需要对变频器进行有关参数设置，参数可分为基本运行参数和多档转速参数，具体见表 11-2。

3. 编写程序

PLC 以开关量方式控制变频器驱动电动机多档转速运行的 PLC 程序如图 11-5 所示。

下面对照图 11-4 电路图和图 11-5 程序来说明 PLC 以开关量方式控制变频器驱动电动机多档转速运行的工作原理。

1）通电控制。当按下通电按钮 SB10 时，PLC 的 X000 端子输入为 ON，它使程序中的 ［0］ X000 常开触点闭合，"SET Y010" 指令执行，线圈 Y010 被置 1，Y010 端子内部的硬触点闭合，接触器 KM 线圈得电，KM 主触点闭合，将 380V 的三相交源送到变频器的 R、S、T 端。

表 11-2　变频器的有关参数及设置值

分　类	参 数 名 称	参 数 号	设 定 值
基本运行参数	转矩提升	Pr. 0	5%
	上限频率	Pr. 1	50Hz
	下限频率	Pr. 2	5Hz
	基底频率	Pr. 3	50Hz
	加速时间	Pr. 7	5s
	减速时间	Pr. 8	4s
	加减速基准频率	Pr. 20	50Hz
	操作模式	Pr. 79	2
多档转速参数	转速一（RH 为 ON 时）	Pr. 4	15Hz
	转速二（RM 为 ON 时）	Pr. 5	20Hz
	转速三（RL 为 ON 时）	Pr. 6	50Hz
	转速四（RM、RL 均为 ON 时）	Pr. 24	40Hz
	转速五（RH、RL 均为 ON 时 L）	Pr. 25	30Hz
	转速六（RH、RM 均为 ON 时）	Pr. 26	25Hz
	转速七（RH、RM、RL 均为 ON 时）	Pr. 27	10Hz

2）断电控制。当按下断电按钮 SB11 时，PLC 的 X001 端子输入为 ON，它使程序中的［3］X001 常开触点闭合，"RST Y010" 指令执行，线圈 Y010 被复位失电，Y010 端子内部的硬触点断开，接触器 KM 线圈失电，KM 主触点断开，切断变频器 R、S、T 端的输入电源。

3）起动变频器运行。当按下运行按钮 SB12 时，PLC 的 X002 端子输入为 ON，它使程序中的［7］X002 常开触点闭合，由于 Y010 线圈已得电，它使 Y010 常开触点处于闭合状态，"SET Y004" 指令执行，Y004 线圈被置 1 而得电，Y004 端子内部硬触点闭合，将变频器的 STF、SD 端子接通，即 STF 端子输入为 ON，变频器输出电源启动电动机正向运转。

4）停止变频器运行。当按下停止按钮 SB13 时，PLC 的 X003 端子输入为 ON，它使程序中的［10］X003 常开触点闭合，"RST Y004" 指令执行，Y004 线圈被复位而失电，Y004 端子内部硬触点断开，将变频器的 STF、SD 端子断开，即 STF 端子输入为 OFF，变频器停止输出电源，电动机停转。

5）故障报警及复位。如果变频器内部出现异常而导致保护电路动作时，A、C 端子间的内部触点闭合，PLC 的 X014 端子输入为 ON，程序中的［14］X014 常开触点闭合，Y011、Y012 线圈得电，Y011、Y012 端子内部硬触点闭合，报警铃和报警灯均得电而发出声光报警，同时［3］X014 常开触点闭合，"RST Y010" 指令执行，线圈 Y010 被复位失电，Y010 端子内部的硬触点断开，接触器 KM 线圈失电，KM 主触点断开，切断变频器 R、S、T 端的输入电源。变频器故障排除后，当按下故障按钮复位 SB14 时，PLC 的 X004 端子输入为 ON，它使程序中的［12］X004 常开触点闭合，Y000 线圈得电，变频器的 RES 端输入为 ON，解除保护电路的保护状态。

6）转速一控制。变频器起动运行后，按下按钮 SB1（转速一），PLC 的 X005 端子输入为 ON，它使程序中的［19］X005 常开触点闭合，"SET M1" 指令执行，线圈 M1 被置 1，［82］M1 常开触点闭合，Y003 线圈得电，Y003 端子内部的硬触点闭合，变频器的 RH 端输入为 ON，让变频器输出转速一设定频率的电源驱动电动机运转。按下 SB2 ~ SB7 中的某个按钮，会使 X006 ~ X013 中的某个常开触点闭合，"RST M1" 指令执行，线圈 M1 被复位失电，［82］M1 常开触点

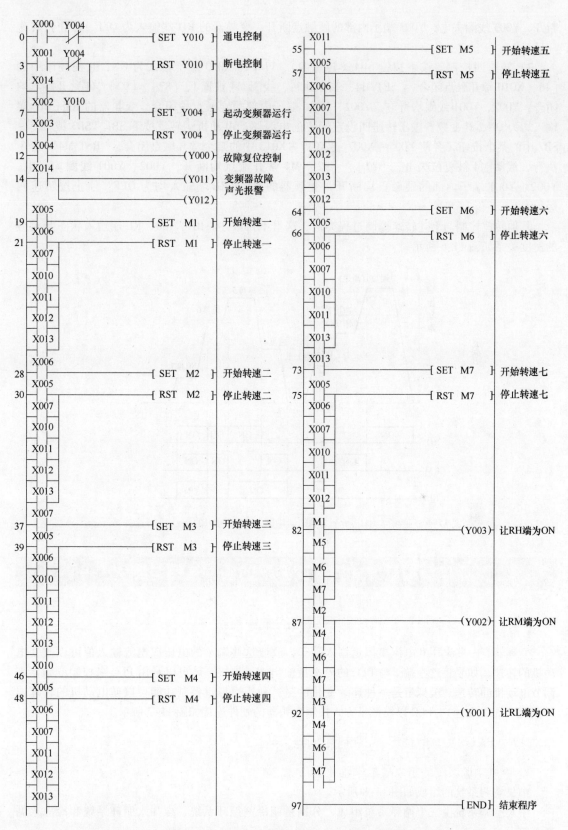

图 11-5　PLC 以开关量方式控制变频器驱动电动机多档转速运行的 PLC 程序

断开，Y003 线圈失电，Y003 端子内部的硬触点断开，变频器的 RH 端输入为 OFF，停止按转速一运行。

7）转速四控制。按下按钮 SB4（转速四），PLC 的 X010 端子输入为 ON，它使程序中的 [46] X010 常开触点闭合，"SET M4"指令执行，线圈 M4 被置 1，[87]、[92] M4 常开触点均闭合，Y002、Y001 线圈均得电，Y002、Y001 端子内部的硬触点均闭合，变频器的 RM、RL 端输入均为 ON，让变频器输出转速四设定频率的电源驱动电动机运转。按下 SB1~SB3 或 SB5~SB7 中的某个按钮，会使 X005~X007 或 X011~X013 中的某个常开触点闭合，"RST M4"指令执行，线圈 M4 被复位失电，[87]、[92] M4 常开触点均断开，Y002、Y001 线圈均失电，Y002、Y001 端子内部的硬触点均断开，变频器的 RM、RL 端输入均为 OFF，停止按转速四运行。

其他转速控制与上述转速控制过程类似，这里不再叙述。RH、RM、RL 端输入状态与对应的速度关系如图 11-6 所示。

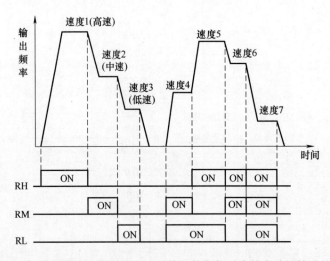

图 11-6 变频器 RH、RM、RL 端输入状态与对应的电动机转速关系

11.2 PLC 以模拟量方式控制变频器的硬件连接与实例

11.2.1 PLC 以模拟量方式控制变频器的硬件连接

变频器有一些电压和电流模拟量输入端子，改变这些端子的电压或电流输入值可以改变电动机的转速，如果将这些端子与 PLC 的模拟量输出端子连接，就可以利用 PLC 来控制变频器来调节电动机的转速。模拟量是一种连续变化的量，利用模拟量控制功能可以使电动机的转速连续变化（无级变速）。PLC 以模拟量方式控制变频器的硬件连接如图 11-7 所示。

11.2.2 PLC 以模拟量方式控制变频器实例

1. 中央空调系统的组成与工作原理

中央空调系统的组成如图 11-8 所示。

中央空调系统由三个循环系统组成，分别是制冷剂循环系统、冷却水循环系统和冷冻水循环系统。

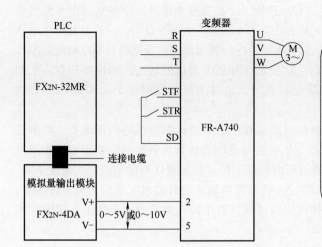

三菱FX2N-32MR型PLC无模拟量输出功能，需要给它连接模拟量输出模块（如FX2N-4DA），再将模拟量输出模块的输出端子与变频器的模拟量输入端子连接。当变频器的STF端子外部开关闭合时，该端子输入为 ON，变频器起动电动机正转，PLC内部程序运行时产生的数字量数据通过连接电缆送到模拟量输出模块（DA模块），由其转换成0～5V或 0～10V范围内的电压(模拟量)送到变频器2、5端子，控制变频器输出电源的频率，进而控制电动机的转速，如果DA模块输出到变频器2、5端子的电压发生变化，变频器输出电源频率也会变化，电动机转速就会变化。
　　PLC在以模拟量方式控制变频器的模拟量输入端子时，也可同时用开关量方式控制变频器的开关量输入端子。

图 11-7　PLC 以模拟量方式控制变频器的硬件连接

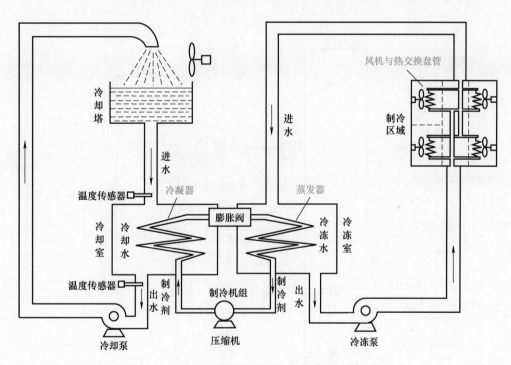

图 11-8　中央空调的组成

　　制冷剂循环系统工作原理：压缩机从进气口吸入制冷剂（如氟利昂），在内部压缩后排出高温高压的气态制冷剂进入冷凝器（由散热良好的金属管做成），冷凝器浸在冷却水中，冷凝器中的制冷剂被冷却后，得到低温高压的液态制冷剂，然后经膨胀阀（用于控制制冷剂的流量大小）进入蒸发器（由散热良好的金属管做成）。由于蒸发器管道空间大，液态制冷剂压力减小，马上汽化成气态制冷剂，制冷剂在由液态变成气态时会吸收大量的热量，蒸发器管道会因被吸热而温度降低，由于蒸发器浸在水中，水的温度也因此而下降。蒸发器出来的低温低压的气态制冷剂被压缩机吸入，压缩成高温高压的气态制冷剂又进入冷凝器，开始下一次循环过程。

　　冷却水循环系统工作原理：冷却塔内的水流入制冷机组的冷却室，高温冷凝器往冷却水散热，使冷却水温度上升（如37℃），升温的冷却水被冷却泵抽吸并排往冷却塔，水被冷却（如冷却到32℃）后流进冷却塔，然后又流入冷却室，开始下一次冷却水循环。冷却室的出水温度要高于进水温度，两者存在温差，出进水温差大小反映了冷凝器产生的热量多少，冷凝器产生的热量越多，出水温度越高，出进水温差越大。为了能带走冷凝器更多的热量来提高制冷机组的制冷效率，当出进水温度较大（出水温度高）时，应提高冷却泵电动机的转速，加快冷却室内水的流速来降低水温，使出进水温差减小。实际运行表明，出进水温差控制在 3～5℃ 范围内较为合适。

冷冻水循环系统工作原理：制冷区域的热交换盘管中的水进入制冷机组的冷冻室，经蒸发器冷却后水温降低（如7℃），低温水被冷冻泵抽吸并排往制冷区域的各个热交换盘管。在风机作用下，空气通过低温盘管（内有低温水通过）时温度下降，使制冷区域的室内空气温度下降，热交换盘管内的水温则会升高（如升高到12℃），从盘管中流出的升温水汇集后又流进冷冻室，被低温蒸发器冷却后，再经冷冻泵抽吸并排往制冷区域的各个热交换盘管，开始下一次冷冻水循环。

2. 中央空调冷却水流量控制的 PLC 与变频器电路图

中央空调冷却水流量控制的 PLC 与变频器电路图如图 11-9 所示。

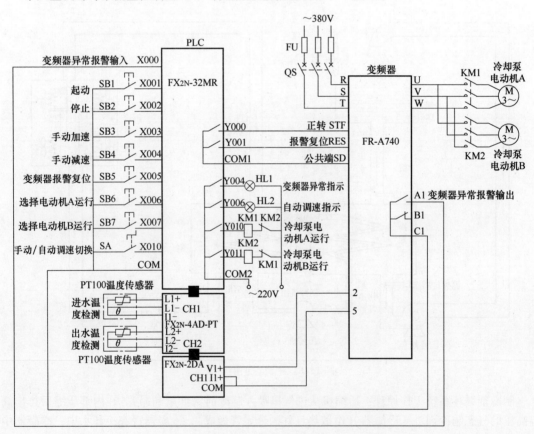

图 11-9　中央空调冷却水流量控制的 PLC 与变频器电路图

3. PLC 程序

中央空调冷却水流量控制的 PLC 程序由 D/A 转换程序、温差检测与自动调速程序、手动调速程序、变频器起/停/报警及电动机选择程序组成。

（1）D/A 转换程序

D/A 转换程序的功能是将 PLC 指定存储单元中的数字量转换成模拟量并输出去变频器的调

速端子。本例是利用 FX2N-2DA 模块将 PLC 的 D100 单元中的数字量转换成 0 ~ 10V 电压去变频器的 2、5 端子。D/A 转换程序如图 11-10 所示。

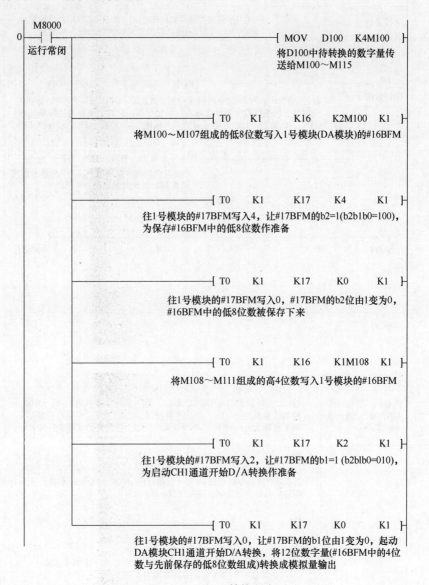

图 11-10　D/A 转换程序

（2）温差检测与自动调速程序

温差检测与自动调速程序如图 11-11 所示。温度检测模块（FX2N-4AD-PT）将出水和进水温度传感器检测到的温度值转换成数字量温度值，分别存入 D21 和 D20，两者相减后得到温差值存入 D25。在自动调速方式（X010 常开触点闭合）时，PLC 每隔 4s 检测一次温差，如果温差值大于 5℃，自动将 D100 中的数字量提高 40，转换成模拟量去控制变频器，使之频率提升 0.5Hz，冷却泵电动机转速随之加快，如果温差值小于 4.5℃，自动将 D100 中的数字量减小 40，使变频器的频率降低 0.5Hz，冷却泵电动机转速随之降低，如果 4.5℃ ≤温差值≤5℃，D100 中的数字量保持不变，变频器的频率不变，冷却泵电动机转速也不变。为了将变频器的频率限制在 30 ~ 50Hz，程序将 D100 的数字量限制在 2400 ~ 4000 范围内。

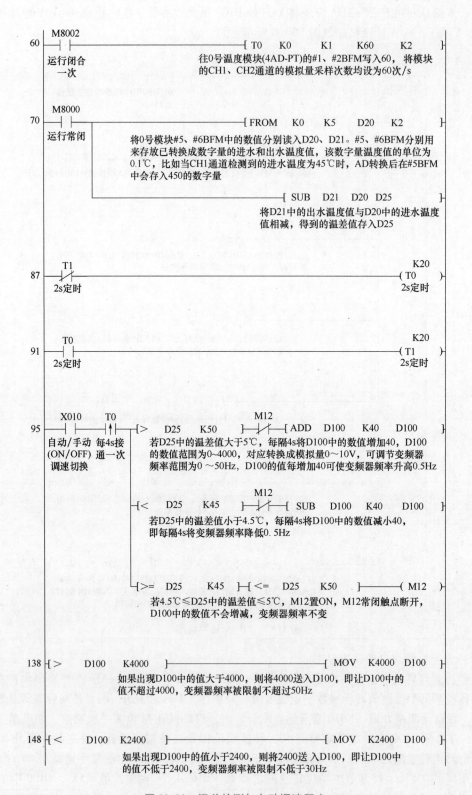

图 11-11　温差检测与自动调速程序

（3）手动调速程序

手动调速程序如图 11-12 所示。在手动调速方式（X010 常闭触点闭合）时，X003 触点每闭合一次，D100 中的数字量就增加 40，由 DA 模块转换成模拟量后使变频器频率提高 0.5Hz；X004 触点每闭合一次，D100 中的数字量就减小 40，由 DA 模块转换成模拟量后使变频器频率降低 0.5Hz，为了将变频器的频率限制在 30～50Hz，程序将 D100 的数字量限制在 2400～4000 范围内。

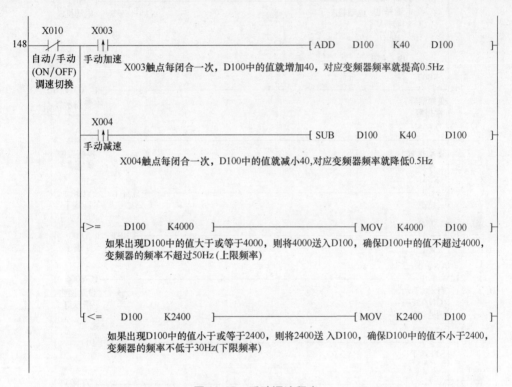

图 11-12　手动调速程序

（4）变频器起/停/报警及电动机选择程序

变频器起/停/报警及电动机选择程序如图 11-13 所示。下面对照图 11-9 线路图和图 11-13 来说明该程序工作原理。

1）变频器起动控制。按下起动按钮 SB1，PLC 的 X000 端子输入为 ON，程序中的［208］X001 常开触点闭合，将 Y000 线圈置 1，［191］Y000 常开触点闭合，为选择电动机作准备，［214］Y001 常闭触点断开，停止对 D100（用于存放用作调速的数字量）复位，另外，PLC 的 Y000 端子内部硬触点闭合，变频器 STF 端子输入为 ON，启动变频器从 U、V、W 端子输出正转电源，正转电源频率由 D100 中的数字量决定，Y001 常闭触点断开停止 D100 复位后，自动调速程序的［148］指令马上往 D100 写入 2400，D100 中的 2400 随之由 DA 程序转换成 6V 电压，送到变频器的 2、5 端子，使变频器输出的正转电源频率为 30Hz。

2）冷却泵电动机选择。按下选择电动机 A 运行的按钮 SB6，［191］X006 常开触点闭合，Y010 线圈得电，Y010 自锁触点闭合，锁定 Y010 线圈得电，同时 Y010 硬触点也闭合，Y010 端子外部接触器 KM1 线圈得电，KM1 主触点闭合，将冷却泵电动机 A 与变频器的 U、V、W 端子接通，变频器输出电源驱动冷却泵电动机 A 运行。SB7 按钮用于选择电动机 B 运行，其工作过程与电动机 A 相同。

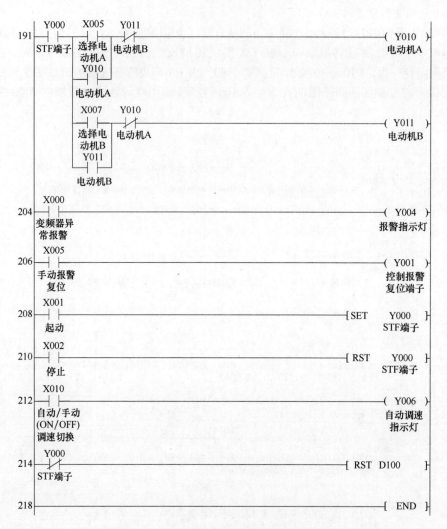

图 11-13　变频器起/停/报警及电动机选择程序

3）变频器停止控制。按下停止按钮 SB2，PLC 的 X002 端子输入为 ON，程序中的［210］X002 常开触点闭合，将 Y000 线圈复位，［191］Y000 常开触点断开，Y010、Y011 线圈均失电，KM1、KM2 线圈失电，KM1、KM2 主触点均断开，将变频器与两台电动机断开；［214］Y001 常闭触点闭合，对 D100 复位；另外，PLC 的 Y000 端子内部硬触点断开，变频器 STF 端子输入为OFF，变频器停止 U、V、W 端子输出电源。

4）自动调速控制。将自动/手动调速切换开关闭合，选择自动调速方式，［212］X010 常开触点闭合，Y006 线圈得电，Y006 硬触点闭合，Y006 端子外接指示灯通电点亮，指示当前为自动调速方式；［95］X010 常开触点闭合，自动调速程序工作，系统根据检测到的出进水温差来自动改变用作调速的数字量，该数字量经 DA 模块转换成相应的模拟量电压，去调节变频器的输出电源频率，进而自动调节冷却泵电动机的转速；［148］X010 常闭触点断开，手动调速程序不工作。

5）手动调速控制。将自动/手动调速切换开关断开，选择手动调速方式，［212］X010 常开触点断开，Y006 线圈失电，Y006 硬触点断开，Y006 端子外接指示灯断电熄灭；［95］X010 常开触点断开，自动调速程序不工作；［148］X010 常闭触点闭合，手动调速程序工作，以手动加速控制为例，每按一次手动加速按钮 SB3，X003 上升沿触点就接通一个扫描周期，ADD 指令就将 D100 中用作调速的数字量增加 40，经 DA 模块转换成模拟量电压，去控制变频器频率提高 0.5Hz。

6）变频器报警及复位控制。在运行时，如果变频器出现异常情况（如电动机出现短路导致变频器过电流），其 A、C 端子内部的触点闭合，PLC 的 X000 端子输入为 ON，程序［204］X000 常开触点闭合，Y004 线圈得电，Y004 端子内部的硬触点闭合，变频器异常报警指示灯 HL1 通电点亮。排除异常情况后，按下变频器报警复位按钮 SB5，PLC 的 X005 端子输入为 ON，程序［206］X005 常开触点闭合，Y001 端子内部的硬触点闭合，变频器的 RES 端子（报警复位）输入为 ON，变频器内部报警复位，A、C 端子内部的触点断开，PLC 的 X000 端子输入变为 OFF，最终使 Y004 端子外接报警指示灯 HL1 断电熄灭。

4. 变频器参数的设置

为了满足控制和运行要求，需要对变频器一些参数进行设置。本例中变频器需设置的参数及参数值见表 11-3。

表 11-3　变频器的有关参数及设置值

参 数 名 称	参 数 号	设 置 值
加速时间	Pr. 7	3s
减速时间	Pr. 8	3s
基底频率	Pr. 3	50Hz
上限频率	Pr. 1	50Hz
下限频率	Pr. 2	30Hz
运行模式	Pr. 79	2（外部操作）
0~5V 和 0~10V 调频电压选择	Pr. 73	0（0~10V）

第 12 章

三菱人机界面介绍

12.1 触摸屏基础知识

人机界面简称 HMI，又称触摸屏，是一种带触摸显示屏的数字输入输出设备，利用人机界面可以使人们直观方便地进行人机交互。利用人机界面不但可以对 PLC 进行操作，还可实时监视 PLC 的工作状态。要使用人机界面操作和监视 PLC，必须使用专门的软件为人机界面制作（又称组态）相应的操作和监视画面。

触摸屏主要由触摸检测部件和触摸屏控制器组成。触摸检测部件安装在显示器屏幕前面，用于检测用户触摸位置，然后送给触摸屏控制器；触摸屏控制器的功能是从触摸点检测装置上接收触摸信号，并将它转换成触点坐标，再送给有关电路或设备。

触摸屏的基本结构如图 12-1 所示。触摸屏的触摸有效区域被分成类似坐标的 X 轴和 Y 轴，当触摸某个位置时，该位置对应一个点，不同位置对应的坐标点不同。

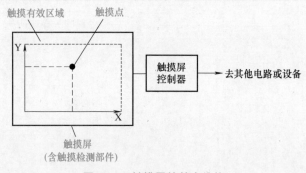

图 12-1　触摸屏的基本结构

12.2 三菱 GS21 系列人机界面简介

GS21 系列人机界面又称 GOT simple 系列人机界面，是三菱公司推出的操作简单、功能强大、可靠性强的精简型人机界面，目前有 GS2110 和 GS2107 两个型号。因其性价比高，故被广大初中级用户选用。

12.2.1 型号含义与面板说明

1. 型号含义

三菱 GS21 系列人机界面有 GS2110 和 GS2107 两个型号，型号含义如图 12-2 所示。

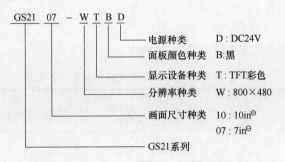

扫一扫看视频

图 12-2 三菱 GS21 系列人机界面型号含义

2. 面板说明

三菱 GS2110 和 GS2107 型人机界面除屏幕大小不同外，其他的基本相同。图 12-3 为三菱 GS2107 型人机界面的各组成部分说明。

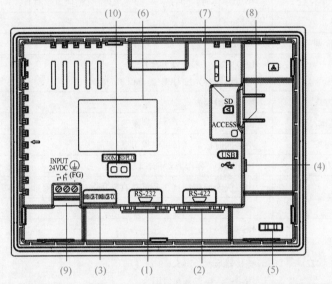

编号	名　　称	说　　明
(1)	RS-232接口 (D-Sub 9针 公)	用于连接可编程控制器、条形码阅读器、RFID等 或者连接计算机(OS安装、工程数据下载、FA透明功能)
(2)	RS-422接口 (D-Sub 9针 母)	用于与连接可编程控制器、微型计算机等
(3)	以太网接口	用于与连接可编程序控制器、微型计算机等(RJ-45连接器)
(4)	USB接口	数据传送、保存用USB接口(主站)
(5)	USB电缆脱落防止孔	可用捆扎带等在该孔进行固定，以防止USB电缆脱落
(6)	额定铭牌(铭牌)	记载型号、消耗电流、生产编号、H/W版本、BootOS版本
(7)	SD卡接口	用于将SD卡安装到GOT的接口
(8)	SD卡存取LED	点亮：正在存取SD卡，熄灭：未存取SD卡时
(9)	电源端子	电源端子、FG端子(用于向GOT供应电源(DC24V)及连接地线)
(10)	以太网通信状态LED	SD RD：收发数据时绿灯点亮，100M：100Mbit/s传送时绿灯点亮

图 12-3 三菱 GS2107 型人机界面各组成部分说明

⊖　1 in = 0.0254 m，后同。

12.2.2 技术规格

三菱 GS21 系列人机界面的技术规格见表 12-1。

表 12-1 三菱 GS21 系列人机界面的技术规格

项　　目		规　　格	
		GS2110-WTBD	GS2107-WTBD
显示部分	种类	TFT 彩色液晶	
	画面尺寸	10in	7in
	分辨率	800 ×480［点］	
	显示尺寸	W222 × H132.5［mm］ （横向显示时）	W154 × H85.9［mm］ （横向显示时）
	显示字符数	16 点字体时：50 字 ×30 行（全角）（横向显示时）	
	显示色	65536 色	
	亮度调节	32 级调整	
背光灯		LED 方式（不可以更换） 可以设置背光灯 OFF/屏幕保护时间	
触摸面板	方式	模拟电阻膜方式	
	触摸键尺寸	最小 2 ×2［点］（每个触摸键）	
	同时按下	不可同时按下（仅可触摸 1 点）	
	寿命	100 万次（操作力 0.98N 以下）	
存储器	C 驱动器	内置快闪卡 9MB（工程数据存储用、OS 存储用）	
		寿命（写入次数）10 万次	
内置接口	RS –422	RS-422、1ch 传送速度：115200/57600/38400/19200/9600/4800bit/s 连接器形状：D-Sub 9 针（母） 用途：连接设备通信用 终端电阻：330Ω 固定	
	RS-232	RS-232、1ch 传送速度：115200/57600/38400/19200/9600/4800bit/s 连接器形状：D-Sub 9 针（公） 用途：连接设备通信用，条形码阅读器用、打印机、 　　　连接计算机用（FA 透明功能）	
	以太网	数据传送方式：100BASE-TX、10BASE-T、1ch 连接器形状：RJ-45（模块插孔） 用途：连接设备通信用 　　　连接计算机用（软件包数据读取/写入、FA 透明功能）	
	USB	依据串行 USB（全速 12Mbit/s）标准、1ch 连接器形状：Mini-B 用途：连接计算机用（软件包数据读取/写入、FA 透明功能）	
	SD 存储卡	依据 SD 规格 1ch 支持存储卡：SDHC 存储卡、SD 存储卡 用途：软件包数据读取/写入、日志数据保存	

（续）

项　目	规　格	
	GS2110- WTBD	GS2107- WTBD
蜂鸣输出	单音色（长/短/无可调整）	
保护构造	IP65F（仅面板正面部分）	
外形尺寸	W272 × H214 × D56［mm］	W206 × H155 × D50［mm］
面板开孔尺寸	W258 × H200［mm］（横向显示时）	W191 × H137［mm］（横向显示时）
质量	约 1.3kg（不包括安装用的金属配件）	约 0.9kg（不包括安装用的金属配件）
对应软件包 （GT Designer3 的版本）	Version 1.105K 以后	

12.3　人机界面与其他设备的连接

三菱 GS21 系列人机界面可以连接很多制造商的设备，在启动 GT Designer 软件使用向导创建项目时，在"工程的新建向导"对话框的制造商项可以查看到人机界面支持连接的制造商名称，在机种项中可查看到所选制造商的具体支持设备。由于 GS21 系列人机界面为三菱公司推出的产品，故支持连接该公司各种各样其他设备（如 PLC、变频器和伺服驱动器等）。

12.3.1　人机界面与三菱 FX 系列 PLC 的以太网连接

GS21 系列人机界面有一个以太网接口，通过该接口可与三菱 FX 系列 PLC 进行以太网连接通信。

对于本身带以太网接口的 PLC（如 FX3GE），可以直接用网线与 GS21 系列人机界面连接，对于其他型号的 FX 系列 PLC，需要给 PLC 安装以太网模块（FX3U-ENET-L、FX3U-ENET-ADP）才能与 GS21 系列人机界面进行以太网连接通信，如图 12-4a 所示，FX3 系列 PLC 种类很多，外形不一，而可用的以太网模块只有两种，因此有的 PLC 不能直接安装以太网模块，而是先安装其他的连接板或适配器，再安装以太网模块，如图 12-4b 所示。比如 FX3U 型 PLC 可以直接安装 FX3U-ENET-L 型以太网模块，但若选择 FX3U-ENET-ADP 型以太网模块，则需要先安装 FX3U-CNV-BD、FX3U-422-BD、FX3U-232-BD 任意一种功能板，然后才能安装 FX3U-ENET-ADP 型以太网模块。

12.3.2　人机界面与三菱 FX 系列 PLC 的 RS-232/RS-422 连接

GS21 系列人机界面支持与三菱 FX 所有系列的 PLC 进行 RS-422 连接通信，但仅支持与 FX1、FX2、FX3 系列的 PLC 进行 RS-232 连接通信。

1. RS-422 连接通信

三菱 FX 系列 PLC 自身带有一个 RS-422 接口，可以直接用这个接口与 GS21 系列人机界面进行 RS-422 连接通信，如果不使用这个接口，也可给 PLC 安装 RS-422 扩展功能板，使用扩展板上的 RS-422 接口连接人机界面。常见的 RS-422 扩展功能板有 FX1N-422-BD（适用 FX1S、FX1N）、FX2N-422-BD（适用 FX2N）、FX3G-422-BD（适用 FX3S、FX3G）、FX3U-422-BD（适用 FX3U）。

GS21 系列人机界面与三菱 FX 系列 PLC 进行 RS-422 连接通信需要用到专用电缆，其外形如图 12-5a 所示。电缆一端为 D-Sub 9 针公接口，另一端为 8 针圆接口，图中列出了 5 种长度的

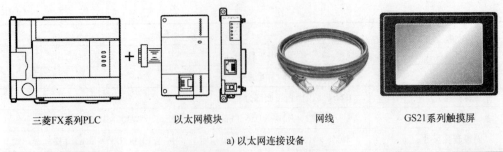

| 三菱FX系列PLC | 以太网模块 | 网线 | GS21系列触摸屏 |

a) 以太网连接设备

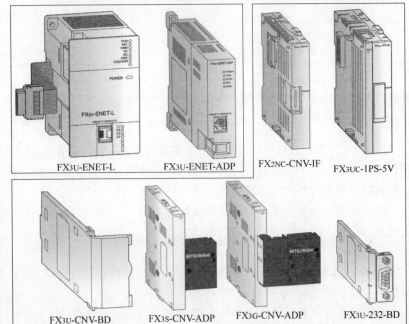

PLC型号	以太网模块与所需连接器
FX3U	FX3U-ENET-L
FX3UC	FX3UC-1PS-5V、FX2NC-CNV-IF + FX3U-ENET-L
FX3U	FX3U-CNV-BD、FX3U-422-BD、FX3U-232-BD、 + FX3U-ENET-ADP
FX3UC	FX3U-ENET-ADP
FX3G	FX3G-CNV-ADP + FX3U-ENET-ADP
FX3GC	FX3U-ENET-ADP
FX3S	FX3S-CNV-ADP + FX3U-ENET-ADP
FX3GA	FX3G-CNV-ADP + FX3U-ENET-ADP

b) 以太网通信的PLC、以太网模块及所需的连接器

图 12-4　GS21 系列人机界面与三菱 FX 系列 PLC 的以太网连接通信设备

RS-422 通信电缆的型号，如果无法购得这种通信电缆，也可以按图 12-5b 所示的两接口各针之间的连接关系自制 RS-422 通信电缆。

2. RS-232 连接通信

三菱 FX 系列 PLC 自身不带 RS-232 接口，如果要与 GS21 系列人机界面进行 RS-232 连接通信，可给 PLC 安装 RS-232 扩展功能板，使用扩展板上的 RS-232 接口连接人机界面。常见的 RS-232 扩展功能板有 FX1N-232-BD（适用 FX1S、FX1N）、FX2N-232-BD（适用 FX2N）、FX3G-232-BD（适用 FX3S、FX3G）、FX3U-232-BD（适用 FX3U）。

GS21 系列人机界面与三菱 FX 系列 PLC 进行 RS-232 连接通信需要用到专用电缆（GT01-C30R2-9S），其外形如图 12-5a 所示。该电缆两端均为 D-Sub 9 针（孔）母接口，如果无法购得这种通信电缆，也可以按图 12-6b 所示的两接口各针的连接关系自制 RS-232 通信电缆。

12.3.3　人机界面与西门子 S7-200 PLC 的 RS-232 连接

西门子 S7-200 PLC 自身带有一个或两个 RS-485 接口，而 GS21 系列人机界面有 RS-232 接口，没有 RS-485 接口，两者可使用具有 RS-232/RS-485 相互转换功能的 PC/PPI 电缆进行 RS-232 连接通信。在通信时，除了硬件连接外，还需要进行通信设置，在 GT Designer 软件打开"连接机

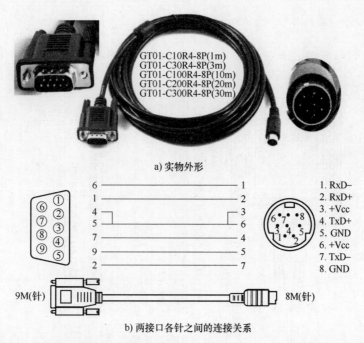

a) 实物外形

GT01-C10R4-8P(1m)
GT01-C30R4-8P(3m)
GT01-C100R4-8P(10m)
GT01-C200R4-8P(20m)
GT01-C300R4-8P(30m)

1. RxD−
2. RxD+
3. +Vcc
4. TxD+
5. GND
6. +Vcc
7. TxD−
8. GND

9M(针)   8M(针)

b) 两接口各针之间的连接关系

图 12-5　GS21 系列人机界面与三菱 FX 系列 PLC 连接的 RS-422 通信电缆

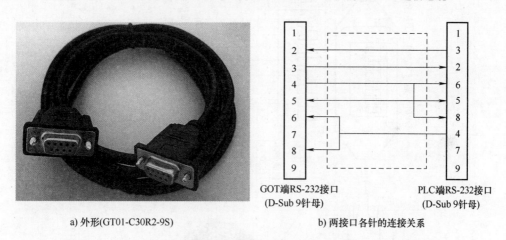

a) 外形(GT01-C30R2-9S)

GOT端RS-232接口
(D-Sub 9针母)

PLC端RS-232接口
(D-Sub 9针母)

b) 两接口各针的连接关系

图 12-6　GS21 系列人机界面与三菱 FX 系列 PLC 连接的 RS-232 通信电缆

器设置"窗口，按图 12-7 右下角的表格进行设置（默认设置），再在 STEP7- Micro/WIN 软件（S7-200 PLC 编程软件）的系统块中依照该表设置通信参数。另外，PC/PPI 电缆的通信速率要设成与 GOT、PLC 相同。

12.3.4　人机界面与西门子 S7-300/400 PLC 的 RS-232 连接

西门子 S7-300/400 PLC 自身带有 RS-485 接口，而 GS21 系列人机界面没有 RS-485 接口，两者可使用具有 RS-232/RS-485 相互转换功能的 HMI Adapter（型号为 6ES7 972-0CA11-0XA0）进行 RS-232 连接通信，连接时还要用到一根 RS-232 通信电缆（可自制）将 HMI Adapter 与人机界面连接起来，如图 12-7 所示。通信设置时，在 GT Designer 软件中打开"连接机器设置"窗口，按图 12-8 右下角的表格进行设置（默认设置），再在 STEP 7 软件（S7-300/400 PLC 编程软件）中依照该表设置通信参数。

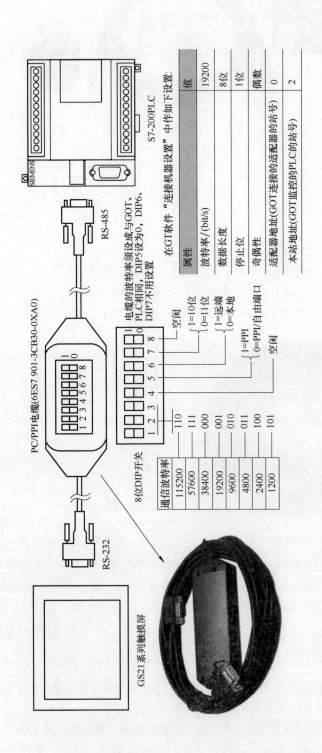

在GT软件"连接机器设置"中作如下设置：

属性	值
波特率/(bit/s)	19200
数据长度	8位
停止位	1位
奇偶性	偶数
适配器地址(GOT连接的适配器的站号)	0
本站地址(GOT监控的PLC的站号)	2

图12-7 GS21系列人机界面与西门子S7-200 PLC的RS-232连接通信

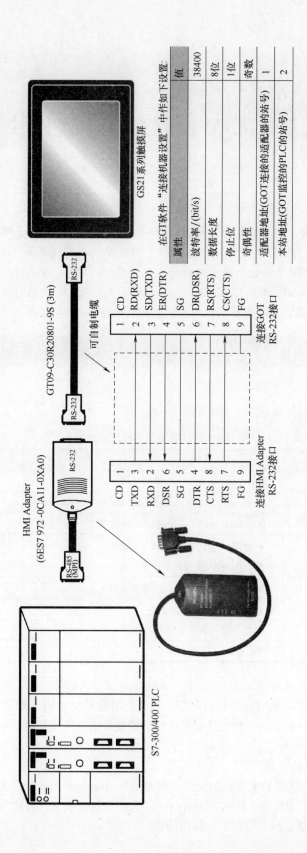

图 12-8　GS21 系列人机界面与西门子 S7-300/400 PLC 的 RS-232 连接通信

在GT软件 "连接机器设置" 中作如下设置:

属性	值
波特率 /(bit/s)	38400
数据长度	8位
停止位	1位
奇偶性	奇偶数
适配器地址(GOT连接的适配器的站号)	1
本站地址(GOT监控的PLC的站号)	2

225

第 13 章

三菱 GT Works3 组态软件快速入门

GT Works3 软件是三菱人机界面软件，包括 GT Designer3 和 GT Simulator3 两个组件。其中 GT Designer3 为画面组态（意为设计、配置）软件，用于组态控制和监视画面；GT Simulator3 为仿真软件（也称仿真器），相当于一台软件模拟成的人机界面。当用 GT Designer3 组态好画面工程后，将其传送给 GT Simulator3，就可以在 GT Simulator3 窗口（与人机界面的屏幕相似）显示出来的画面上进行操作或监视，并能查看到相应的操作和监视效果。

13.1 GT Works3 软件的安装

1. 系统要求

GT Works3 软件安装与使用的系统要求见表 13-1。

表 13-1　GT Works3 软件安装与使用的系统要求

项　　目	内　　容
机种	运行 Windows 的个人计算机
操作系统	Windows XP/Windows Vista/Windows 7/Windows 8/Windows 10
CPU	推荐 Intel Core2 Duo 处理器 2.0GHz 以上
存储器	• 使用 64 位版 OS 时：推荐 2GB 以上 • 使用 32 位版 OS 时：推荐 1GB 以上
显示器	分辨率 XGA（1024 点×768 点）以上
硬盘可用空间	• 安装时：推荐 5GB 以上 • 执行时：推荐 512MB 以上
显示颜色	High Color（16 位）以上

2. 软件的下载

如果需要获得 GT Works3 软件安装包，可登录三菱电机自动化官网，找到 GT Works3 软件。在安装该软件时，为了使安装顺利进行，安装前请关闭计算机的安全软件和其他正在运行的软件。

3. 软件的安装

GT Works3 软件安装包的文件中有 Disk1 ~ Disk5 共 5 个文件夹和一些文件，双击打开 Disk1 文件夹，找到 "setup.exe" 文件，双击该文件开始安装，按照计算机提示逐步完成，最后请重启计算机即可。

扫一扫看视频

4. 软件的启动

软件安装后，点击计算机桌面左下角的"开始"按钮，从"程序"中找到"GT Designer3"，单击即可启动该软件，也可以直接双击计算机桌面上的"GT Designer3"图标来启动软件。如果在 GT Designer3 软件中执行仿真操作时，会自动启动 GT Simulator3 软件。

13. 2　用 GT Works3 软件组态和仿真一个简单的画面工程

GT Works3 软件功能强大，下面通过组态一个简单的画面工程来快速了解该软件的使用。图 13-1是组态完成的工程画面，当单击画面中的"开灯 X0"按钮时，指示灯（圆形 Y0）颜色变为红色，单击画面中的"关灯 X1"按钮时，圆形颜色变为黑色。

图 13-1　组态完成的工程画面

13. 2. 1　工程的创建与保存

1. 工程的创建

在开始菜单找到"GT Designer3"并单击（也可直接双击计算机桌面上的"GT Designer3"图标），启动 GT Designer3 软件，出现图 13-2a 所示的对话框，单击"新建"开始使用向导创建新工程，具体过程如图 13-2b ~ n 所示。

2. 工程的保存

为了避免计算机断电造成组态的工程丢失，也为了以后查找管理工程方便，建议创建工程后将工程更名并保存下来。在 GT Designer3 软件中执行菜单命令"工程"→"保存"，出现"工程另存为"对话框。在该对话框中选择工程保存的位置并输入工作区名和工程名，当前工程所有的文件都保存在工作区名的文件夹中，单击对话框左下角的"切换为单文件格式工程"，可在此对话框将当前工程保存成一个文件。

a) 单击"新建"开始创建新工程

图 13-2　利用向导创建新工程

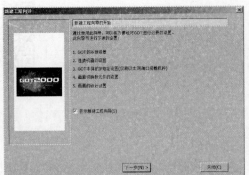

b) 单击"下一步"

c) 选择人机界面系列（GS系列）

d) 选择人机界面机种（型号）后单击"下一步"

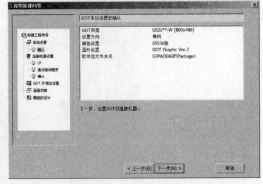

e) 单击"下一步"确认先前的设置内容

f) 选择人机界面连接设备的制造商

g) 选择设备的机种（MELSEC-FX）

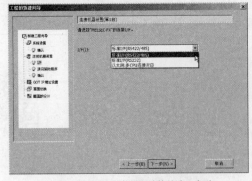

h) 选择人机界面与其他设备连接的端口类型

i) 选择设备的驱动程序（MELSEC-FX）

图 13-2 利用向导创建新工程（续）

j) 单击"下一步"确认先前的设置内容

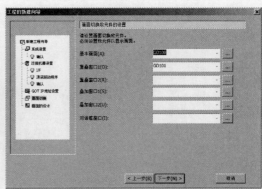

k) 设置画面切换的元件（保持默认）

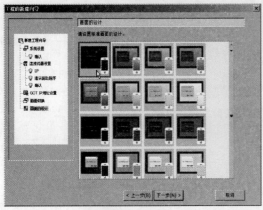

l) 选择画面的样式

m) 单击"结束"确认所有的设置内容

n) 创建工程后启动的GT Designer3软件界面

图 13-2　利用向导创建新工程（续）

13. 2. 2　GT Designer3 软件界面组成

GT Designer3 版本不同或者创建工程时选择的连接设备不同，软件界面会有所不同，图 13-3 是 GT Designer3 软件的典型界面。GT Designer3 软件有大量的工具，将鼠标移到某工具上停留，会出现该工具的说明，使用这个方法可以了解各个工具的功能，工具栏的大多数工具都可以在菜单栏找到相应的命令。

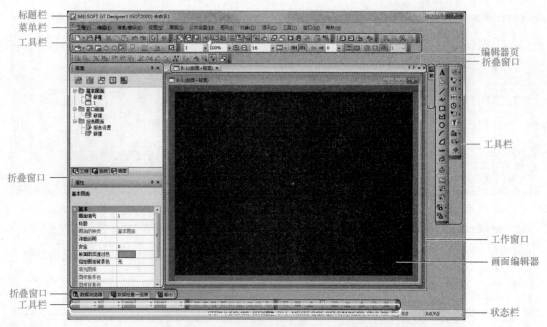

标题栏
菜单栏
工具栏

编辑器页
折叠窗口

工具栏

折叠窗口

工作窗口
画面编辑器

折叠窗口
工具栏

状态栏

图 13-3　GT Designer3 软件的典型界面组成

扫一扫看视频

13.2.3　组态人机界面画面工程

1. 组态指示灯

组态指示灯是指在画面上放置指示灯图形，并设置其属性。组态指示灯的操作过程见表 13-2。

表 13-2　组态指示灯的操作过程

序号	操作说明	操作图
1	在 GT Designer3 软件的左方单击"画面"选项卡，切换到画面窗口，打开"基本画面"，双击其中的"1"画面，软件中间的画面编辑器将"1"画面打开	
2	在组态软件右边的工具栏单击"指示灯"工具旁边的小三角，弹出菜单，选择其中的"位指示灯"	

（续）

序号	操作说明	操作图
3	将鼠标移到画面编辑器合适位置单击，在画面上放置一个指示灯，用鼠标可调节指示灯的大小和位置	
4	在画面的指示灯上双击，弹出"位指示灯"对话框，单击"软元件/样式"选项卡，在指示灯种类项选择"位"，软元件项可直接输入Y0，或单击右边的"…"按钮，弹出"＜位＞CH1"对话框，将软元件设为"Y0000"	
5	将软元件设为"Y0000"后。再单击 OFF 图形，在右边可选择指示灯 OFF 时显示的图形样式和颜色，单击"图形"按钮，可调出更多的样式供选择	
6	单击 ON 图形，在右边可选择指示灯 ON 时显示的图形样式、颜色和闪烁方式，单击"图形"按钮可选择更多的样式	

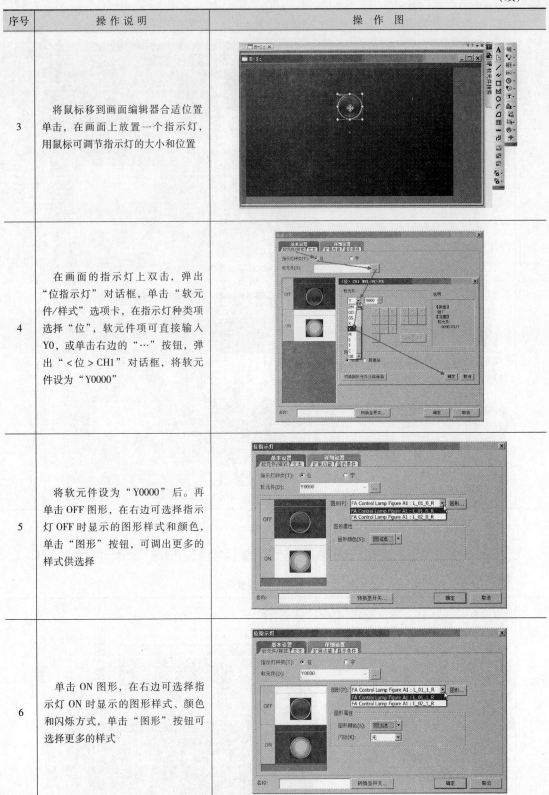

231

（续）

序号	操作说明	操作图
7	在"位指示灯"对话框单击"文本"选项卡，要设置指示灯显示的文本	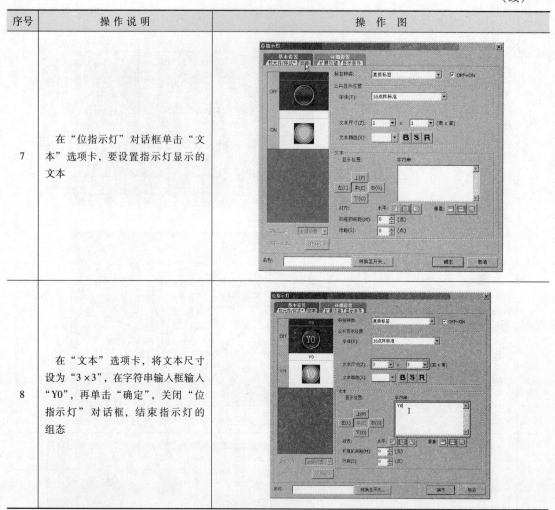
8	在"文本"选项卡，将文本尺寸设为"3×3"，在字符串输入框输入"Y0"，再单击"确定"，关闭"位指示灯"对话框，结束指示灯的组态	

2. 组态开关

组态开关是指在画面上放置开关按键图形，并设置其属性。组态开关的操作过程见表 13-3。

表 13-3　组态开关的操作过程

序号	操作说明	操作图
1	在 GT Designer3 软件右边的工具栏单击"开关"工具旁边的小三角，弹出菜单，选择其中的"位开关"	

（续）

序号	操 作 说 明	操 作 图
2	将鼠标移到画面编辑器的画面合适位置单击，在画面上放置一个开关按键，用鼠标可调节开关的大小和位置	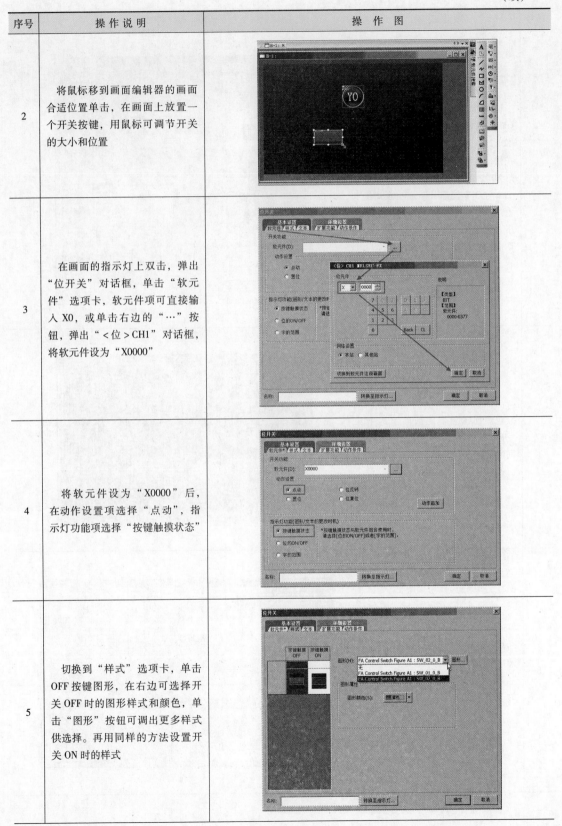
3	在画面的指示灯上双击，弹出"位开关"对话框，单击"软元件"选项卡，软元件项可直接输入 X0，或单击右边的"…"按钮，弹出"＜位＞CH1"对话框，将软元件设为"X0000"	
4	将软元件设为"X0000"后，在动作设置项选择"点动"，指示灯功能项选择"按键触摸状态"	
5	切换到"样式"选项卡，单击OFF 按键图形，在右边可选择开关 OFF 时的图形样式和颜色，单击"图形"按钮可调出更多样式供选择。再用同样的方法设置开关 ON 时的样式	

（续）

序号	操作说明	操作图
6	切换到"文本"选项卡，单击 OFF 按键图形，将文本尺寸设为 "2×2"，然后按下"B（加粗）"按钮，在字符串输入框输入"开灯X0"，如果希望 ON 按键显示的文本与 OFF 按键一样，可勾选右上角的"OFF = ON"项，最后单击"确定"，关闭"位开关"对话框，结束开灯按键开关的组态	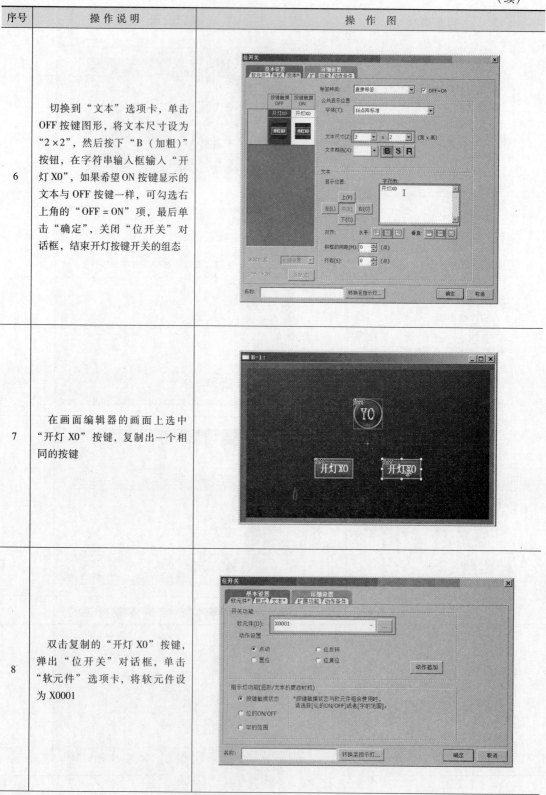
7	在画面编辑器的画面上选中"开灯 X0"按键，复制出一个相同的按键	
8	双击复制的"开灯 X0"按键，弹出"位开关"对话框，单击"软元件"选项卡，将软元件设为 X0001	

（续）

序号	操作说明	操作图
9	切换到"文本"选项卡，将字符串内容改为"关灯 X1"	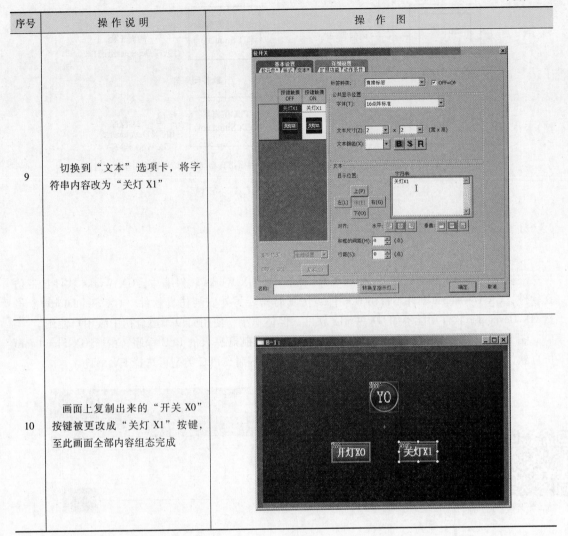
10	画面上复制出来的"开关 X0"按键被更改成"关灯 X1"按键，至此画面全部内容组态完成	

13.2.4　人机界面、PLC 与仿真器

用 GT Designer3 软件组态好画面工程后，若要测试画面的控制能否达到预期，可将画面工程写入到人机界面，如果人机界面控制对象为 PLC，还要给 PLC 编写与画面工程配合的程序，并将 PLC 程序写入 PLC，然后用通信电缆将人机界面与 PLC 连接起来，如图 13-4a 所示，这样当操作人机界面画面上的按键（如前面介绍的"开灯 X0"键）时，通过通信电缆使 PLC 中相应的软元件的值发生变化，PLC 程序运行后使某些元件的值发生变化，这些元件的值又通过通信电缆传送给人机界面，人机界面上与这些 PLC 元件对应的画面元件随之发生变化（如图形指示灯变亮）。

扫一扫看视频

在学习时由于条件限制，无法获得人机界面和 PLC 设备，这时可使用人机界面仿真器（GT Simulator 软件）和 PLC 仿真器（GX Simulator 软件），分别模拟实际的人机界面和 PLC，如图 13-4b 所示。在仿真时，两个仿真软件在同一台计算机中运行，两者是使用软件间连接通信。

a) 人机界面与PLC使用通信电缆通信　　b) 人机界面仿真器与PLC仿真器使用软件间通信

图 13-4　人机界面、PLC 与仿真器

13.2.5　编写 PLC 程序并启动 PLC 仿真器

1. 编写 PLC 程序

三菱 FX 系列 PLC 的程序可使用 GX Developer 或 GX Works 软件编写，GX Works 软件自带仿真软件，GX Developer 软件不带仿真软件，仿真时需要另外安装仿真软件（GX Simulator6）。虽然 GX Developer 软件功能不如 GX Works 软件，但体积小，使用简单，适合初中级用户使用。

图 13-5 是使用 GX Developer 软件编写的双按钮控制灯亮灭的 PLC 程序，由于 GX Simulator6 仿真软件不能对 FX3U 系列 PLC 仿真，在新建 PLC 工程时，PLC 类型可选择 FX2N 型。

扫一扫看视频

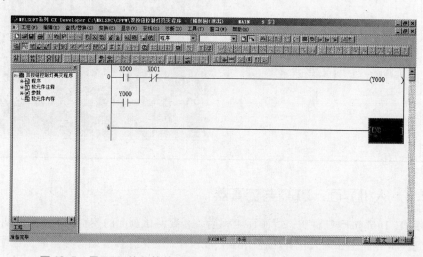

图 13-5　用 PLC 编程软件编写与人机界面画面工程配合的 PLC 程序

2. 启动 PLC 仿真器

在 GX Developer 软件中启动仿真器时，要确保计算机中已安装了 GX Simulator6 仿真软件。在启动 PLC 仿真器时，执行菜单命令"工具→梯形图逻辑测试起动（结束）"，也可单击工具栏上的 工具，如图 13-6 所示，GX Developer 软件马上启动图示的 PLC 仿真器，并将当前的 PLC 程序写入 PLC 仿真器，仿真器上的"RUN"指示灯亮，PLC 程序运行，PLC 程序中的 X001 常闭触点上有一个蓝色方块，表示处于导通状态。

13.2.6　启动人机界面仿真器

在 GT Designer 软件中，执行菜单命令"工具→模拟器→启动"，也可单击工具栏上的 工

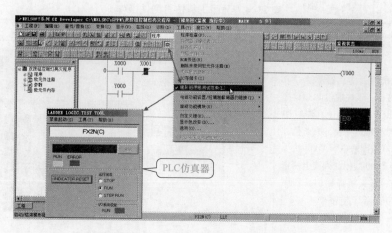

图 13-6　在 PLC 编程软件中启动仿真器

具，如图 13-7a 所示，人机界面仿真器马上被启动，同时当前画面工程内容被写入人机界面仿真器，仿真器屏幕上出现组态的画面，如图 13-7b 所示。

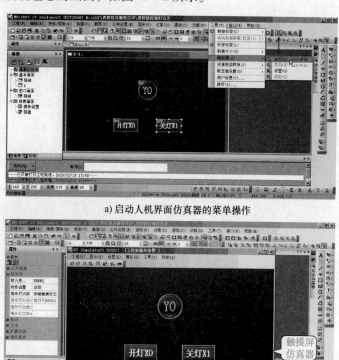

a) 启动人机界面仿真器的菜单操作

b) 启动的人机界面仿真器

图 13-7　在组态软件中启动人机界面仿真器

13.2.7　画面工程的仿真测试

为了便于查看画面操作与 PLC 程序之间的关系，可将人机界面仿真器、PLC 仿真器和 PLC 程序显示在同一窗口。画面工程仿真测试操作见表 13-4。

表 13-4　画面工程仿真测试操作

序号	操作说明	操 作 图
1	按下人机界面仿真器上的"开灯 X0"按键，该按键使 PLC 程序（相当于运行在 PLC 仿真器）中的 X000 常开触点导通（有蓝色方块），Y000 线圈通电（Y000 状为 1），因为 Y000 线圈与画面上的指示灯对应，故人机界面仿真器画面上的 Y0 指示灯点亮	
2	单击（点动）人机界面仿真器上的"关灯 X1"按键，该按键使 PLC 程序中的 X001 常闭触点先断开后闭合，Y000 线圈失电，人机界面仿真器画面上的 Y0 指示灯熄灭	
3	在 GT Designer 软件中，单击工具栏上的 🖳 工具，关闭 PLC 仿真器	
4	PLC 仿真器关闭后，人机界面仿真器无法连接 PLC 仿真器，这时单击人机界面仿真器画面上的"开灯 X0"按键，出现对话框提示"通信出错"，PLC 程序也没有任何变化	

第 14 章

GT Works3 软件常用对象的使用

14.1 数值输入/显示对象的使用举例

数值输入对象的功能是将数值输入软元件，同时也会显示软元件的数值，数值显示对象的功能是将软元件中的数值显示出来。

14.1.1 组态任务

图 14-1 是要组态的数值显示/输入对象使用画面。

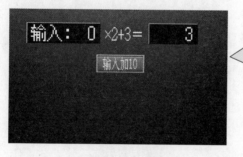

> 左边的框为数值输入对象，右边的框为数值显示对象，下方为字开关对象，当单击输入数值框时，可以输入数值，在数值显示框马上会显示运算结果值，每单击一次"输入加10"按钮，输入值会增10，数值显示框的数值同时会有相应变化。

图 14-1 数值显示/输入对象使用画面

14.1.2 组态数值输入对象（见表 14-1）

表 14-1 数值输入对象的组态过程

序号	操作说明	操作图
1	在 GT Works3 软件中，单击右边工具栏上的"数值显示/输入"工具旁的小三角，弹出菜单，选择"数值输入"	

（续）

序号	操作说明	操作图
2	将鼠标移到画面编辑器的合适位置，拖出一个数值输入对象	
3	双击画面上的数值输入对象，弹出"数值输入"对话框，选择"软元件"选项卡，将软元件设为"D100"，然后在格式字符串栏输入"输入：###"	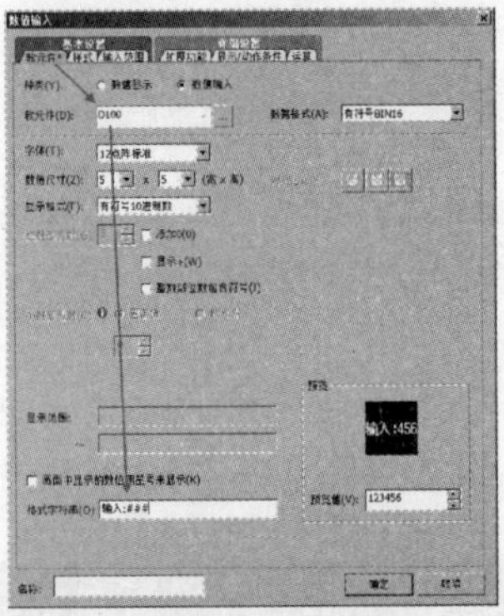
4	切换到"样式"选项卡，将图形项设为"…：Rect_2"	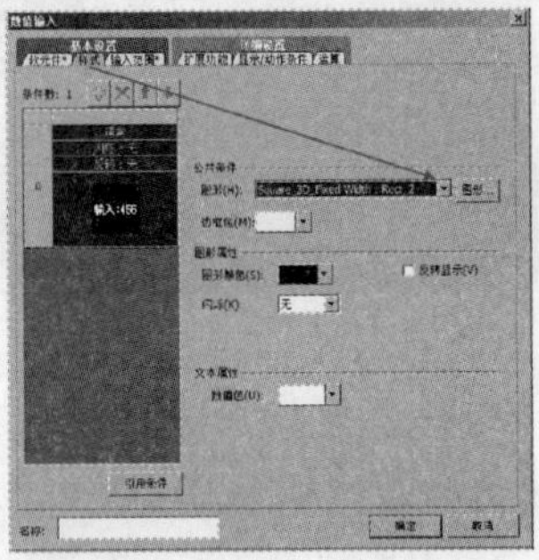
5	切换到"输入范围"选项卡，单击"＋"按钮，再单击"范围"按钮，弹出"范围的输入"对话框，依次作如下操作： ① 设"A≤B（软元件值）≤C" ② 常数数据格式设为"10进制" ③ 分别将A、C设为0和200 这样就将软元件D100的值范围设定为0≤D100值≤200	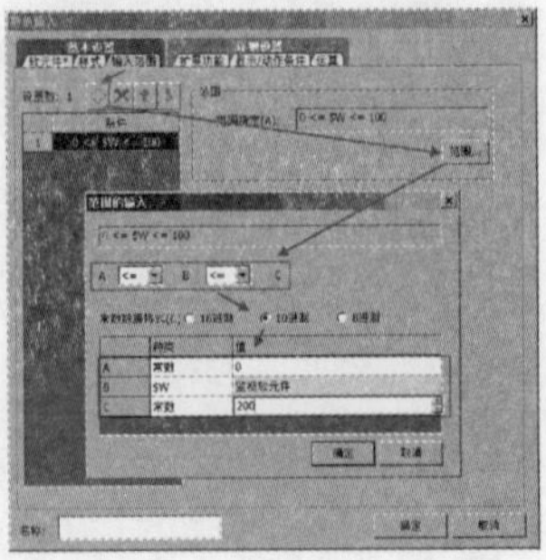

（续）

序号	操作说明	操作图
6	在画面上组态完成的数值输入对象	

14.1.3　组态文本对象（见表 14-2）

表 14-2　文本对象的组态过程

序号	操作说明	操作图
1	在 GT Works3 软件中，单击右边工具栏上的"文本"工具	
2	将鼠标移到画面编辑器合适位置单击，弹出"文本"对话框，在字符串输入框内输入"×2＋3＝"，再将文本尺寸设为"3×4"，然后单击"确定"按钮关闭对话框	
3	"文本"对话框关闭后，画面上出现组态的文本，可用鼠标调节其位置和大小	

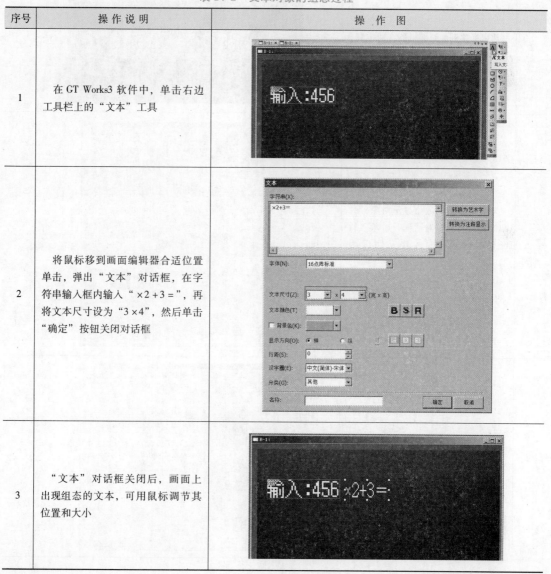

14.1.4 组态数值显示对象（见表14-3）

表14-3 数值显示对象的组态过程

序号	操 作 说 明	操 作 图
1	在 GT Works3 软件中，单击右边工具栏上的"数值显示/输入"工具旁的小三角，弹出菜单，选择"数值显示"	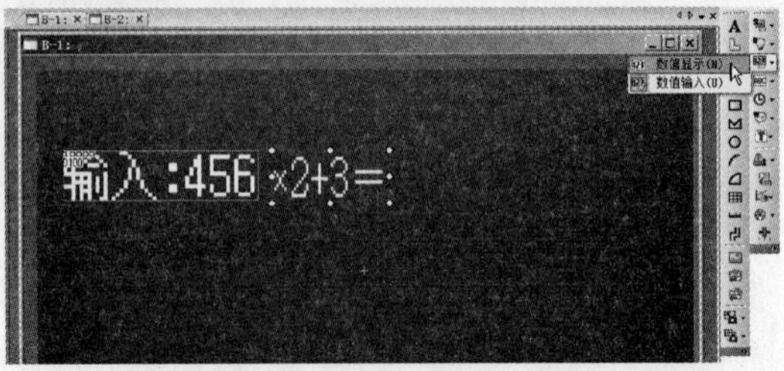
2	将鼠标移到画面编辑器合适位置，拖出一个数值显示对象	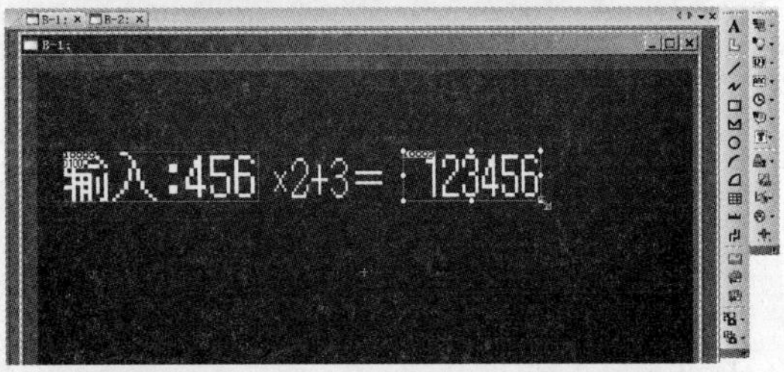
3	双击画面上的数值显示对象，弹出"数值显示"对话框，选择"软元件"选项卡，将软元件设为"D100"，将整数部位数设为"4"	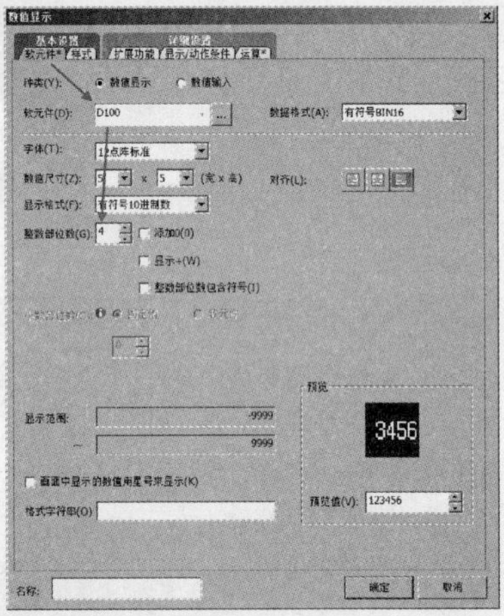
4	切换到"样式"选项卡，将图形项设为"…Rect_2"	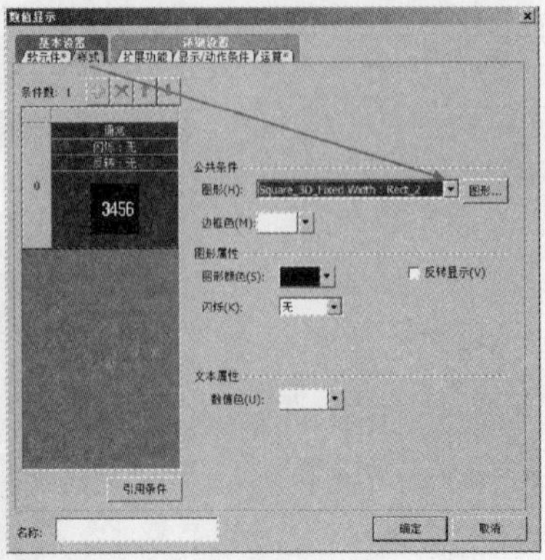

（续）

序号	操 作 说 明	操　作　图
5	切换到"运算"选项卡，将运算种类项设为"数据运算"，再单击"运算式"按钮，弹出"式的输入"对话框，依次进行如下操作： ① 将式的形式设"（A.B).C"和"A＊B＋C"，即（A＊B）＋C； ② 常数数据格式设为"10 进制"； ③ 分别将 B、C 设为 2 和 3	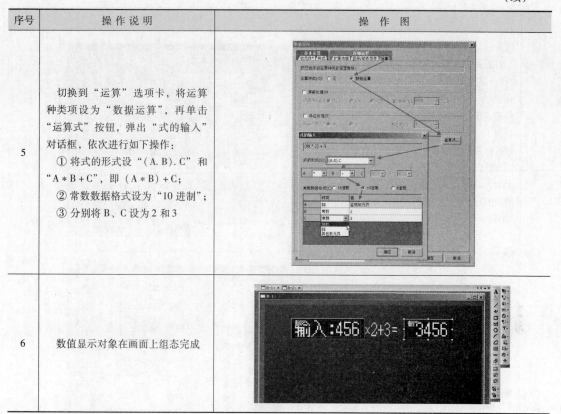
6	数值显示对象在画面上组态完成	

14.1.5　组态字开关对象（见表 14-4）

表 14-4　字开关对象的组态过程

序号	操 作 说 明	操　作　图
1	在 GT Works3 软件中，单击右边工具栏上的"开关"工具旁的小三角，弹出菜单，选择"字开关"	
2	将鼠标移到画面编辑器的合适位置，拖出一个字开关对象	

（续）

序号	操作说明	操作图
3	双击画面上的字开关对象，弹出"字开关"对话框，选择"软元件"选项卡，将软元件设为"D100"，将模式设为"数据加法"，变化量设为10，再勾选"初始值条件"，然后将条件值设为200，复位值设为0。这样设置的作用是单击当前字开关时，将软元件D100的值加10，若D100的值大于200，则将该值复位为0	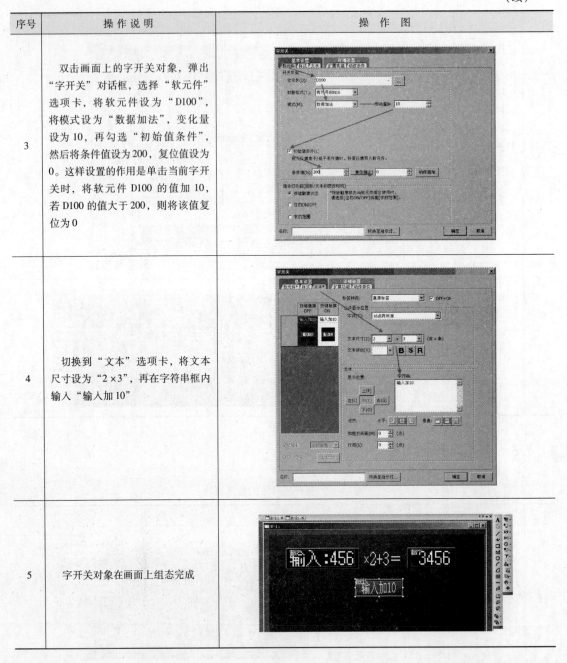
4	切换到"文本"选项卡，将文本尺寸设为"2×3"，再在字符串框内输入"输入加10"	
5	字开关对象在画面上组态完成	

14.1.6 画面操作测试

画面组态完成后，在将画面工程下载到人机界面前，一般应对其进行仿真操作测试，查看能否达到预期的效果。在 GT Works3 中进行仿真操作测试时，若人机界面连接的设备为 FX 系列 PLC，需要在计算机中安装 GX Simulator 仿真软件，如果计算机中安装了 GX Works2 编程软件，由于该软件自带 GX Simulator 仿真软件，故无须另外安装仿真软件。在 GT Works3 中执行菜单命令"工具→模拟器→启动"，也可直接单击工具栏上的"▣"工具，启动 GT Simulator3 仿真器（相当于一台 GS21 人机界面），同时 GX Simulator 仿真器（相当于一台 FX 型 PLC）也被启动，并且两仿真器之间建立软件通信连接。

图 14-2a 为启动并运行画面工程的 GT Simulator3 仿真器，单击画面上的数值输入框，弹出数字键盘，如图 14-2b 所示；输入数字 190，再单击"ENT（回车）"键，数值输入框输入 190 后，数值显示框显示 383，如图 14-2c 所示；单击"输入加 10"按钮，数值输入框输入值变为 200，数值显示框显示值变为 403，如图 14-2d 所示；再次单击"输入加 10"按钮，数值输入框输入值大于 200，输入值马上被复位为 0，数值显示框显示值也随之作相应变化，如图 14-2e 所示。

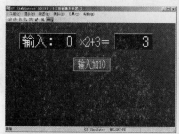

a) 仿真运行画面　　　　　　　　b) 单击数据输入对象后出现数字键盘

c) 输入 190 后数值显示对象显示"383"　　d) 第 1 次单击"输入加 10"按钮　　e) 第 2 次单击"输入加 10"按钮

图 14-2　画面仿真操作测试

14.2　字符串显示/输入对象的使用举例

字符串输入对象的功能是将字符转换成二进制码输入给软元件，字符串显示对象的功能是将软元件中的二进制码转换成字符显示出来。

14.2.1　组态任务

图 14-3 是要组态的字符串显示/输入对象使用画面。

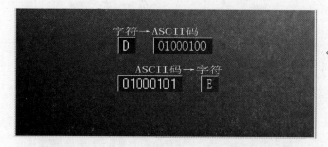

上方左边为字符串输入对象，上方右边为数值显示对象，下方左边为数值输入对象，下方右边为字符串显示对象，当在上方的字符串输入框输入字符时，右边的数值显示框会显示该字符对应的 ASCII 码，当在下方的数值输入框输入 ASCII 码时，右边的字符串显示框会显示该 ASCII 码对应的字符。

图 14-3　字符串显示/输入对象使用画面

14.2.2　组态字符串输入对象（见表14-5）

表14-5　字符串输入对象的组态过程

序号	操作说明	操作图
1	在 GT Works3 软件中，单击右边工具栏上的"字符串显示/输入"工具旁的小三角，弹出菜单，选择"字符串输入"	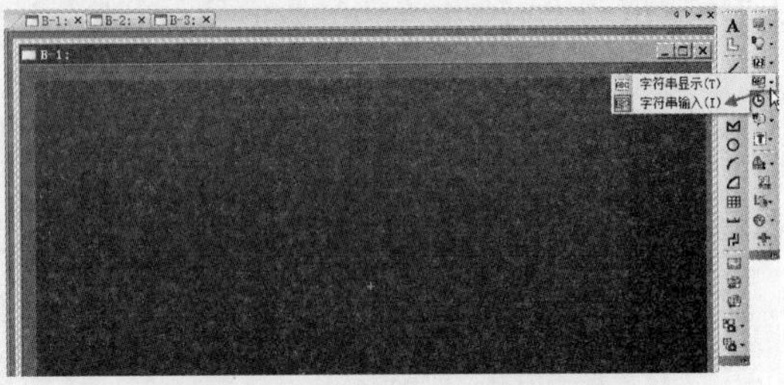
2	将鼠标移到画面编辑器合适位置，拖出一个字符串输入对象	
3	双击画面上的字符串输入对象，弹出"字符串输入"对话框，选择"软元件"选项卡，将软元件设为"D110"，将显示位数设为"1"，将字符代码设为"ASCII"，将图形设为"…Rect_2"，再单击"确定"关闭对话框	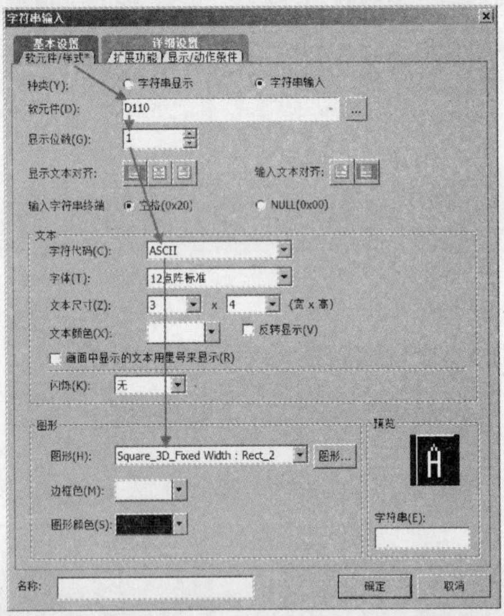
4	在画面上组态完成的字符串输入对象	

14.2.3　组态数值显示对象（见表 14-6）

表 14-6　数值显示对象的组态过程

序号	操 作 说 明	操 作 图
1	在 GT Works3 软件中，单击右边工具栏上的"数值显示/输入"工具旁的小三角，弹出菜单，选择"数值显示"	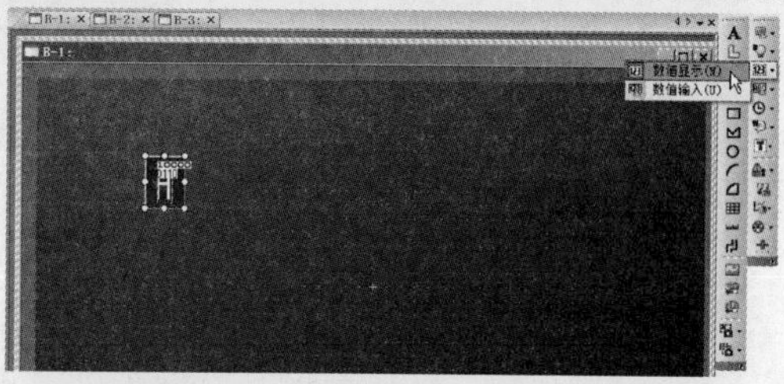
2	将鼠标移到画面编辑器合适位置，拖出一个数值显示对象	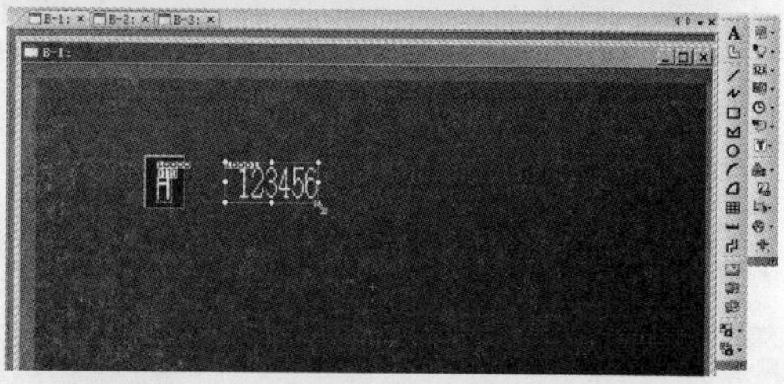
3	双击画面上的数值显示对象，弹出"数值显示"对话框，选择"软元件"选项卡，将软元件设为"D110"，将数据格式设为"无符号 BIN16"，将显示格式设为"2 进制数"，将整数部位数设为"8"，再勾选"添加 0"，不勾选则 1 左边的 0 不显示	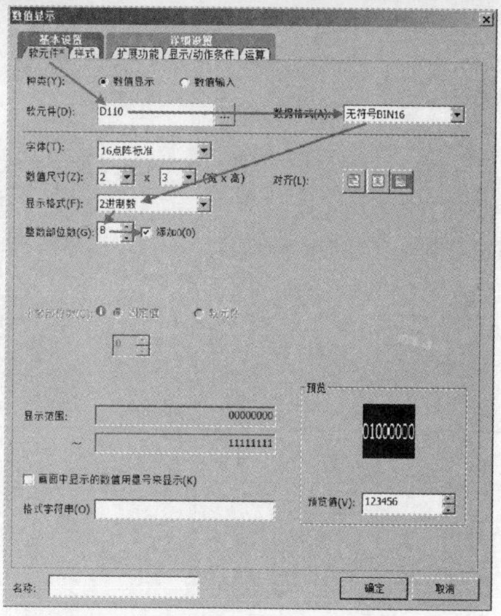
4	切换到"样式"选项卡，将图形项设为"…Rect_2"，再单击"确定"按钮关闭对话框	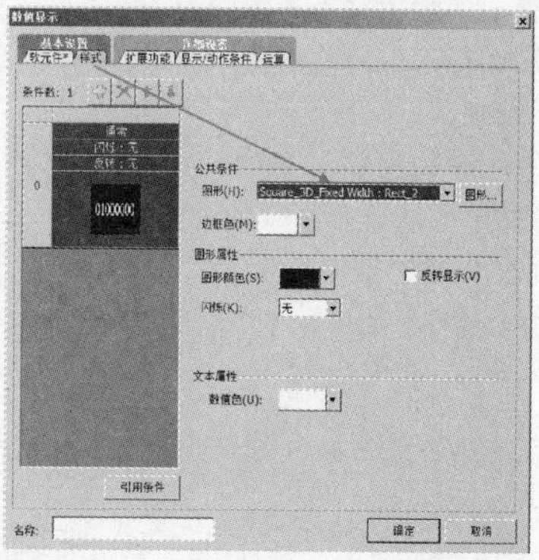

（续）

序号	操 作 说 明	操 作 图
5	数值显示对象在画面上组态完成	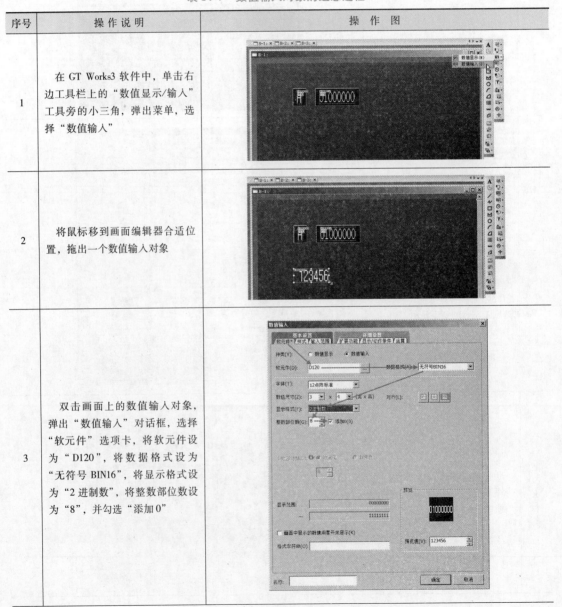

14.2.4 组态数值输入对象（见表 14-7）

表 14-7 数值输入对象的组态过程

序号	操 作 说 明	操 作 图
1	在 GT Works3 软件中，单击右边工具栏上的"数值显示/输入"工具旁的小三角，弹出菜单，选择"数值输入"	
2	将鼠标移到画面编辑器合适位置，拖出一个数值输入对象	
3	双击画面上的数值输入对象，弹出"数值输入"对话框，选择"软元件"选项卡，将软元件设为"D120"，将数据格式设为"无符号 BIN16"，将显示格式设为"2 进制数"，将整数部位数设为"8"，并勾选"添加 0"	

（续）

序号	操作说明	操作图
4	切换到"样式"选项卡，将图形项设为"…Rect_2"，再单击"确定"按钮关闭对话框	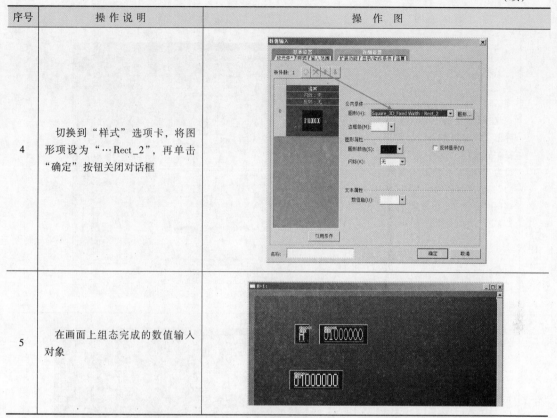
5	在画面上组态完成的数值输入对象	

14.2.5　组态字符串显示对象（见表 14-8）

表 14-8　字符串显示对象的组态过程

序号	操作说明	操作图
1	在 GT Works3 软件中，单击右边工具栏上的"字符串显示/输入"工具旁的小三角，弹出菜单，选择"字符串显示"	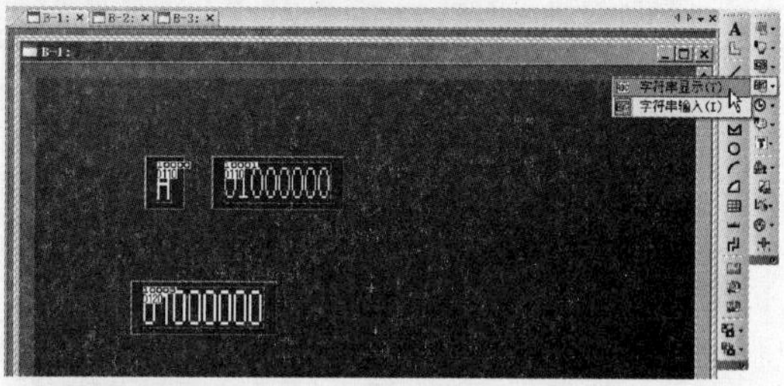
2	将鼠标移到画面编辑器合适的位置，拖出一个字符串显示对象	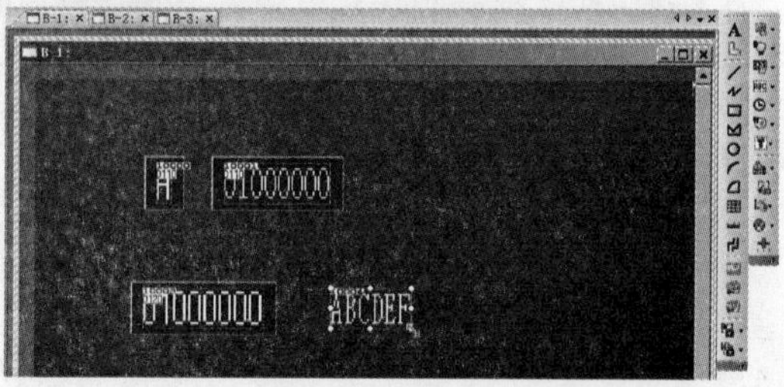

（续）

序号	操 作 说 明	操 作 图
3	双击画面上的字符串显示对象，弹出"字符串显示"对话框，选择"软元件"选项卡，将软元件设为"D120"，将显示位数设为"1"，将字符代码设为"ASCII"，将图形设为"…Rect_2"，再单击"确定"关闭对话框	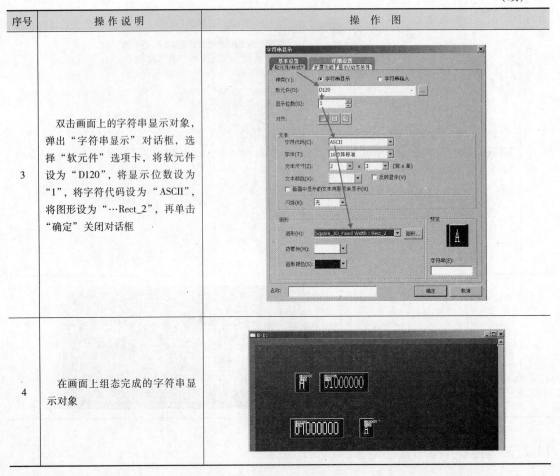
4	在画面上组态完成的字符串显示对象	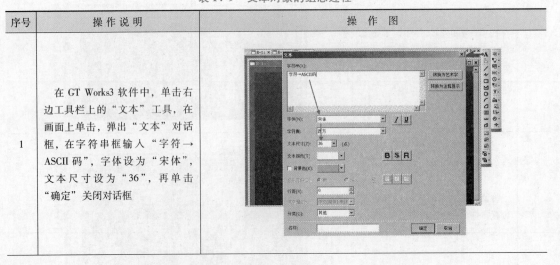

14.2.6 组态文本对象（见表14-9）

表14-9 文本对象的组态过程

序号	操 作 说 明	操 作 图
1	在 GT Works3 软件中，单击右边工具栏上的"文本"工具，在画面上单击，弹出"文本"对话框，在字符串框输入"字符→ASCII 码"，字体设为"宋体"，文本尺寸设为"36"，再单击"确定"关闭对话框	

（续）

序号	操作说明	操作图
2	在画面上组态了一个"字符→ASCII 码"文本对象	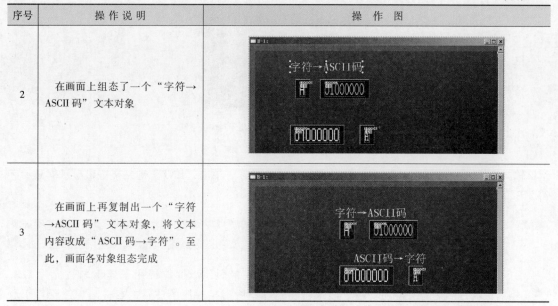
3	在画面上再复制出一个"字符→ASCII 码"文本对象，将文本内容改成"ASCII 码→字符"。至此，画面各对象组态完成	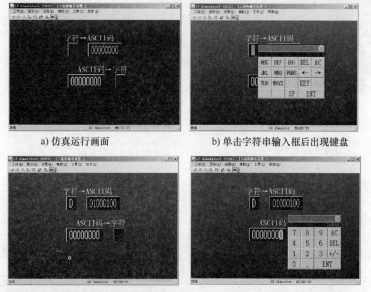

14.2.7　画面操作测试

在 GT Works3 中执行菜单命令"工具→模拟器→启动"，也可直接单击工具栏上的" "工具，启动 GT Simulator3 仿真器（相当于一台 GS21 人机界面），同时 GX Simulator 仿真器（相当于一台 FX 型 PLC）也被启动，并且两个仿真器之间建立软件通信连接。

图 14-4a 为启动并运行画面工程的 GT Simulator3 仿真器，单击画面上的字符串输入框，弹出键盘，如图 14-4b 所示；输入字符"D"，再单击"ENT"键，字符串输入框输入"D"后，数值显示框显示 01000100（D 的 ASCII 码），如图 14-4c 所示；单击数值输入框，弹出键盘，如图 14-4d 所

a) 仿真运行画面　　　　　　　　　　b) 单击字符串输入框后出现键盘

c) 输入字符后数值显示框显示字符的 ASCII 码　　d) 单击数值输入框后出现键盘

图 14-4　画面仿真操作测试

251

e) 输入ASCII码后字符串显示框显示对应的字符

图 14-4　画面仿真操作测试（续）

示；输入 8 位二进制数 "01000101（字符 E 的 ASCII 码）"，单击 "ENT" 键，字符串显示框显示字符 "E"，如图 14-4e 所示。

14.3　注释显示的使用举例

注释显示包括位注释显示、字注释显示和简单注释显示。位注释用于显示与位元件 ON、OFF 相对应的注释内容；字注释用于显示与字元件不同值相对应的注释内容；简单注释用于显示与位、字元件值无关的注释内容。

14.3.1　组态任务

图 14-5 是要组态的注释显示对象使用画面。

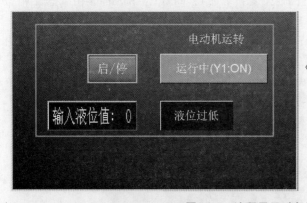

"启/停" 按钮是位开关对象，当单击使软元件Y1为ON时，右边的位注释对象显示"运行中（Y1:ON）"，同时上方的简单注释对象显示"电动机运转"，画面上的矩形对象颜色变为红色，再次单击使软元件Y1为OFF时，位注释对象显示"停止中（Y1:OFF）"，上方的简单注释对象"电动机运转"消失，画面上的矩形对象颜色变为黄色，左下角为数值输入对象，当输入值（输入软元件D20）小于50时，右边的字注释对象显示"液位过低"，当50<输入值≤950时，右边的字注释对象显示"正常液位"，当输入值大于950时，右边的字注释对象显示"液位过高"。

图 14-5　注释显示对象的使用画面

14.3.2　组态位注释对象（见表 14-10）

表 14-10　位注释对象的组态过程

序号	操作说明	操作图
1	在 GT Works3 软件中，单击右边工具栏上的 "注释显示" 工具旁的小三角，弹出菜单，选择 "位注释"	

（续）

序号	操作说明	操作图
2	将鼠标移到画面编辑器合适位置，拖出一个位注释对象	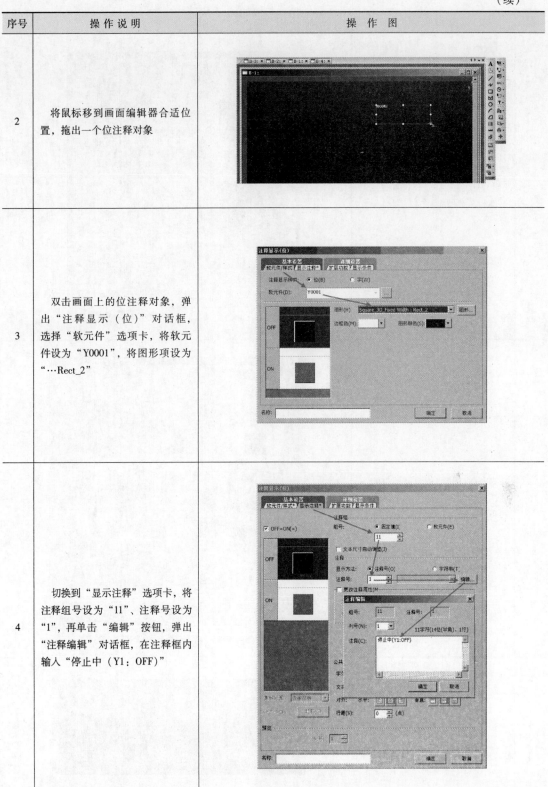
3	双击画面上的位注释对象，弹出"注释显示（位）"对话框，选择"软元件"选项卡，将软元件设为"Y0001"，将图形项设为"…Rect_2"	
4	切换到"显示注释"选项卡，将注释组号设为"11"、注释号设为"1"，再单击"编辑"按钮，弹出"注释编辑"对话框，在注释框内输入"停止中（Y1：OFF）"	

（续）

序号	操 作 说 明	操 作 图
5	将注释内容设为"停止中（Y1：OFF）"后，再设置合适的字体和文本尺寸	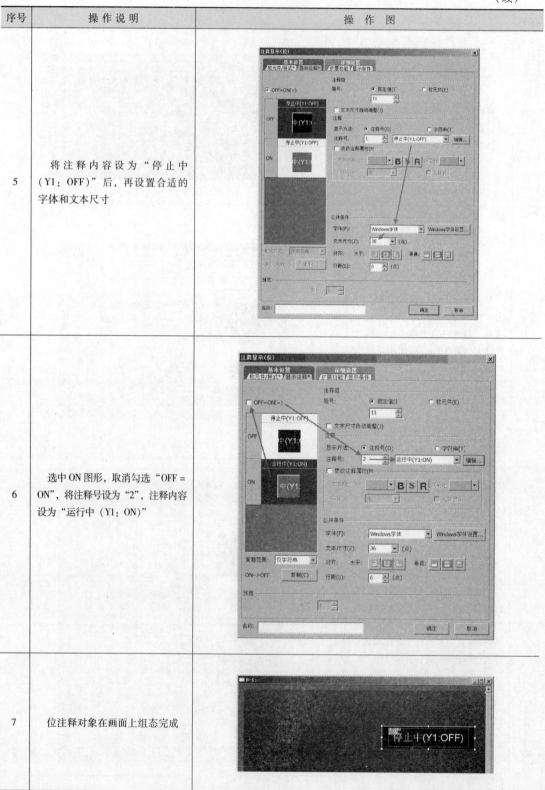
6	选中 ON 图形，取消勾选"OFF = ON"，将注释号设为"2"，注释内容设为"运行中（Y1：ON）"	
7	位注释对象在画面上组态完成	

14.3.3　组态位开关对象（见表 14-11）

表 14-11　位开关对象的组态过程

序号	操作说明	操作图
1	在 GT Works3 软件中，单击右边工具栏上的"开关"工具旁的小三角，弹出菜单，选择"位开关"	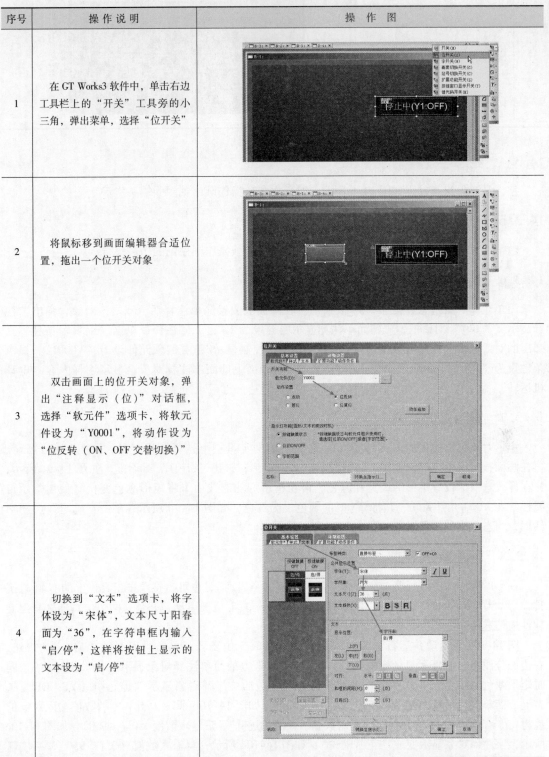
2	将鼠标移到画面编辑器合适位置，拖出一个位开关对象	
3	双击画面上的位开关对象，弹出"注释显示（位）"对话框，选择"软元件"选项卡，将软元件设为"Y0001"，将动作设为"位反转（ON、OFF 交替切换）"	
4	切换到"文本"选项卡，将字体设为"宋体"，文本尺寸阳春面为"36"，在字符串框内输入"启/停"，这样将按钮上显示的文本设为"启/停"	

（续）

序号	操作说明	操 作 图
5	开关对象在画面上组态完成	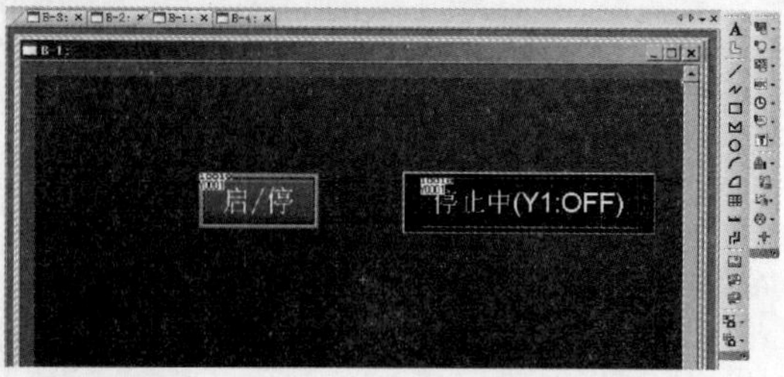

14.3.4 组态字注释对象

字注释对象组态过程如图 14-6 所示，对话框各项操作顺序见图中箭头指示。

14.3.5 组态数值输入对象

数值输入对象组态过程如图 14-7 所示，对话框各项操作顺序见图中箭头指示。

14.3.6 组态简单注释对象

简单注释对象组态过程如图 14-8 所示。在画面上放置简单注释后，双击该对象，弹出"注释显示（简单）"对话框，先将简单注释显示内容设为 13 组 1 号注释，单击"编辑"按钮，在弹出的对话框输入注释内容"电动机运转"，再将控制显示/隐藏的软元件设为"Y0001"，显示条件设为"ON 中显示"，这样当 Y0001 为 ON 时画面上的简单注释对象会显示注释内容"电动机运转"。

14.3.7 组态矩形对象

矩形对象组态过程如图 14-9 所示。先在右边的工具栏上选择矩形工具，如图 14-9a 所示，再在画面拖出一个矩形，如图 14-9b 所示；双击矩形，弹出"矩形"对话框，如图 14-9c 所示；先在样式选项卡设置矩形的线宽和颜色，再在指示灯功能选项卡将矩形颜色变化（使用指示灯属性）与 Y000 元件关联，并将 ON 时的颜色设为红色，如图 14-9d 所示；单击"确定"关闭对话框，组态完成的矩形对象如图 14-9e 所示。

14.3.8 画面操作测试

在 GT Works3 中执行菜单命令"工具→模拟器→启动"，也可直接单击工具栏上的"![]"工具，启动 GT Simulator3 仿真器，同时 GX Simulator 仿真器也被启动，并且在两个仿真器之间建立软件通信连接。

图 14-10a 为启动并运行画面工程的 GT Simulator3 仿真器，单击画面上的"启/停"按钮，右边的位注释对象显示"运行中（Y1：ON）"，右上方的简单注释对象显示"电动机运转"，同时矩形颜色为红色，再次单击"启/停"按钮，右边的位注释对象显示"停止中（Y1：OFF）"，右上方简单注释对象无显示，矩形颜色变为黄色，如图 14-10b 所示；当下方的数值输入对象的值为 0（≤50）时，其右边的字注释对象显示"液位过低"，现输入数值 450（≤950），如图 14-10c 所示，字注释对象显示变成"正常液位"，如图 14-10d 所示；再输入数值 960（>950），字注释对象显示变成"液位过高"，如图 14-10e 所示。

a) 选择"字注释"工具

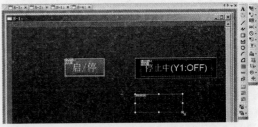

b) 在画面上拖出一个字注释对象

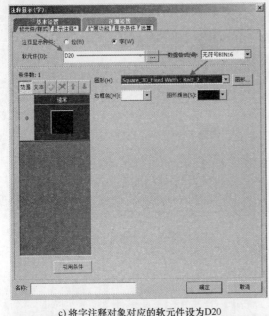

c) 将字注释对象对应的软元件设为D20

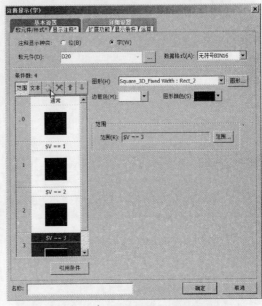

d) 单击"+"图标新建3条注释显示条件

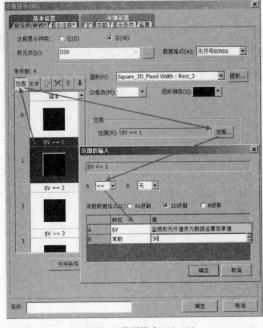

e) 将条件1的范围设为D20≤50

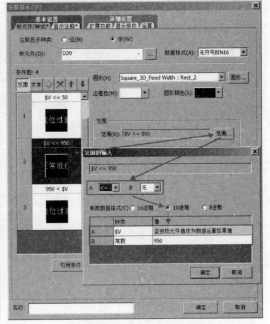

f) 将条件2的范围设为D20≤950

图 14-6　字注释对象组态过程

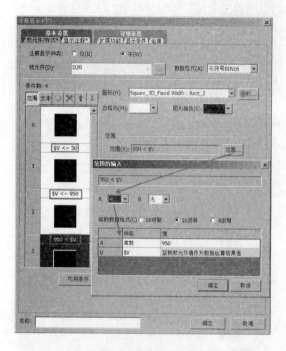

g) 将条件3的范围设为D20>950

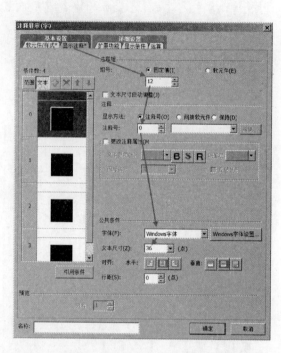

h) 将条件0显示内容设为12组0号注释（空）

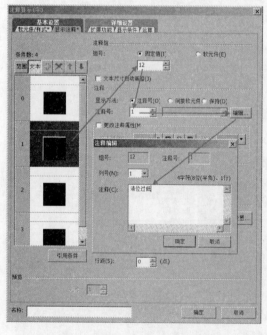

i) 将条件1显示内容设为12组1号注释（液位过低）

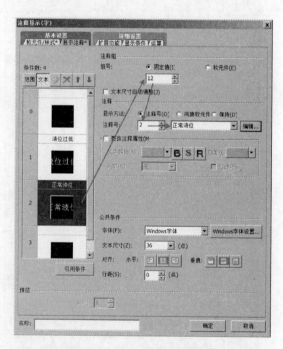

j) 将条件2显示内容设为12组2号注释（正常液位）

图 14-6　字注释对象

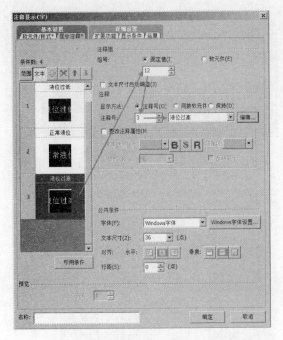

k) 将条件3显示内容设为12组3号注释（液位过高）

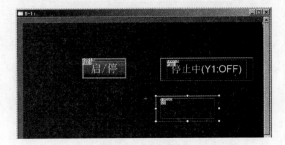

l) 字注释对象组态完成

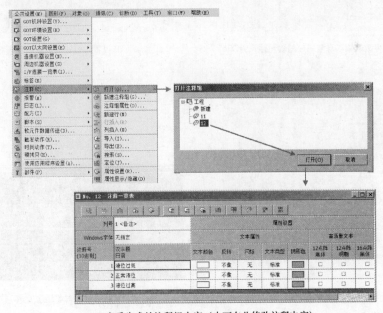

m) 查看生成的注释组内容（也可在此修改注释内容）

组态过程（续）

a) 选择"数值输入"工具

b) 在画面上拖出一个数值输入对象

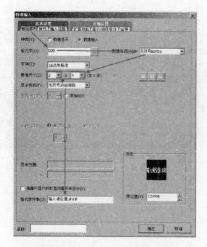

c) 将数值输入对象对应的软元件设为D20

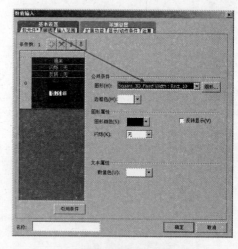

d) 设置数值输入对象的图形样式

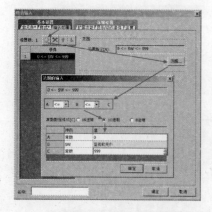

e) 设置数值输入对象的输入范围为0～999

f) 数值输入对象组态完成

图 14-7　数值输入对象组态过程

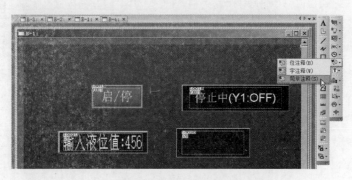

a) 选择"简单注释"工具

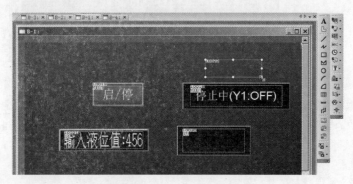

b) 在画面上拖出一个简单注释对象

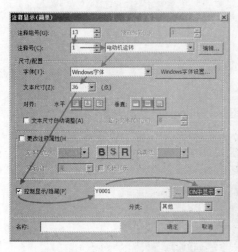

c) 设置简单注释的显示内容和控制显示的软元件

d) 简单注释对象组态完成

图 14-8　简单注释对象组态过程

a) 选择"矩形"工具

b) 在画面上拖出一个矩形对象

c) 设置矩形的线宽和颜色

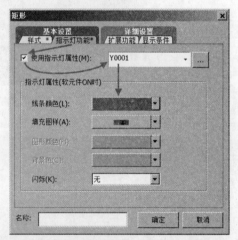

d) 勾选"使用指示灯属性"后设置对应的软元件

e) 矩形对象组态完成

图 14-9　矩形对象组态过程

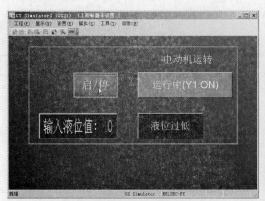

a) 单击"启/停"按钮

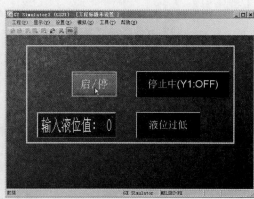

b) 再次单击"启/停"按钮

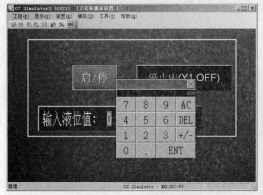

c) 单击数值输入对象时弹出键盘

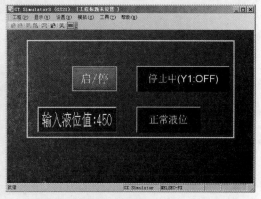

d) 数值输入值为450时字注释对象显示"正常液位"

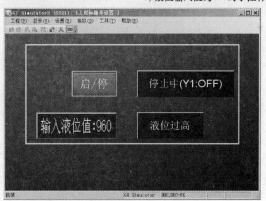

e) 数值输入值为960时字注释对象显示"液位过高"

图 14-10　画面仿真操作测试

14.4　多控开关、画面切换开关和扩展功能开关的使用举例

多控开关可以用一个开关同时控制多个软元件，画面切换开关用于控制画面之间的切换，扩展功能切换开关用于打开实用菜单、扩展功能等窗口。

14. 4. 1　多控开关的使用与操作测试

1. 组态多控开关（见表 14-12）

表 14-12　多控开关的组态过程

序号	操作说明	操作图
1	在 GT Works3 软件中，单击右边工具栏上的"开关"工具旁的小三角，弹出菜单，选择"开关"	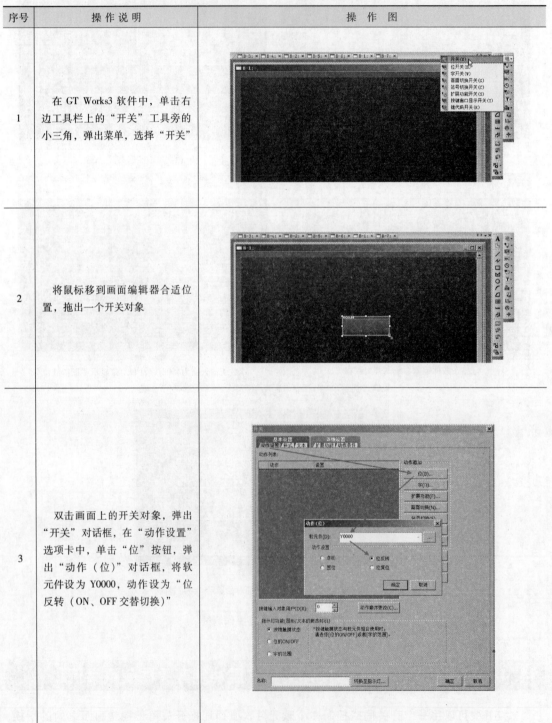
2	将鼠标移到画面编辑器合适位置，拖出一个开关对象	
3	双击画面上的开关对象，弹出"开关"对话框，在"动作设置"选项卡中，单击"位"按钮，弹出"动作（位）"对话框，将软元件设为 Y0000，动作设为"位反转（ON、OFF 交替切换）"	

（续）

序号	操 作 说 明	操 作 图
4	在"动作设置"选项卡中，再单击"字"按钮，弹出"动作（字）"对话框，将软元件设为 D0，动作设为 D0 值加 5，初始值条件设为 D0 值高于 100 时复位为 0	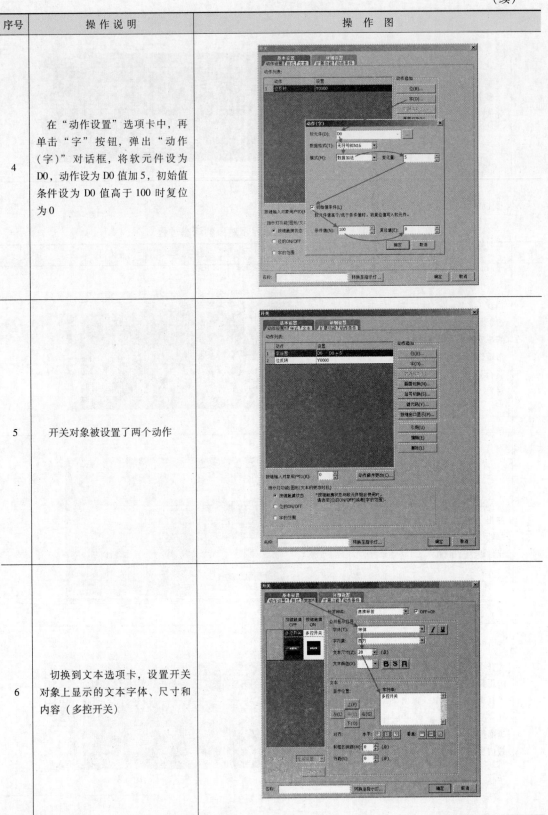
5	开关对象被设置了两个动作	
6	切换到文本选项卡，设置开关对象上显示的文本字体、尺寸和内容（多控开关）	

（续）

序号	操作说明	操作图
7	多控开关对象在画面上组态完成	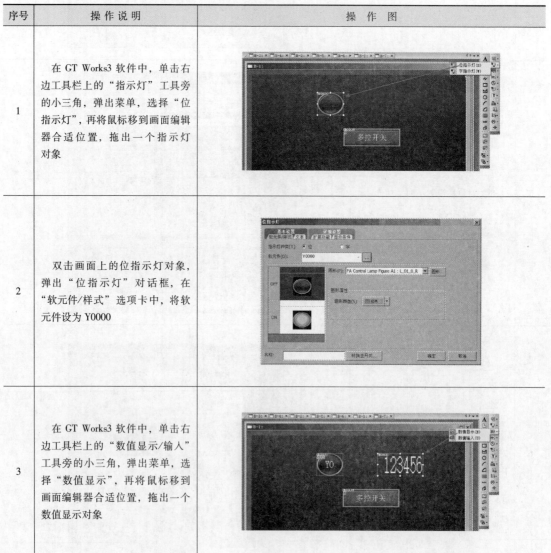

2. 组态指示灯和数值显示对象（见表 14-13）

表 14-13　指示灯和数值显示对象的组态过程

序号	操作说明	操作图
1	在 GT Works3 软件中，单击右边工具栏上的"指示灯"工具旁的小三角，弹出菜单，选择"位指示灯"，再将鼠标移到画面编辑器合适位置，拖出一个指示灯对象	
2	双击画面上的位指示灯对象，弹出"位指示灯"对话框，在"软元件/样式"选项卡中，将软元件设为 Y0000	
3	在 GT Works3 软件中，单击右边工具栏上的"数值显示/输入"工具旁的小三角，弹出菜单，选择"数值显示"，再将鼠标移到画面编辑器合适位置，拖出一个数值显示对象	

（续）

序号	操 作 说 明	操 作 图
4	双击画面上的数值显示对象，弹出"数值显示"对话框，选择"软元件"选项卡，将软元件设为 D0，在格式字符串栏输入"D0 值：###"	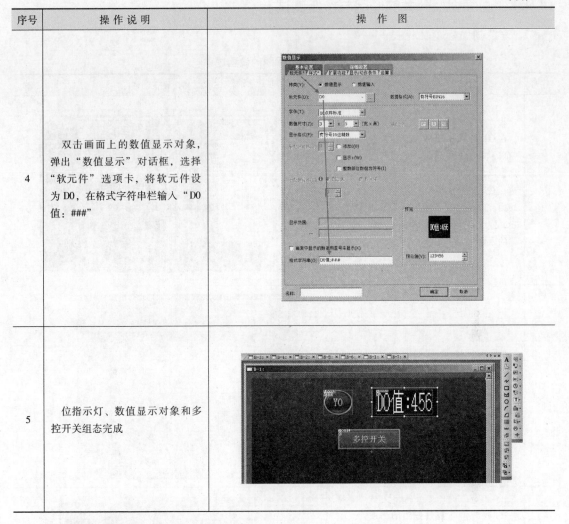
5	位指示灯、数值显示对象和多控开关组态完成	

3. 画面操作测试

在 GT Works3 中执行菜单命令"工具→模拟器→启动"，也可直接单击工具栏上的"🖥"工具，启动 GT Simulator3 仿真器。图 14-11a 为启动并运行画面工程的 GT Simulator3 仿真器，单击画面上的多控开关，指示灯变亮，同时 D0 值加 5，由 0 变为 5，如图 14-11b 所示。

a) 仿真运行的画面

b) 单击"多控开关"后两对象同时变化

图 14-11 多控开关使用画面操作测试

14.4.2　画面切换开关的使用与操作测试

1. 设置画面标题（见表 14-14）

表 14-14　画面标题的设置过程

序号	操 作 说 明	操 作 图
1	在 GT Works3 软件左边的折叠窗口，单击画面选项卡，打开画面窗口，双击其中的"2"画面图标，右边的画面编辑器打开"2"画面，再在"2"画面图标上右击，弹出菜单，选择其中的"画面的属性"	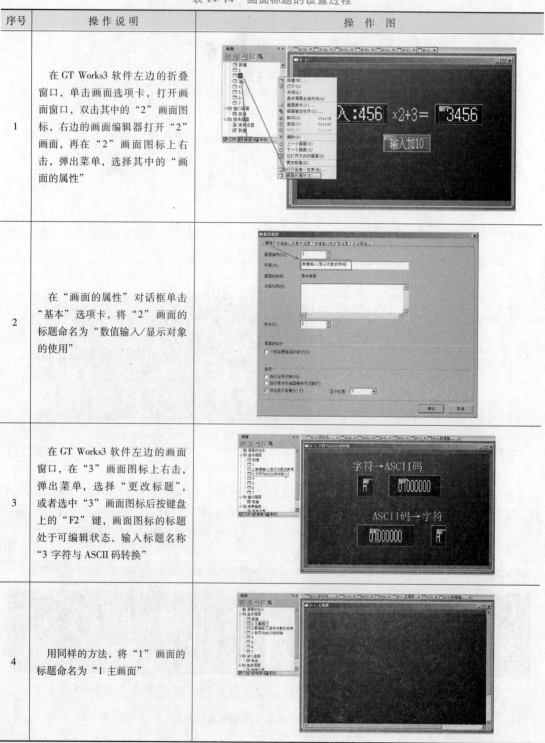
2	在"画面的属性"对话框单击"基本"选项卡，将"2"画面的标题命名为"数值输入/显示对象的使用"	
3	在 GT Works3 软件左边的画面窗口，在"3"画面图标上右击，弹出菜单，选择"更改标题"，或者选中"3"画面图标后按键盘上的"F2"键，画面图标的标题处于可编辑状态，输入标题名称"3 字符与 ASCII 码转换"	
4	用同样的方法，将"1"画面的标题命名为"1 主画面"	

2. 组态画面切换开关（见表 14-15）

表 14-15　画面切换开关的组态过程

序号	操作说明	操作图
1	在 GT Works3 软件中，打开"1 主画面"画面，再单击软件右侧工具栏上"开关"工具旁的小三角，弹出菜单，选择"画面切换开关"，再将鼠标移到画面编辑器合适位置，拖出一个画面切换开关	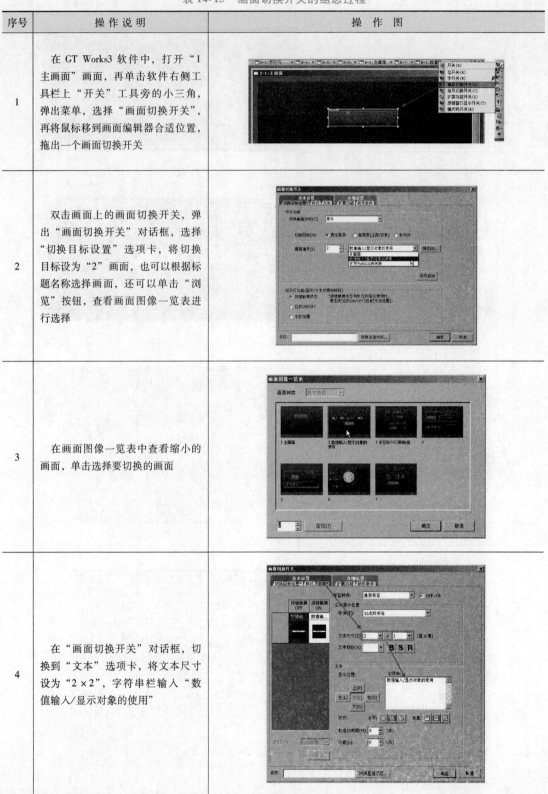
2	双击画面上的画面切换开关，弹出"画面切换开关"对话框，选择"切换目标设置"选项卡，将切换目标设为"2"画面，也可以根据标题名称选择画面，还可以单击"浏览"按钮，查看画面图像一览表进行选择	
3	在画面图像一览表中查看缩小的画面，单击选择要切换的画面	
4	在"画面切换开关"对话框，切换到"文本"选项卡，将文本尺寸设为"2×2"，字符串栏输入"数值输入/显示对象的使用"	

（续）

序号	操作说明	操作图
5	"数值输入/显示对象的使用"画面切换开关组态完成	
6	在画面上再复制出一个"数值输入/显示对象的使用"画面切换开关	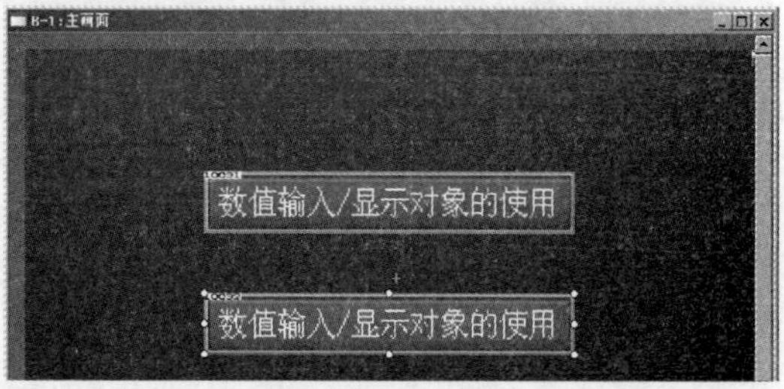
7	双击复制出来的画面切换开关，弹出"画面切换开关"对话框，选择"切换目标设置"选项卡，将切换目标设为"3"画面，也可以选择标题为"字符与ASCII码转换"画面，两者实为同一画面	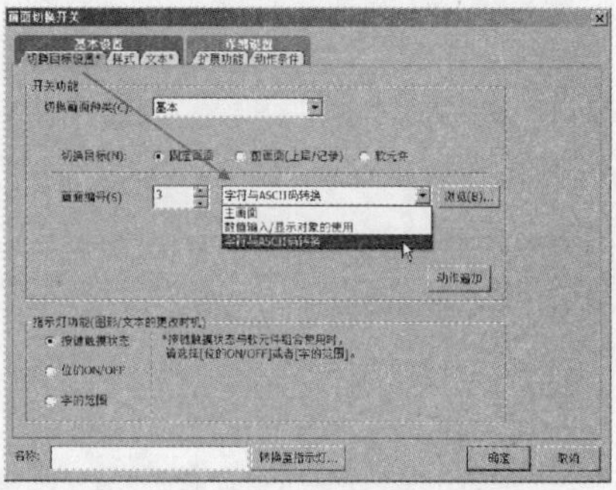
8	切换到"文本"选项卡，将字符栏内容改为"字符与ASCII码转换"	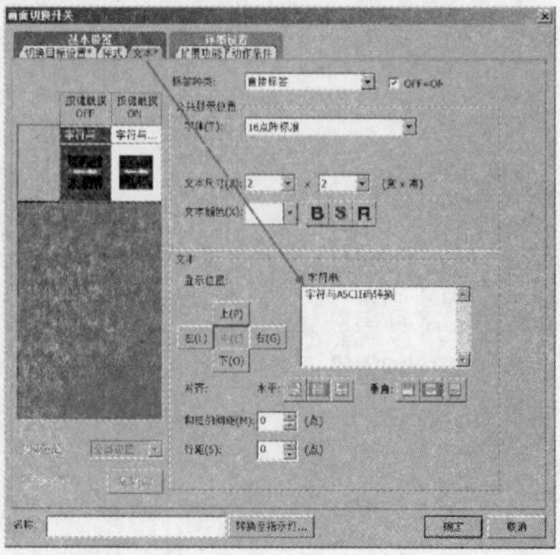

（续）

序号	操作说明	操作图
9	两个画面切换开关在画面上组态完成	
10	打开"2 数值输入/显示对象的使用"画面，再用画面切换开关工具在画面右下角放置一个画面切换开关，双击该开关，会弹出"画面切换开关"对话框	
11	在"画面切换开关"对话框中，选择"切换目标设置"选项卡，将切换目标设为"1"画面，也可以选择标题为"主画面"的画面，两者实为同一画面	
12	切换到"文本"选项卡，在字符栏输入"返回主画面"	

（续）

序号	操作说明	操作图
13	在"2 数值输入/显示对象的使用"画面上组态了一个"返回主画面"画面切换开关，再选择该开关，对其进行复制操作	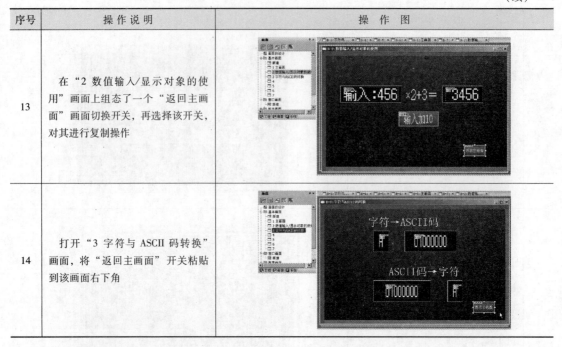
14	打开"3 字符与 ASCII 码转换"画面，将"返回主画面"开关粘贴到该画面右下角	

3. 画面操作测试

在 GT Works3 中执行菜单命令"工具→模拟器→启动"，也可直接单击工具栏上的"🖳"工具，启动 GT Simulator3 仿真器。图 14-12a 为启动并运行画面工程的 GT Simulator3 仿真器；单击

a) 单击"数值输入/显示对象的使用"画面切换开关

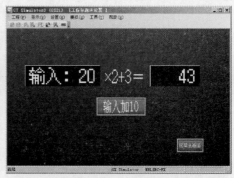

b) 切换到"数值输入/显示对象的使用"画面

c) 单击"字符与ASCII码转换"画面切换开关

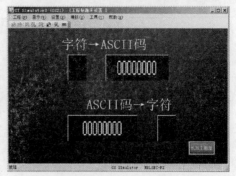

d) 切换到"字符与ASCII码转换"画面

图 14-12　画面切换开关使用画面的操作测试

画面上的"数值输入/显示对象的使用"画面切换开关，马上切换到"数值输入/显示对象的使用"画面，如图 14-12b 所示；单击右下角的"返回主画面"开关，又返回到"主画面"画面，如图 14-12c 所示；单击画面上的"字符与 ASCII 码转换"画面切换开关，马上切换到"字符与 ASCII 码转换"画面，如图 14-12d 所示。

14.4.3　扩展功能开关的使用与操作测试

1. 组态扩展功能开关（见表 14-16）

表 14-16　扩展功能开关的组态过程

序号	操作说明	操作图
1	在 GT Works3 软件中，单击右边工具栏上的"开关"工具旁的小三角，弹出菜单，选择"扩展功能开关"，再将鼠标移到画面左上角，拖出一个扩展功能开关	
2	双击画面上的扩展开关，弹出"扩展功能开关"对话框，在"功能设置"选项卡中，将动作设置设为"实用菜单"	
3	切换到"样式"选项卡，在图形项选择"无"，这样可让画面上的扩展功能开关不显示	

（续）

序号	操作说明	操作图
4	在画面的左上角组态了一个扩展功能开关	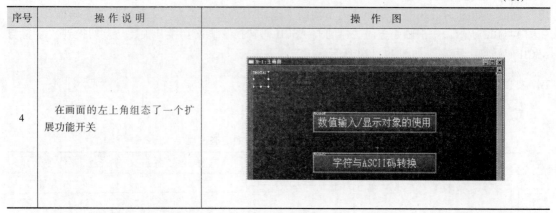

2. 画面操作测试

在 GT Works3 中执行菜单命令"工具→模拟器→启动"，也可直接单击工具栏上的"🖥"工具，启动 GT Simulator3 仿真器。图 14-13a 为启动并运行画面工程的 GT Simulator3 仿真器；在画面左上角单击，打开应用程序主菜单窗口（用于设置人机界面），如图 14-13b 所示；单击"Language（语言设置）"图标，打开"Language"窗口，如图 14-13c 所示；选择"English"项，再单击右上角的关闭按钮，关闭当前窗口，返回到上一级窗口，如图 14-13d 所示。在画面上使用扩展功能开关来调出应用程序主菜单窗口，可对人机界面进行各种设置。

a) 在画面左上角扩展功能开关（被隐藏）处单击

b) 在出现的窗口中双击"Language"图标

c) 选择"English"后再关闭当前窗口

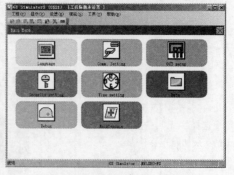

d) 应用程序主菜单窗口变为英文界面

图 14-13　扩展功能开关使用画面的操作测试

14.5　图表、仪表和滑杆的使用举例

图表采用点、线或图形的方式来表示软元件的值，仪表采用表针指示刻度值的方式来表示软元件的值，滑杆可通过移动滑杆上的滑块来改变软元件的值，反过来，如果改变对应软元件的值，滑块会在滑杆上移到相应的位置。

14.5.1　图表的使用与操作测试

1. 组态图表使用画面（见表 14-17）

表 14-17　图表使用画面的组态过程

序号	操作说明	操作图
1	在 GT Works3 软件中，单击右边工具栏上的"图表"工具旁的小三角，弹出菜单，选择"条形图表"，再将鼠标移到画面上，拖出一个图表对象	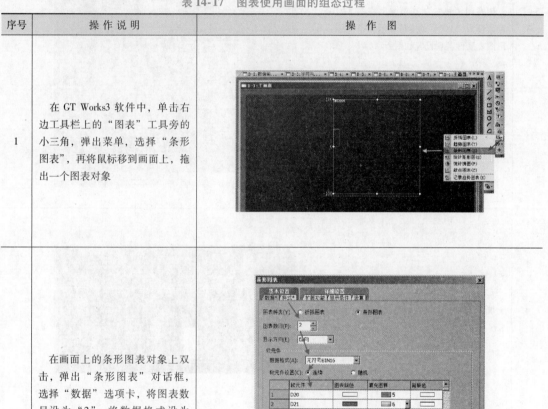
2	在画面上的条形图表对象上双击，弹出"条形图表"对话框，选择"数据"选项卡，将图表数目设为"2"，将数据格式设为"无符号 BIN16"，将软元件设为"连续"，再在表格中设置 D20、D21 对应图表的属性，然后将下限值、上限值和基准值分别设为 0、1000、0	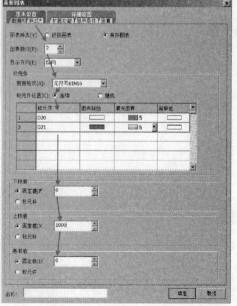

275

（续）

序号	操作说明	操作图
3	切换到"样式"选项卡，将刻度数设为"11"，刻度值显示和条形图表属性各项设置如图所示	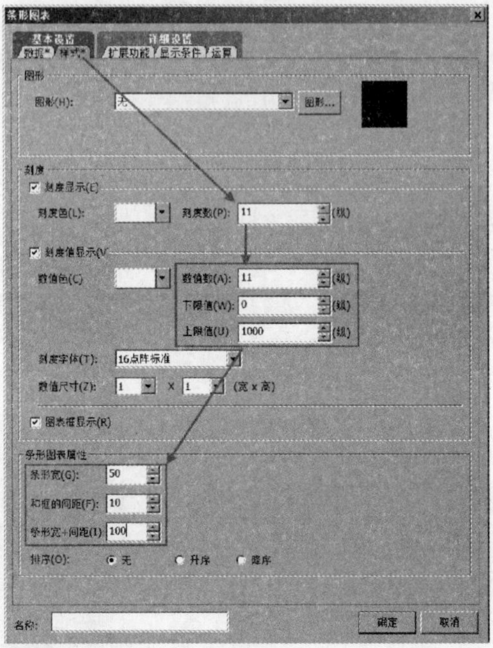
4	画面上的图表对象组态完成	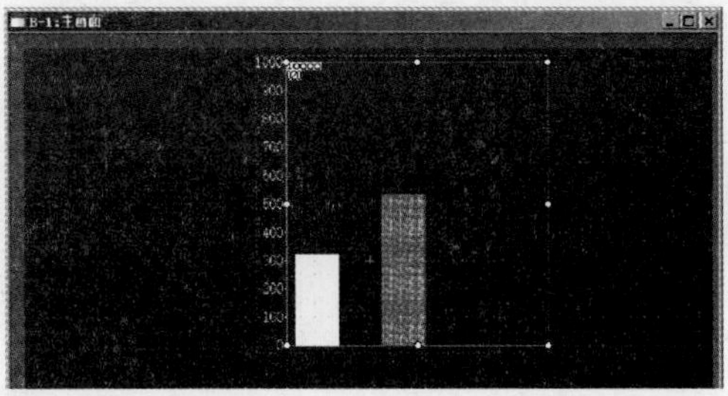
5	在 GT 软件右侧单击工具栏上"数值显示/输入"工具旁的小三角，弹出菜单，选择"数值显示"，再将鼠标移到画面上，拖出一个数值显示对象	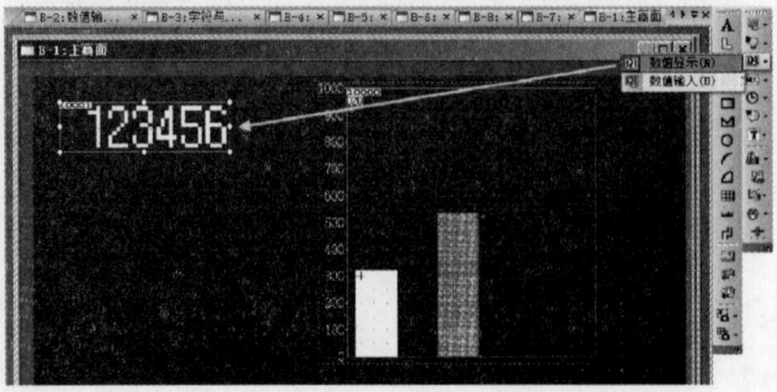

（续）

序号	操作说明	操 作 图
6	在画面上的数值显示对象上双击，弹出"数值显示"对话框，选择"软元件"选项卡，将软元件设为"D20"，将数据格式设为"无符号 BIN16"，将显示格式设为"无符号 10 进制数"，在格式字符串栏输入"D20 值：###"	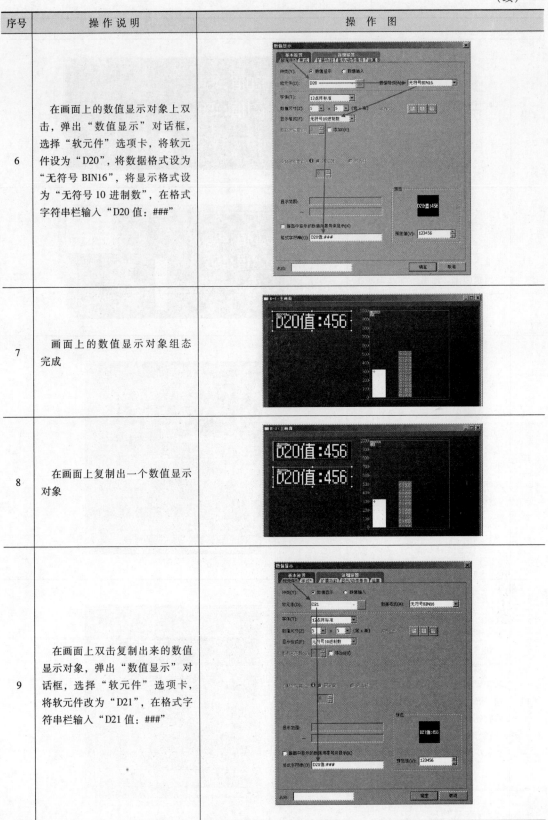
7	画面上的数值显示对象组态完成	
8	在画面上复制出一个数值显示对象	
9	在画面上双击复制出来的数值显示对象，弹出"数值显示"对话框，选择"软元件"选项卡，将软元件改为"D21"，在格式字符串栏输入"D21 值：###"	

（续）

序号	操作说明	操作图
10	画面上第 2 个数值显示对象组态完成	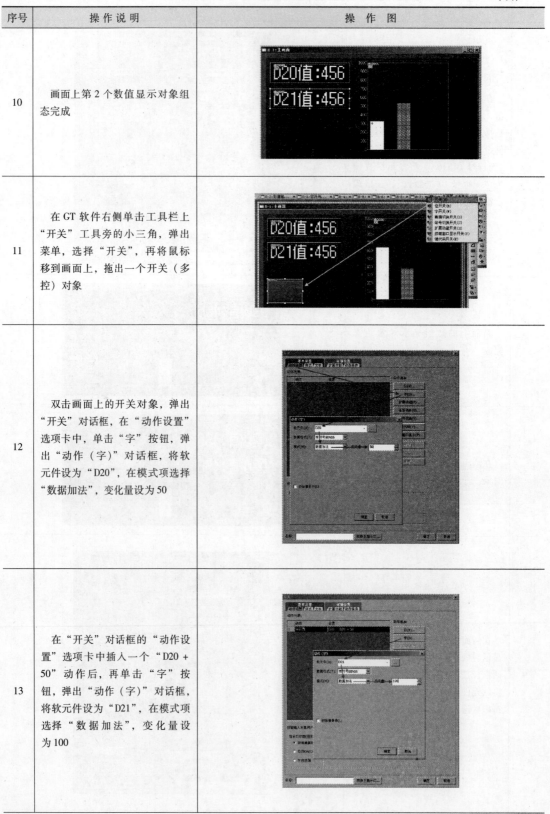
11	在 GT 软件右侧单击工具栏上"开关"工具旁的小三角，弹出菜单，选择"开关"，再将鼠标移到画面上，拖出一个开关（多控）对象	
12	双击画面上的开关对象，弹出"开关"对话框，在"动作设置"选项卡中，单击"字"按钮，弹出"动作（字）"对话框，将软元件设为"D20"，在模式项选择"数据加法"，变化量设为 50	
13	在"开关"对话框的"动作设置"选项卡中插入一个"D20 + 50"动作后，再单击"字"按钮，弹出"动作（字）"对话框，将软元件设为"D21"，在模式项选择"数据加法"，变化量设为 100	

（续）

序号	操作说明	操 作 图
14	切换到"文本"选项卡，将文字尺寸设为"2×2"，在字符串栏输入"D20+50　　D21+100"	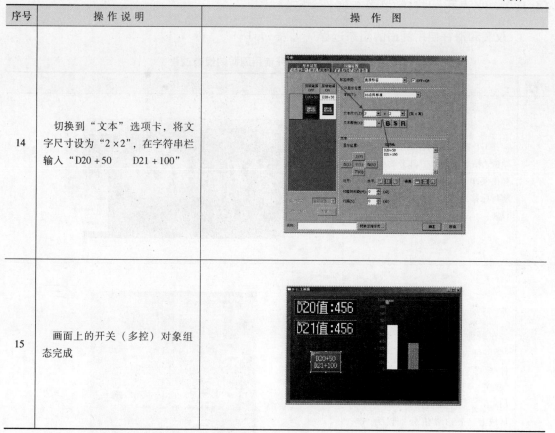
15	画面上的开关（多控）对象组态完成	

2. 画面操作测试

在 GT Works3 中执行菜单命令"工具→模拟器→启动"，也可直接单击工具栏上的""工具，启动 GT Simulator3 仿真器。图 14-14a 为启动并运行画面工程的 GT Simulator3 仿真器；单击开关对象，D20 值显示为 50，D21 值显示为 100，同时图表中表示 D20 值的图形长度指示为 50，表示 D21 值的图形长度指示为 100，如图 14-14b 所示，如果再单击开关对象，D20 值会变为 100，D21 值变成 200，图表中的两个图形长度也会有相应变化。

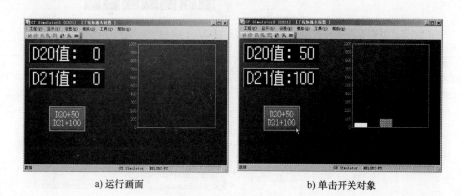

a) 运行画面　　　　　　　　　　　　b) 单击开关对象

图 14-14　图表使用画面的操作测试

14.5.2 仪表和滑杆的使用与操作测试

1. 仪表和滑杆使用画面的组态过程（见表14-18）

表14-18 仪表和滑杆使用画面的组态过程

序号	操作说明	操 作 图
1	在 GT Works3 软件的右侧工具栏单击"精美仪表"工具旁的小三角，弹出菜单，选择"扇形仪表"，再将鼠标移到画面上，拖出一个扇形仪表	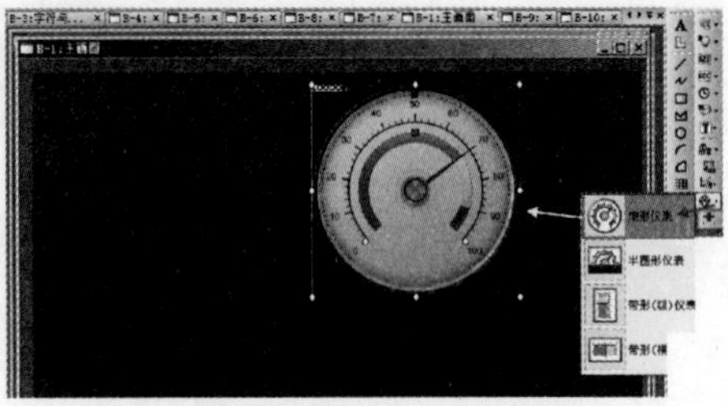
2	在画面上双击扇形仪表，弹出"精美仪表"对话框，选择"软元件/样式"选择卡，将软元件设为"D20"，将数据格式设为"无符号BIN16"，将上限值设为1000，中间区域上、下边界值分别设为90%和80%	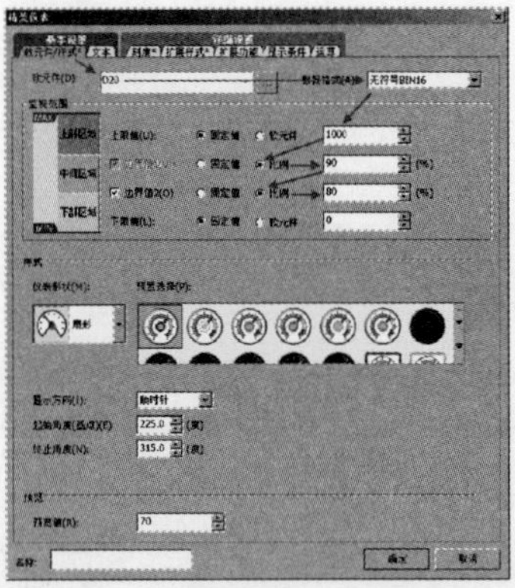
3	切换到"刻度"选项卡，将仪表刻度的上限值（最大刻度值）设为1000	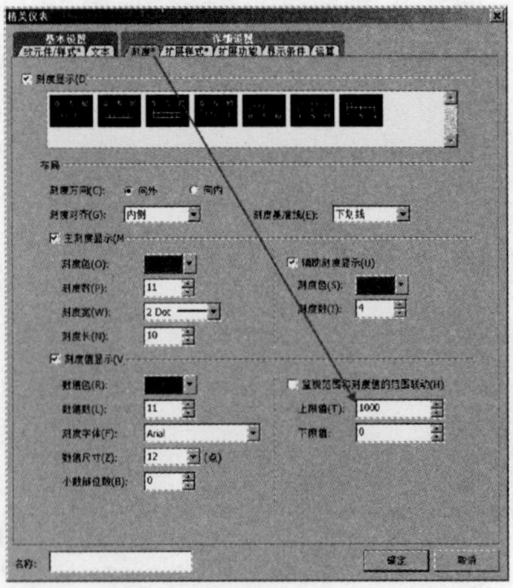

（续）

序号	操作说明	操作图
4	画面上的仪表组态完成	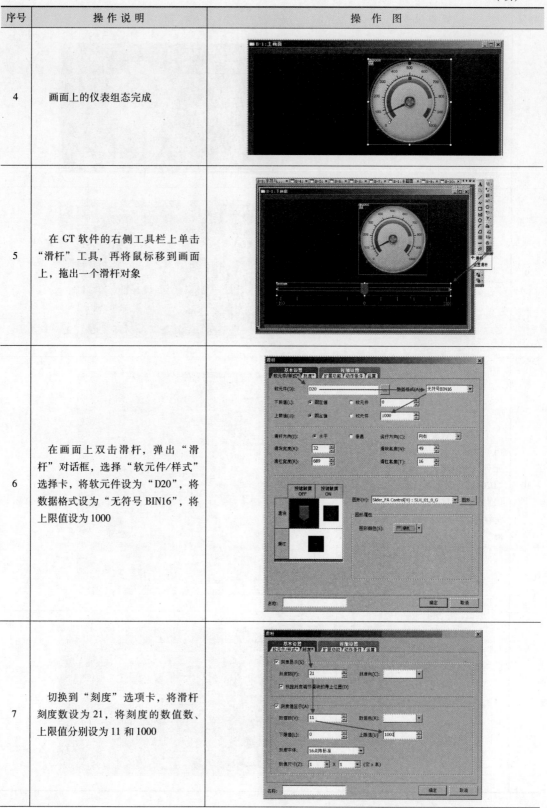
5	在 GT 软件的右侧工具栏上单击"滑杆"工具，再将鼠标移到画面上，拖出一个滑杆对象	
6	在画面上双击滑杆，弹出"滑杆"对话框，选择"软元件/样式"选择卡，将软元件设为"D20"，将数据格式设为"无符号 BIN16"，将上限值设为 1000	
7	切换到"刻度"选项卡，将滑杆刻度数设为 21，将刻度的数值数、上限值分别设为 11 和 1000	

（续）

序号	操作说明	操作图
8	画面上的滑杆组态完成	
9	使用数值显示工具在画面上拖出一个数值显示对象	
10	在画面上双击数值显示对象，弹出"数值显示"对话框，选择"软元件"选择卡，将软元件设为"D20"，将数据格式设为"无符号BIN16"，将数值尺寸设为"4×4"，再在格式字符串栏输入"D20值：###"	
11	画面上的数值显示对象组态完成	

2. 画面操作测试

在 GT Works3 中执行菜单命令"工具→模拟器→启动",也可直接单击工具栏上的"⬚"工具,启动 GT Simulator3 仿真器。图 14-15a 为启动并运行画面工程的 GT Simulator3 仿真器;用鼠标按住滑块拖到"500"刻度值处,仪表的指针马上指到"500"处,数值显示对象同时显示"500",如图 14-15b 所示,也就是说移动滑块可以改变软元件的值。

a) 运行画面　　　　　　　　　b) 移动滑块可改变仪表和数值显示对象的值

图 14-15　仪表和滑杆使用画面的操作测试

第 15 章

三菱人机界面操控 PLC 开发实战

单独一台人机界面是没有多大使用价值的，如果将其与 PLC 连接起来使用，不但可作为输入设备给 PLC 输入指令或数据，还能用作显示设备，将 PLC 内部软元件的状态和数值直观显示出来。也就是说，使用人机界面可以操作 PLC 内部的软元件，也可以监视 PLC 内部的软元件。

人机界面操控 PLC 的一般开发过程如下：

1）明确系统的控制要求，考虑需要用的软元件，再绘制电气线路图。

2）在计算机中用编程软件为 PLC 编写相应的控制程序，再把程序下载到 PLC。

3）在计算机中用组态软件为人机界面组态操控 PLC 的画面工程，并将工程下载到人机界面。

4）将人机界面和 PLC 用通信电缆连接起来，然后通电对人机界面和 PLC 进行各种操作和监控测试。

本章以三菱人机界面连接 PLC 控制电动机正转、反转和停转，并监视 PLC 相关软元件状态为例来介绍上述各个过程。

15.1 实例开发规划

15.1.1 明确控制要求

用人机界面上的 3 个按钮分别控制电动机正转、反转和停转。当单击人机界面上的正转按钮时，电动机正转，画面上的正转指示灯亮；当单击反转按钮时，电动机反转，画面上的反转指示灯亮；当单击停转按钮时，电动机停转，画面上的正转和反转指示灯均熄灭。另外，在人机界面的监视器可以实时查看 PLC Y7～Y0 端的输出状态。

15.1.2 选择设备并确定软元件和 I/O 端子

人机界面是通过改变 PLC 内部的软元件值来控制 PLC 的。本例中的 PLC 选用 FX3U-32MT 型 PLC，人机界面选用 GS2107 型。用到的 PLC 软元件或端子见表 15-1。

表 15-1 用到的 PLC 软元件或端子

软元件或端子	外 接 部 件	功 能
M0	无	正转/停转控制
M1	无	反转/停转控制
Y000	外接正转接触器线圈	正转控制输出
Y001	外接反转接触器线圈	反转控制输出

15.1.3　规划电路

三菱 GS2107 型人机界面连接三菱 FX3U-MT/ES 型 PLC 控制电动机正反转的电路如图 15-1 所示。人机界面与 PLC 之间采用 RS-422 通信连接，通信电缆型号为 GT01-C10R4-8P，接触器 KM1、KM2 为线圈电压为直流 24V 的接触器。

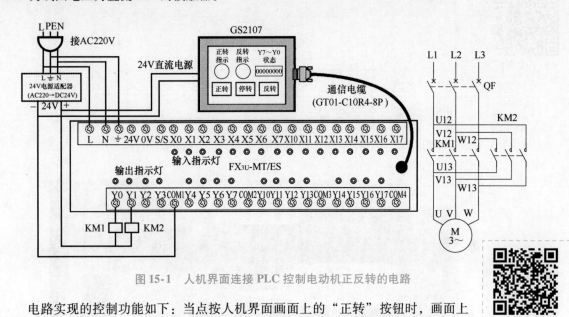

图 15-1　人机界面连接 PLC 控制电动机正反转的电路

扫一扫看视频

电路实现的控制功能如下：当点按人机界面画面上的"正转"按钮时，画面上的"正转指示"灯亮，画面上的监视器显示值为 00000001，同时 PLC 上的 Y0 端（即 Y000 端）指示灯亮，该端内部触点导通，有电流流过 KM1 接触器线圈，线圈产生磁场吸合 KM1 主触点，三相电源送到三相异步电动机，电动机正转；当点按人机界面画面上的"停转"按钮时，画面上的"正转指示"灯熄灭，画面上的监视器显示值为 00000000，同时 PLC 上的 Y0 端指示灯也熄灭，Y000 端内部触点断开，KM1 接触器线圈失电，KM1 主触点断开，电动机失电停转；当点按人机界面画面上的"反转"按钮时，画面上的"反转指示"灯亮，画面上的监视器显示值为 00000010，PLC 上的 Y1 端（即 Y001 端）指示灯同时变亮，Y1 端内部触点导通，KM2 接触器线圈有电流流过，KM2 主触点闭合，电动机反转。

15.2　编写 PLC 程序并下载到 PLC

15.2.1　编写 PLC 程序

在计算机中启动三菱 GX-Developer 编程软件，编写电动机正反转控制的 PLC 程序，如图 15-2 所示。

15.2.2　PLC 与计算机的连接与通信设置

1. 硬件连接

如果要将计算机中编写好的程序传送到 PLC，应把 PLC 和计算机连接起来。三菱 FX3U 型 PLC 与计算机的硬件通信连接如图 15-3 所示，两者连接使用 USB-FX（或称 USB-SC09-FX）编程电缆，为了让计算机能识别并使用该电缆，需要在计算机中安装该电缆的驱动程序。

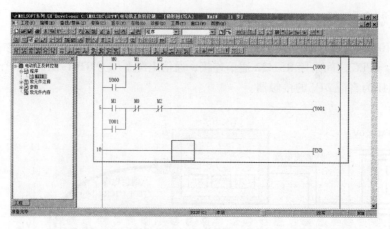

图 15-2　在 GX-Developer 软件中编写电动机正反转控制的 PLC 程序

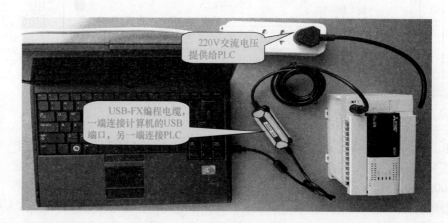

图 15-3　三菱 FX3U 型 PLC 使用 USB-FX 编程电缆与计算机连接通信

2. 通信设置

（1）查看计算机与 USB-FX 电缆连接的端口号

采用 USB-FX 电缆将计算机与 PLC 连接起来后，还需要在计算机中安装这条电缆的驱动程序，计算机才能识别使用该电缆。在成功安装 USB-FX 电缆的驱动程序后，在计算机的"设备管理器"中可查看计算机分配给该电缆的连接端口号，如图 15-4 所示。图中显示计算机与 USB-FX 电缆连接的端口号为 COM3，电缆插入计算机不同的 USB 口，该端口号会不同，记住该端口号，在计算机与 PLC 通信设置需要选择该端口号。

（2）通信设置

在 GX-Developer 软件中执行菜单命令"在线→传输设置"，弹出"传输设置"对话框，如图 15-5 所示。双击"串行 USB"，弹出串口详细设置对话框，先选择"RS-232C"，在 COM 端口项选择"COM3（与设备管理器查看到的端口号一致）"，单击"确认"关闭当前对话框，返回到"传输设置"对话框，确认后退出通信设置。

15.2.3　下载程序到 PLC

用 USB-FX 电缆将计算机与 PLC 连接起来并进行通信设置后，就可以将 PLC 程序下载到 PLC。在 GX-Developer 软件中执行菜单命令"在线→PLC 写入"，弹出"PLC 写入"对话框，如

图5-4　在"设备管理器"中查看计算机与 USB-FX 电缆连接的端口号

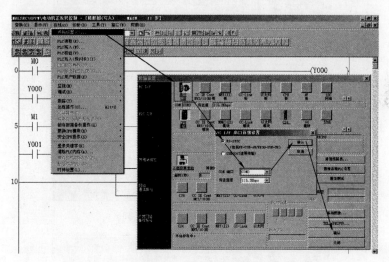

扫一扫看视频

图 15-5　在 GX-Developer 软件中进行通信设置

图15-6 所示。单击"参数＋程序"按钮，下方的"程序"和"参数"项被选中，再单击"执行"按钮，出现询问对话框，询问是否远程让 PLC 进入 STOP 模式（PLC 处于 RUN 模式时不能下载程序），单击"是"后，GX-Developer 软件让 PLC 进入 STOP 模式后将 PLC 程序传送给（写入）PLC。

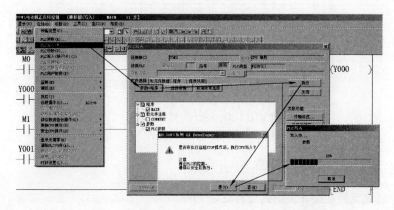

图 15-6　在 GX-Developer 软件中将 PLC 程序传送给 PLC

15.3 用 GT Works 软件组态人机界面画面工程

15.3.1 创建人机界面画面工程

在计算机中启动 GT-Designer3 软件（GT Works 的一个组件），在弹出的工程选择对话框中选择"新建"，在工程新建向导对话框中，人机界面（GOT）型号选择"GS 系列"，如图 15-7a 所示，人机界面连接的机器选择三菱 FX 系列，人机界面与 PLC 连接通信的方式选择"RS422/485"，如图 15-7b 所示，软件会自动创建一个名称为"无标题"的人机界面画面工程文件，将其保存并更名为"电动机正反转控制画面. GTX"。

a) 人机界面（GOT）选择GS系列

扫一扫看视频

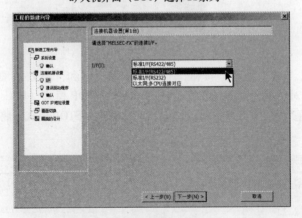

b) 人机界面与PLC连接通信方式选择"RS422/485"

图 15-7 启动 GT-Designer3 软件创建一个画面工程

15.3.2 组态正转、停转和反转按钮开关

正转、停转和反转按钮开关组态过程见表 15-2。

表 15-2　正转、停转和反转按钮开关的组态过程

序号	操作说明	操作图
1	在 GT 软件右侧单击工具栏"开关"工具旁的小三角，弹出菜单，选择"位开关"，再将鼠标移到画面上，拖出一个位开关对象	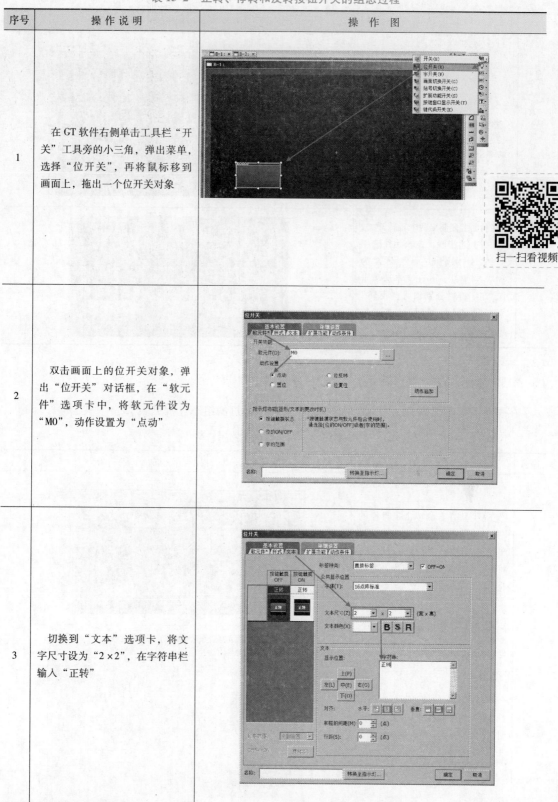（此处含"扫一扫看视频"二维码）
2	双击画面上的位开关对象，弹出"位开关"对话框，在"软元件"选项卡中，将软元件设为"M0"，动作设置为"点动"	
3	切换到"文本"选项卡，将文字尺寸设为"2×2"，在字符串栏输入"正转"	

（续）

序号	操作说明	操作图
4	画面上的正转开关组态完成	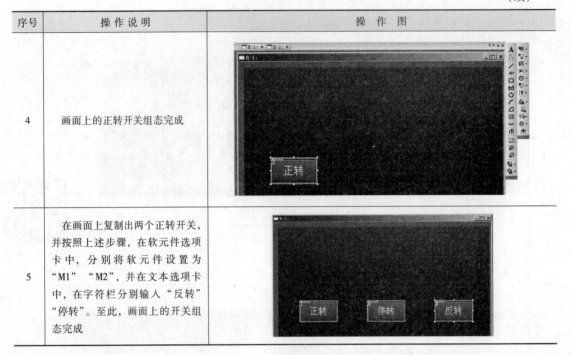
5	在画面上复制出两个正转开关，并按照上述步骤，在软元件选项卡中，分别将软元件设置为"M1""M2"，并在文本选项卡中，在字符栏分别输入"反转""停转"。至此，画面上的开关组态完成	

15.3.3　组态 Y0、Y1 指示灯

在画面上组态"Y0"和"Y1"两个指示灯。指示灯的组态过程见表 15-3。

表 15-3　指示灯的组态过程

序号	操作说明	操作图
1	在 GT 软件右侧单击工具栏的"指示灯"工具旁的小三角，弹出菜单，选择"位指示灯"，再将鼠标移到画面上，拖出一个位指示灯对象	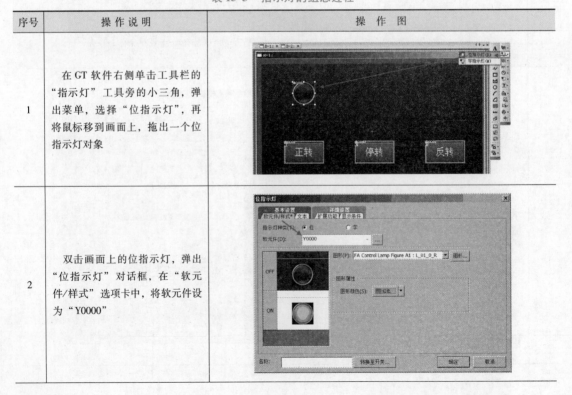
2	双击画面上的位指示灯，弹出"位指示灯"对话框，在"软元件/样式"选项卡中，将软元件设为"Y0000"	

（续）

序号	操 作 说 明	操 作 图
3	切换到"文本"选项卡，将文字尺寸设为"2×2"，在字符串栏输入"Y0"	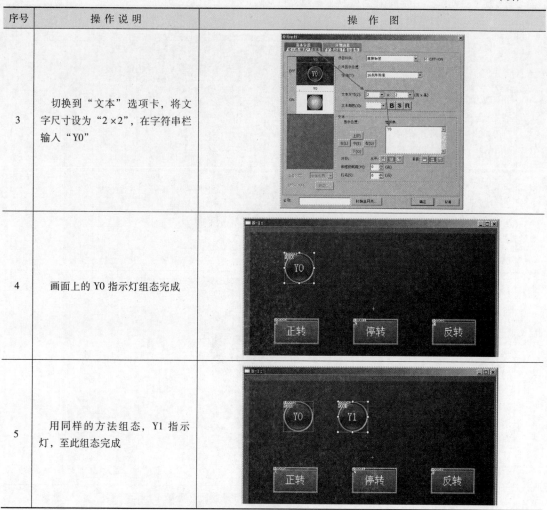
4	画面上的 Y0 指示灯组态完成	
5	用同样的方法组态，Y1 指示灯，至此组态完成	

15.3.4　组态 Y7～Y0 状态监视器

　　Y7～Y0 状态监视器的功能是用 1 和 0 来显示 PLC 的 Y7～Y0 端输出状态。Y7～Y0 状态监视器的组态过程见表 15-4。

表 15-4　Y7～Y0 状态监视器的组态过程

序号	操 作 说 明	操 作 图
1	在 GT 软件右侧单击工具栏的"数值显示/输入"工具旁的小三角，弹出菜单，选择"数值输入"，再将鼠标移到画面上，拖出一个数值输入对象	

（续）

序号	操作说明	操作图
2	双击画面上的数值输入对象，弹出"数值输入"对话框，在"软元件"选项卡中，将软元件设为"Y0000"，数据格式设为"无符号BIN16"，显示格式设为"2进制数"，整数部位数设为"8"，这样可显示 Y7～Y0 共 8 个软元件的值，再勾选"添加 0"，若不勾选该项，则 1 左边的 0 不会显示出来	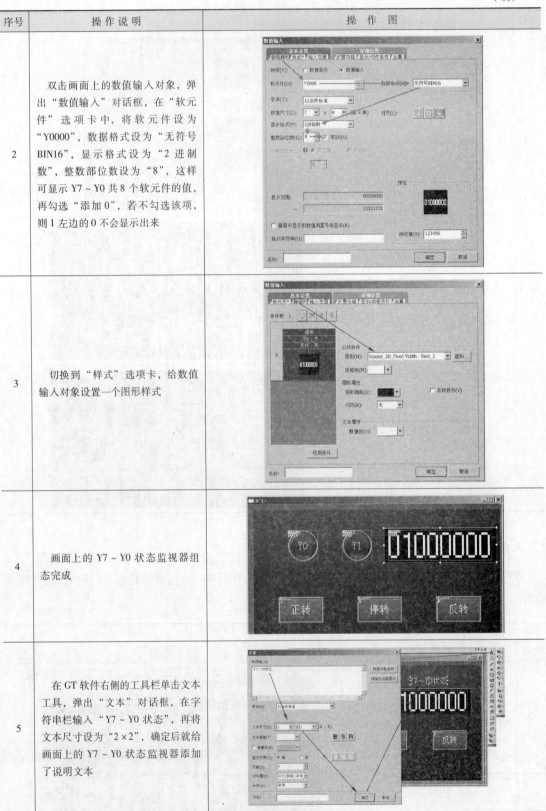
3	切换到"样式"选项卡，给数值输入对象设置一个图形样式	
4	画面上的 Y7～Y0 状态监视器组态完成	
5	在 GT 软件右侧的工具栏单击文本工具，弹出"文本"对话框，在字符串栏输入"Y7～Y0 状态"，再将文本尺寸设为"2×2"，确定后就给画面上的 Y7～Y0 状态监视器添加了说明文本	

（续）

序号	操作说明	操作图
6	用文本工具给反转指示灯和正转指示灯添加说明文本	

15.4 下载画面工程到人机界面

若要将 GT- Designer3 软件组态好的画面工程传送给 GS21 人机界面，可采用三种方式：①用 USB 电缆下载；②用网线下载；③用 SD 卡下载。

15.4.1 用 USB 电缆下载画面工程到人机界面

1. 硬件连接

GS21 人机界面支持用 USB 电缆与计算机通信连接下载画面工程，两者通过 USB 电缆连接如图 15-8 所示。

扫一扫看视频

图 15-8 GS21 人机界面与计算机使用 USB 电缆连接下载数据

2. 下载画面工程

用 USB 电缆将画面工程传送给 GS21 人机界面的操作过程见表 15-5。

表 15-5 用 USB 电缆将画面工程传送给 GS21 人机界面的操作过程

序号	操作说明	操作图
1	在 GT- Designer3 软件中，单击菜单栏上的"通讯"，在弹出的菜单中选择"写入到 GOT"，也可直接单击工具栏上的 ⬛ 工具，同样会弹出"通讯设置"对话框	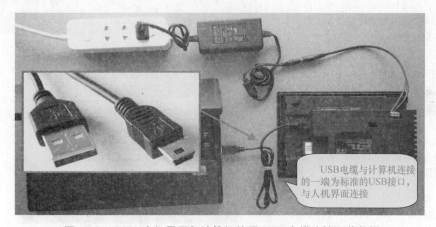

（续）

序号	操作说明	操作图
2	在"通讯设置"对话框的计算机侧 I/F 项选择"USB"，单击"通讯测试"按钮，可以测试计算机与 GOT（人机界面）之间是否连接成功，单击"确定"按钮，会弹出"与 GOT 的通讯"对话框	
3	在"与 GOT 的通讯"对话框"计算机侧"的"写入数据"项，有 BootOS、软件包数据和资源数据 3 个选项。BootOS（CoreOS）是 GOT 必需的基本软件；软件包数据是将工程、系统应用程序（基本功能、扩展功能）、通信驱动程序打包在一起的数据集合；资源数据是通过配方功能等收集的数据及通过硬复制保存的图像文件等，可以在 GOT 各种功能中使用。在对话框的"GOT 侧"的"写入目标驱动器"项，有"A：标准 SD 卡"和"C：内置闪存"两个选项	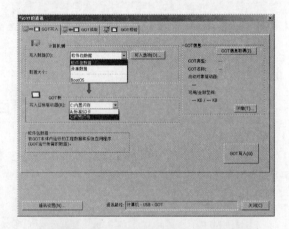
4	人机界面在出厂时已经写入 BootOS（或 CoreOS），通电后人机界面会显示"请安装软件数据包"，若重新往人机界面写入 BootOS 后也会显示该信息	
5	在"与 GOT 的通讯"对话框"计算机侧"的"写入数据"项选择"软件数据包"，在"GOT 侧"的"写入目标驱动器"项选择"C：内置闪存"，再单击"GOT 写入"按钮，弹出询问对话框，单击"是"，会出现"正在通讯"对话框	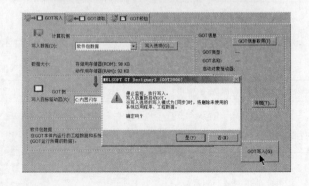

（续）

序号	操作说明	操作图
6	在"正在通讯"对话框显示数据写入人机界面的进度，数据传送完成后出现对话框提示结束，单击"确定"按钮完成计算机往人机界面的数据传送	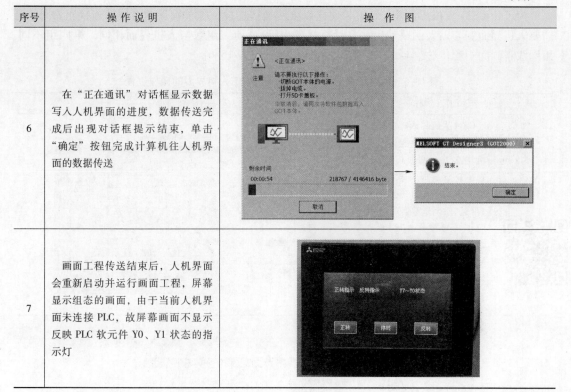
7	画面工程传送结束后，人机界面会重新启动并运行画面工程，屏幕显示组态的画面，由于当前人机界面未连接 PLC，故屏幕画面不显示反映 PLC 软元件 Y0、Y1 状态的指示灯	

15.4.2　用网线下载画面工程到人机界面

1. 硬件连接

GS21 人机界面支持用网线与计算机通信连接下载画面工程，两者通过 USB 连接，如图 15-9 所示。

扫一扫看视频

图 15-9　GS21 人机界面与计算机使用网线连接下载数据

2. 下载画面工程

为了让 GS21 人机界面能与计算机建立以太网通信连接，除了确保两者硬件连接正常外，还需要人机界面安装以太网驱动，并且计算机的 IP 地址前三组数与人机界面相同，第四组不同。用网线将画面工程传送给 GS21 人机界面的操作过程见表 15-6。

表 15-6　用网线将画面工程传送给 GS21 人机界面的操作过程

序号	操作说明	操作图
1	GS21 人机界面需含有以太网驱动程序才能与计算机建立以太网通信连接。在 GT- Designer3 软件中，单击菜单栏上的"公共设置"，在弹出的菜单选择"I/F 连接一览表"，弹出对话框，在以太网的"CH No"栏选择"9"，这样会将以太网下载驱动打包到软件资源包中 扫一扫看视频	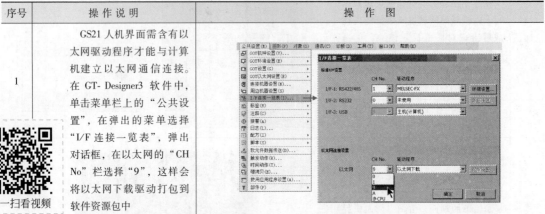
2	在菜单栏上单击"公共设置"，然后依次选择"GOT 以太网设置"→"GOT IP 地址设置"，弹出对话框，当前显示 GOT 的 IP 地址为"192.168.3.18"，在此也可以更改 GOT 的 IP 地址。 然后用 USB 电缆将软件资源包（含以太网驱动和设置的 IP 地址）下载到人机界面，人机界面的 IP 地址即被设为该 IP 地址	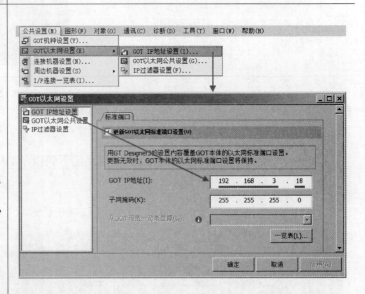
3	为了让人机界面与计算机能建立以太网通信连接，需要将计算机的 IP 地址前三组数设置与人机界面相同，第四组数不同。在计算机中打开控制面板，单击其中的"网络和共享中心"，在弹出的窗口中单击"更改适配器设置"，会弹出"网络连接"窗口	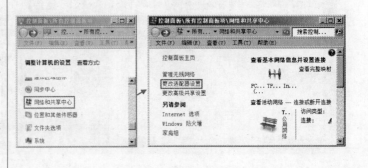

(续)

序号	操作说明	操作图
4	在网络连接窗口，右击"本地连接"，在弹出的右键菜单中选择"属性"，弹出"本地连接属性"对话框，选择"…（TCP/IPv4）"，单击"属性"按钮，弹出属性对话框，将计算机 IP 地址的前三组数设置成与人机界面相同（即"192.168.3"），第四组数不同	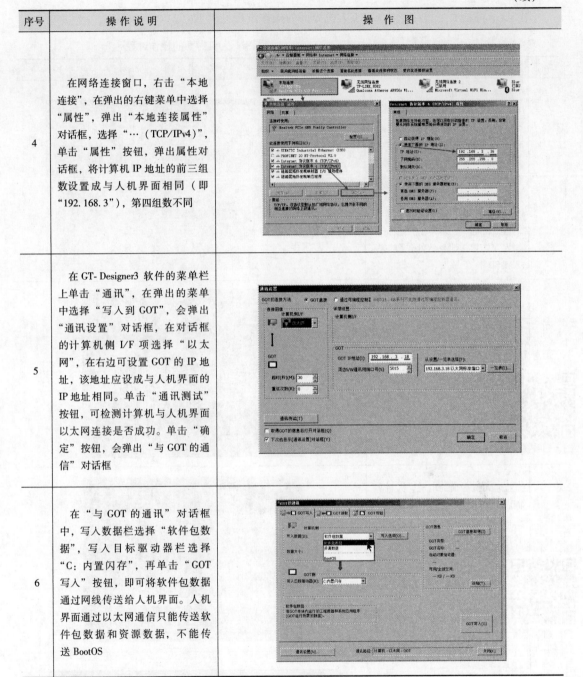
5	在 GT-Designer3 软件的菜单栏上单击"通讯"，在弹出的菜单中选择"写入到 GOT"，会弹出"通讯设置"对话框，在对话框的计算机侧 I/F 项选择"以太网"，在右边可设置 GOT 的 IP 地址，该地址应设成与人机界面的 IP 地址相同。单击"通讯测试"按钮，可检测计算机与人机界面以太网连接是否成功。单击"确定"按钮，会弹出"与 GOT 的通信"对话框	
6	在"与 GOT 的通讯"对话框中，写入数据栏选择"软件包数据"，写入目标驱动器栏选择"C：内置闪存"，再单击"GOT 写入"按钮，即可将软件包数据通过网线传送给人机界面。人机界面通过以太网通信只能传送软件包数据和资源数据，不能传送 BootOS	

15.4.3　用 SD 卡下载画面工程到人机界面

1. SD 卡与读卡器

GS21 人机界面除了支持 USB 电缆和网线下载画面工程外，还可使用 SD 卡传送画面工程。为了方便往 SD 卡读写数据，需要用到读卡器，如果无法获得 SD 卡，也可以用 TF 卡（手机存储卡）插入 SD 卡套来代替。

扫一扫看视频

2. 下载画面工程

用 SD 卡将画面工程传送给 GS21 人机界面的操作过程见表 15-7。

表 15-7　用 SD 卡将画面工程传送给 GS21 人机界面的操作过程

序号	操作说明	操作图
1	将插入 SD 卡的读卡器插到计算机的 USB 接口，在计算机中可查看到读卡器的盘符。在 GT-Designer3 软件的菜单栏上单击"通讯"，在菜单中选择"写入到存储卡"，弹出"传送到存储卡"对话框，在写入目标存储卡栏选择"I：（要与计算机显示读卡器的盘符相同）"，再单击"存储卡写入"按钮，即将软件包数据写入到 SD 卡	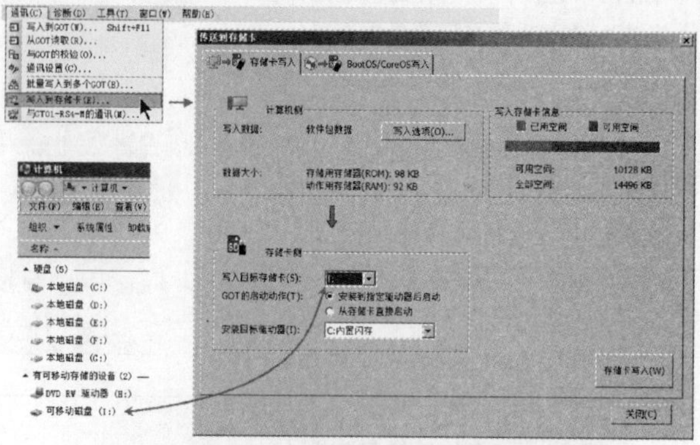 
2	切断人机界面的电源，将写入软件数据包（含画面工程）的 SD 卡插入人机界面的 SD 卡插槽	 扫一扫看视频
3	接通人机界面的电源，人机界面启动并运行内置闪存中的画面工程。在人机界面左上角按压几秒钟，可调出应用程序的主菜单	 扫一扫看视频　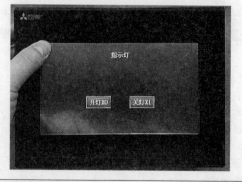
4	在应用程序主菜单，单击"数据管理"图标，打开"数据管理"窗口	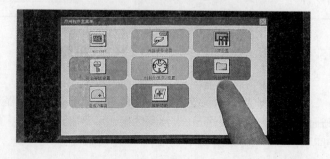

（续）

序号	操作说明	操作图
5	在"数据管理"窗口，单击"数据复制"图标，打开"数据复制"对话框	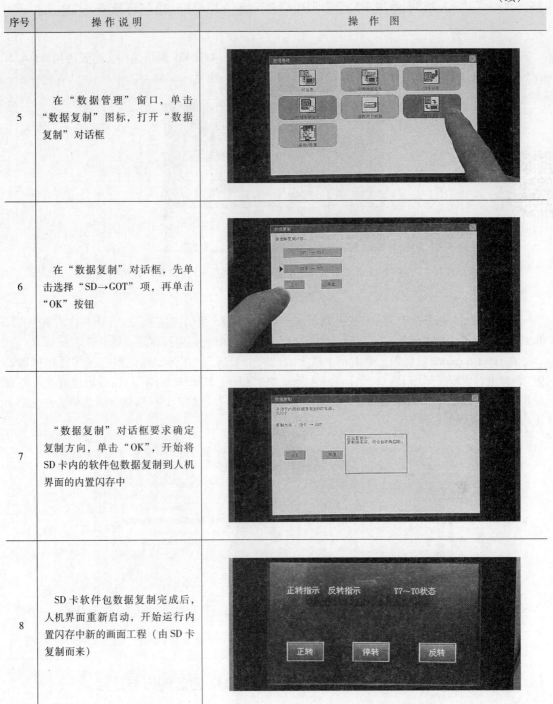
6	在"数据复制"对话框，先单击选择"SD→GOT"项，再单击"OK"按钮	
7	"数据复制"对话框要求确定复制方向，单击"OK"，开始将SD卡内的软件包数据复制到人机界面的内置闪存中	
8	SD卡软件包数据复制完成后，人机界面重新启动，开始运行内置闪存中新的画面工程（由SD卡复制而来）	

15.5 三菱人机界面连接 PLC 的操作与监视测试

人机界面要操作和监视 PLC，必须两者之间建立通信连接。GS21 人机界面与 FX3U 型 PLC 连接通信主要有两种通信方式，即 RS-422/485 通信和 RS-232 通信。

15.5.1　三菱人机界面与 FX 系列 PLC 的 RS-422/485 通信连接与设置

1. 硬件连接

三菱 GS21 人机界面与 FX 系列 PLC 可以直接进行 RS-422/485 通信连接，两者使用 RS-422/485 通信电缆（型号 GT01-C10R4-8P）连接，如图 15-10 所示。

扫一扫看视频

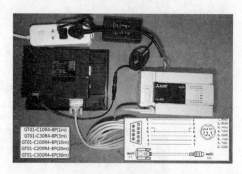

图 15-10　三菱 GS21 人机界面与 FX 系列 PLC 使用 RS-422/485 通信电缆连接

2. 通信设置

三菱 GS21 人机界面要与 FX 系列 PLC 建立 RS-422/485 通信连接，人机界面须含有 RS-422/485 通信驱动，为此在将组态的画面工程下载到人机界面前，应进行连接机器设置。

在 GT-Designer3 软件中，单击菜单栏上的"公共设置"，在弹出的菜单选择"连接机器设置"，弹出对话框，如图 15-11 所示。在左侧选中"CH1：MELSEC-FX"，在右边设置人机界面的连接机器信息，在 I/F 项选择"标准 I/F（RS422/485）"，这样 RS-422/485 通信驱动会与画面工程一起下载到人机界面。

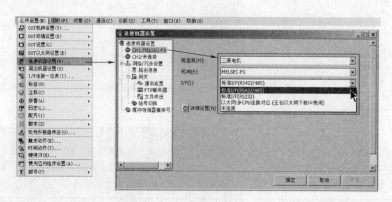

图 15-11　在"连接机器设置"对话框中选择"标准 I/F（RS422/485）"

15.5.2　三菱人机界面与 FX 系列 PLC 的 RS-232 通信连接与设置

1. 硬件连接

FX3U 型 PLC 面板上有一个 RS-422 通信口，如果要与人机界面进行 RS-232 通信连接，应给 PLC 另外安装 RS-232 通信板。图 15-12 是 FX3U 型 PLC 使用的 FX3U-232-BD 通信板，安装时先拆下 PLC 左侧保护板，再将通信板安装到 PLC 上。

FX3U 型 PLC 安装 FX3U-232-BD 通信板后，就可以使用 RS-232 通信电缆（型号为 GT01-C30R2-9S）与 GS21 人机界面进行 RS-232 通信通信接，两者连接如图 15-13 所示。

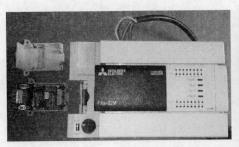
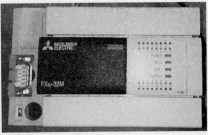

图 15-12　FX3U-232-BD 通信板及安装

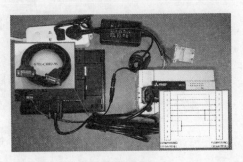

扫一扫看视频

图 15-13　三菱 GS21 人机界面与 FX3U 型 PLC 使用 RS-232 通信电缆连接

2. 通信设置

三菱 GS21 人机界面要与 FX3U 型 PLC 建立 RS-232 通信连接人机界面须含有 RS-232 通信驱动，为此在将组态的画面工程下载到人机界面前，应进行连接机器设置。

在 GT-Designer3 软件中，单击菜单栏上的"公共设置"，在弹出的菜单选择"连接机器设置"，弹出对话框，如图 15-14 所示。在左侧选中"CH1：MELSEC-FX"，在右边设置人机界面的连接机器信息，在 I/F 项选择"标准 I/F（RS232）"，这样 RS-232 通信驱动会与画面工程一起下载到人机界面。

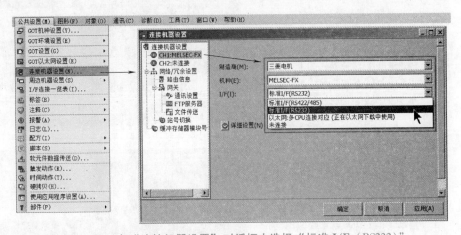

图 15-14　在"连接机器设置"对话框中选择"标准 I/F（RS232）"

15.5.3　三菱人机界面连接 PLC 进行电动机正反转操作与监视测试

如果人机界面下载了画面工程，PLC 下载了与画面工程相关的 PLC 程序，那么就可以将人机界面和 PLC 连接起来进行通信，这样操作人机界面画面上的对象（比如按钮）时，就能改变 PLC 内部对应软元件的值，PLC 程序运行后会从指定的端子输出控制信号，相应的输出指示灯就会点亮。

三菱 GS21 人机界面连接 FX3U 型 PLC 进行电动机正反转操作与监视测试过程见表 15-8。为了方便讲解，PLC 输出端子并没有接正转和反转接触器，而是通过观察 PLC 正转和反转输出端子的指示灯是否点亮来判断 PLC 有无输出正转和反转控制信号。

表 15-8　三菱人机界面连接 PLC 进行电动机正反转操作与监视的测试过程

序　号	操作说明	操作图
1	按下电源开关，220V 交流电压一路直接提供给 PLC 作为电源，另一路经 24V 电源适配器转换成 24V 直流电压提供给人机界面作为电源，人机界面通电后出现启动画面	
2	人机界面进入操作和监视画面后，画面上的监视器（数值输入/显示对象）显示"00000000"，表示 PLC 的 8 个输出继电器 Y007～Y000 状态均为 0，Y007～Y000 输出指示灯均不亮。若人机界面与 PLC 未建立通信连接，画面上的监视器不会显示出来	
3	用手指单击"正转"按钮，上方的正转指示灯变亮，监视器显示值为"00000001"，说明 PLC 输出继电器 Y000 状态为 1，同时 PLC 的 Y000 输出指示灯变亮，表示 Y000 端子内部硬触点闭合	
4	用手指单击"停转"按钮，上方的正转指示灯熄灭，监视器显示值为"00000000"，说明 PLC 输出继电器 Y000 状态变为 0，同时 PLC 的 Y000 输出指示灯熄灭，表示 Y000 端子内部硬触点断开	

扫一扫看视频

扫一扫看视频

（续）

序　号	操 作 说 明	操 作 图
5	用手指单击"反转"按钮，上方的反转指示灯变亮，监视器显示值为"00000010"，说明 PLC 输出继电器 Y001 状态为 1，同时 PLC 的 Y001 输出指示灯变亮，表示 Y001 端子内部硬触点闭合	
6	用手指单击"停转"按钮，上方的反转指示灯熄灭，监视器显示值为"00000000"，说明 PLC 输出继电器 Y001 状态变为 0，同时 PLC 的 Y001 输出指示灯熄灭，表示 Y001 端子内部硬触点断开	
7	用手指在画面的监视器上单击，弹出屏幕键盘，输入"00001111"，再单击 ENT 键，即将该值输入给监视器	
8	在监视器输入"00001111"后，使 PLC 的输出继电器 Y003～Y000 状态值均置 1，PLC 的 Y003～Y000 端子指示灯均变亮，由于 Y001、Y000 状态为 1，故画面上的正转和反转指示灯都变亮	

（续）

序　　号	操 作 说 明	操 作 图
9	用手指单击"停转"按钮，正转和反转指示灯都熄灭，监视器的显示值变为"00001100"，PLC的 Y001、Y000 输出指示灯熄灭，说明停转按钮只能改变 Y001、Y000 输出继电器的状态	